NIUYANG YOUZHI GAOXIAO SIYANG
YU CHANGJIAN YIBING ZHENZHI

牛羊优质高效饲养与常见疫病诊治

许贵宝　李瑞香　靳　冬　主编

中国农业科学技术出版社

图书在版编目（CIP）数据

牛羊优质高效饲养与常见疫病诊治 / 许贵宝，李瑞香，靳冬主编. --北京：中国农业科学技术出版社，2024.8. -- ISBN 978-7-5116-6973-5

Ⅰ. S82；S858.2

中国国家版本馆CIP数据核字第2024PG2624号

责任编辑 张国锋
责任校对 李向荣
责任印制 姜义伟 王思文

出 版 者 中国农业科学技术出版社
北京市中关村南大街 12 号 邮编：100081
电 话 （010）82109705（编辑室）（010）82106624（发行部）
（010）82109709（读者服务部）
网 址 https://castp.caas.cn
经 销 者 各地新华书店
印 刷 者 北京科信印刷有限公司
开 本 170 mm×240 mm 1/16
印 张 15.75
字 数 300 千字
版 次 2024 年 8 月第 1 版 2024 年 8 月第 1 次印刷
定 价 58.00 元

#《牛羊优质高效饲养与常见疫病诊治》

编委会

主　编　许贵宝　李瑞香　靳　冬

副主编　潘月婷　陶清海　和玉吉　谭斌奎
　　　　　姜　利　张瑞祥

编　委　刘　静　罗晓罡　赵会升　才仁道尔吉
　　　　　汪澎昌　张　丽　李　景　马文文
　　　　　龙木措　张　楠

前言

我国是牛羊养殖大国，2022年我国肉牛存栏量为10216万头，同比增长4.1%，存栏量位居世界第三位；羊存出栏量和羊肉产量创历史新高。从羊存出栏量看，出栏33624.0万只，较上年增加579.0万只，增幅为1.8%；从出栏率看，近5年羊只出栏率都突破了100%，2022年为105.2%，较上年下降了2.6个百分点。从羊肉产量看，2022年达525.0万t，比上年增加11.0万t，增幅为2.1%。随着国民生活水平的提高，对肉类尤其是对牛羊肉需求量每年都呈递增之势。然而，受到中美贸易争端的影响，进口牛羊肉受限，导致如今牛羊肉价格持续走高。从长远看，发展牛羊养殖才是根本。目前，国内各地区牛羊养殖规范和饲养水平参差不齐，导致饲养成本高、品质差、经济效益低。为解决这一实际问题，我们编写了《牛羊优质高效饲养与常见疫病诊治》。

本书分为三部分，第一部分介绍了肉牛优质高效养殖品种选择、肉牛高效繁殖技术、肉牛营养与日粮配制、肉牛优质高效饲养管理技术及肉牛高效养殖环境控制技术。第二部分介绍了肉羊品种、肉羊高效繁殖技术、肉羊优质高效饲养管理技术、肉羊营养与饲料及肉羊场的生物安全。第三部分重点讲述牛羊病防治基础知识及牛羊疾病诊治。本书介绍的养殖技术先进，实用性强，是学习牛羊养殖的理想参考书。

本书在编写过程中参阅了许多专家学者的著作或论文，谨向原作者表示感谢，感谢北京中惠农科文化发展有限公司为本书做的宣传推广工作！同时也向在本书编写过程中给予支持和帮助的同事和朋友们表示感谢。

由于笔者水平有限、经验不足，本书编写时间紧、任务重，书中难免有疏漏之处，敬请广大读者批评指正。我们热切地期望本书的出版能为我国进一步深入开展牛羊优质高效饲养研究提供参考。

编　者

2023年12月

目 录

第一部分 肉牛优质高效饲养技术

第二部分　肉羊优质高效养殖技术

第三部分　牛羊疾病防控技术

第一部分

肉牛优质高效饲养技术

第一章　肉牛高效繁殖技术

第一节　母牛的发情鉴定

一、发情

发情是母畜发育到一定阶段所表现出的周期性性活动现象，可将发情周期分为发情初期、发情期、发情后期、间情期 4 个时期。黄牛、乳牛、水牛发情期平均为 21d。

二、母牛性机能的发育

母牛性机能的发育是一个由发生、发展直至衰退停止的过程。

（一）初情期

指母牛第一次出现发情或排卵的年龄。一般黄牛在 6 ～ 12 月龄，初情期的出现时间和母牛的品种、营养水平及体重有关系。初情期的母牛发情不规律、不完全，此时母牛常不具备生育能力，不适合配种。

（二）性成熟

指母牛生殖器官发育成熟，可排出能受精的卵子，形成了有规律的发情周期、具备繁殖后代能力，称为性成熟。一般黄牛在 8 ～ 14 月龄，性成熟的早晚与母牛的品种、营养、饲养管理水平、气候、生长生存的环境有关系。如果后备母牛营养水平能够满足生长发育的需要，性成熟就比较早，反之则推迟。

（三）初配年龄

母牛生殖器官和身体均发育成熟，具备了正常的繁殖功能的时期。这一时期，母牛体重约占成年重的70%。饲养管理条件和本身生长发育较好的母牛，配种年龄可早些；饲养管理条件较差、生长发育不良的，配种时间应推迟。

（四）利用年限

指母牛繁殖机能明显下降，不能继续留作种用的年龄。

三、发情征兆

（一）行为变化

母牛发情时常会出现精神兴奋、哞叫、爬跨、频频排尿和食欲下降等行为上的变化，发情盛期愿意接受其他牛的爬跨。

（二）生殖道变化

发情母牛外阴部充血、肿胀，阴唇黏膜充血、潮红、有光泽。生殖道黏液分泌量增加并排出。

（三）卵巢变化

卵巢卵泡开始发育，卵泡液不断增加，体积不断增大，卵泡壁不断变薄，排卵后黄体逐渐出现。

四、发情鉴定

（一）外部观察法

以外部观察法来鉴别发情牛只，一般早中晚各观察一次，发情检出率分别为87.6%、77.9%、51.7%。观察时间应为：早上6:00—7:00；中午10:00—11:00；下午17:00—19:00。主要观察母牛的外部表现和精神状态来判断其发情情况。

（二）阴道检查法

用开膣器对发情母牛进行检查。发情母牛的子宫颈口充血开张，有大量透明黏液流出，阴道壁潮红。不发情的母牛阴道苍白、干燥，子宫颈口紧闭，无黏液流出。

（三）试情法

用试情公牛爬跨母牛，根据母牛接受爬跨的情况来判断是否发情。试情法有两种：一种是将结扎输精管的公牛放入母牛群中试情，夜间公母分开，根据公牛追逐爬跨情况以及母牛接受爬跨的程度来判断母牛是否发情；另一种是将试情公牛接近母牛，如母牛喜靠近公牛，并作弯腰弓背姿势，表示可能发情。

（四）直肠检查法

具体做法是：先保定母牛，检查者将指甲剪短、磨光，手臂上涂润滑剂，先掏出粪便。再将手伸入肛门，找到子宫颈、子宫角、卵巢，重点检查卵巢上卵泡的发育情况来判断母牛是否发情。

（五）电子发情监测法

电子发情监测法主要是利用发情母牛的活动来判断发情。母牛发情通常出现在夜晚，人工观察不够方便，电子发情监测系统可以替代人，24h 监控母牛的活动状态，利用数据分析系统可以分析出母牛是否发情，给人们提供方便，尤其是大型养牛场。分析依据多数是根据母牛每天的运动量来衡量，假如 1 头母牛平常的运动量为平均每小时 100 步，发情期运动量可能增加到每小时 500 步，根据这个原理，发明了电子发情监测系统，弥补了人工观察容易遗漏的不足。

第二节　牛的配种

一、配种的方式

（一）自然交配

公、母畜直接交配，又可根据人为干预的程度分为如下 3 种方式。

1. 自由交配

公、母畜常年混牧放养，一旦母畜发情，公畜即与其随意交配。目前在偏远的山区、牧区，这种配种方法依然存在。

2. 分群交配

在配种季节内，将母牛分成若干小群，每群放入经选择的一头或几头公牛，任其自然交配。这样实现了一定程度的群体交配，配种次数也得到了适当的控制。

3. 人工辅助交配

公母畜严格分开饲养，只有在母畜发情配种时才按照原定的选种选配计划，令其与特定的公畜交配。该方法增加了种公畜可配母畜头数，延长了种公畜的利用年限，可以有计划地选种选配，建立系谱，有利于品种改良。

（二）人工授精

利用器械将公畜精液采出，经稀释处理，再利用器械将精液输入发情母畜生殖道内，以代替自然配种的方法称为人工授精。人工授精可以提高优秀种牛的利用率，节约饲养大量种公牛的费用，加速牛群的遗传进展，并可防止疾病传播。

1. 人工授精的意义

人工授精代替自然交配的繁殖方法可以快速扩繁优良品种肉牛的后代，还可通过检查精液质量及早发现和控制繁殖疾病传播，也能及早治疗有生殖疾病的种牛。人工授精技术已成为畜牧业发展中至关重要的技术手段之一，目前已在全国推广运用，对提高肉牛繁殖率和生产效率起到了重大的推动作用。

2. 冷冻精液的保存

牛的精液分装标记好后，50 ～ 100 粒包装一组，置于添加液氮的液氮罐中保存与运输。液氮罐是双层金属结构，高真空绝热的容器。液氮无色无味，密度比空气小，易气化，不可点燃，温度为 –196℃，遇空气中的水分形成白雾，迅速膨胀。液氮罐储存液氮过程中应注意以下几点。

（1）规范装液氮　向常温液氮罐装液氮前要先预冷，具体做法是，向液氮罐放入少量液氮，形成液氮冷气静置 2 ～ 3min，如此重复 2 ～ 3 次，以防爆破。液氮罐装满液氮后，先用塑料泡沫封口要严实，再盖上盖子，避免液氮泄漏，如发现液氮罐口有结霜现象，要及时换罐。

（2）定期添加液氮　液氮罐内的贮精袋提斗不得暴露在液氮液面外面，要注意检查液氮罐液氮存量，液氮存量减少到容积的 50% ～ 60% 时就应补充。长途运输中更要及时补充液氮，避免损坏容器和降低精液质量。

（3）定期清洗液氮罐　液氮罐的清洗时间间隔为 1 年，贮精提斗转移时要迅速，在空气中暴露的时间不能超过 5s。清洗时将液氮全部倒空，等容器内温度恢复到室温，以 40 ～ 50℃温水刷洗干净，倒置吹干，可再次使用。

（4）规范取用冷冻精液　从液氮罐取出精液时，贮精提斗不得提出液氮罐，提到罐颈处，用长柄镊子夹取，如经 15s，还未取出精液，要放回液氮浸泡一下再继续提取。

3. 输精前的准备

（1）母牛的准备　母牛经发情鉴定，确认已达到可输精阶段后，保定好母牛，用温水清洗母牛外阴，消毒，尾巴斜向上拉向一侧。

如果母牛是初配，要依年龄和体重决定小母牛是否长到可配种阶段。要求体重应达到成年母牛体重的 65% ～ 75% 可进行第一次配种。一般在 16 ～ 22 月龄。原则是：小体型牛体重达 300 ～ 320kg，中体型牛 340 ～ 350kg，大体型牛 380 ～ 440kg 就可配种。

（2）冷配改良员的准备　冷配改良员穿好工作服，指甲要剪短磨光，手臂清洗消毒后戴上专用长臂手套。

（3）输精器械的准备　对输精枪用 75% 的酒精棉球擦拭消毒后，再用生理盐水冲洗，水分晾干后用消毒过的纱布包好放入瓷方盘中备用。

（4）精液的准备　解冻细管冻精解冻时，取出细管冻精，检查细管上的种牛编号，并做好记录。将细管封口端向下，棉塞端朝上，投入装有 38.5 ～ 39.5℃温水的保温杯中约 15s，待细管颜色一变立即取出用于输精。

精子活力检查。随机抽取每批次样品冷冻精液 1 ～ 3 支，取出精液置于 37℃显微镜载物台镜检，精子活力达到 30% 以上可以使用。这种抽查方法每隔一段时间进行一次，保证精液质量。

装枪。从保温杯取出冻精，用纸巾或无菌干药棉擦干残留水分，用细管专用剪刀剪掉非棉塞封口端。把输精枪的推杆推到与细管长度相等的位置，将剪好的细管棉塞端先装入枪内，再把输精枪装进一次性无菌输精枪外套管，拧紧外套管。

4. 输精

（1）输精时间　精子在母牛生殖道的正常寿命是 15 ～ 24h，而母牛发情持续期大约 18h，排卵时间一般在发情结束后 7 ～ 17h，排卵前后最有利于受孕，所以最佳的输精时机是在发情中、后期。生产实践中常根据发情的时间来推断适宜的输精时间。一般规律是母牛早晨（9:00 以前）发情，应在当日下午输精，若翌日早晨仍接受爬跨应再输精一次；母牛下午或傍晚接受爬跨，可在翌日早晨输精。为了真正做到适时输精，最好是通过直肠检查卵巢，根据卵泡发育程度加以确定。当卵泡壁很薄，触之软而有明显的波动感时，母牛已处于排卵的前夕，此时输精能获得较高的受胎率。

（2）输精部位 普遍采用子宫颈深部（子宫颈内）2/3 ～ 3/4 处输精。

（3）输精次数 由于发情排卵的时间个体差异较大，一般掌握在 1 次或 2 次为宜。盲目增加输精次数，不一定能够提高受胎率，有时还可能造成某些感染，发生子宫或生殖道疾病。

（4）输精剂量 颗粒精液的输精量为 1mL，细管精液有两种规格，一种是 0.5mL，另一种是 0.25mL，直线前进运动精子数在 1500 万个以上。

（5）输精方法 目前最常用的是直肠把握输精法。输精员一只手戴上薄膜手套，伸入母牛直肠，掏出宿粪，把握住子宫颈的外口端，使子宫颈外口与小指形成的环口持平。用深入直肠的手臂压开阴门裂，另一只手持输精器由阴门插入，先向上倾斜插入 5 ～ 10cm，以避开尿道口，而后转成水平，借助握子宫颈外口处的手与持输精器的手协同配合，使输精器缓缓越过子宫颈内的皱襞，进入子宫颈口内 5 ～ 8cm 处注入精液，抽出输精器检查输精枪是否有精液残留，如果有则再输精一次。

二、配种时间和输精量

把握好配种的时机，是提高受胎率的关键。

（一）牛的适时配种

输精时间可以从三个方面考虑。一是母牛发情开始后 12 ～ 18h 进行配种。如上午 9:00 以前发现发情，当日午后配种；9:00—14:00 发情，当日晚配种：下午发情，翌日早晨配种。二是母牛性欲刚消失到消失后 5h 内配种。这时发情母牛已不接受爬跨，表现安静，阴道黏液由稀薄透明转为黏稠微混，用食指和拇指拈取黏液再拉缩 7 ～ 8 次不断。三是做直肠检查，卵泡突出卵巢表面，泡壁薄、紧张波动明显，有一触即破之感，此时配种最合适，在配种后 10 ～ 12h 再进行一次排卵检查，如果卵泡仍没有破裂排卵，应再配种一次。

母牛一般在产后 20 ～ 70d 发情，产后配种时间，主要考虑母牛的健康恢复状况以及母牛的经济利用性。为了缩短产犊间隔，达到母牛每年产一胎，必须在产后的 85d 内受胎。一般在产后的 40 ～ 60d 发情配种最为适宜。

正确掌握发情配种时机、还要考虑母牛的年龄、健康状况、环境条件等因素。对于年老体弱的母牛，配种时间应适当提前。在炎热的夏季，尽量避免在气温较高的时候配种。一般而言，黄牛的初配年龄在 1.5 ～ 2 岁，水牛的初配年龄在 2.5 ～ 3 岁。

（二）牛的输精量

液态精液牛的输精量为 1 ～ 2mL/ 头。冷冻精液因颗粒和细管不同，一般为 0.1 ～ 0.25mL/ 头，输入的有效精子数为 0.2 亿～ 0.5 亿个。

第三节　牛的妊娠诊断

一、采用外部观察法进行牛的妊娠诊断

对配种后的母牛，在下个发情周期到来前后，应注意观察是否再次发情；如不发情，则可能已受胎。但要区别隐性发情和假发情，以免造成误判。母牛妊娠后，性情变得安静，食欲增加，体况变好。妊娠 5 ～ 6 个月后，腹围有所增大，右下腹常可见到胎动，乳房显著发育。外部观察法虽然简单易行，但一般不能进行早期诊断。

二、采用阴道检查法进行牛的妊娠诊断

可在母牛配种 30d 后用开膣器进行检查。妊娠母牛阴道黏膜干燥、苍白、无光泽，插入开膣器时阻力较大，干涩感明显，且发现子宫颈口偏向一侧，呈闭锁状态，有子宫颈黏液栓堵塞子宫颈口。未孕牛阴道与子宫颈黏膜为粉红色，具有光泽。

三、采用直肠检查法进行牛的妊娠诊断

直肠检查法是妊娠诊断普遍采用的方法。具体操作方法同发情鉴定的直肠检查法，但要更加仔细，严防粗暴。检查顺序是先摸到子宫颈，然后沿着子宫颈触摸子宫角、卵巢，然后是子宫中动脉。

妊娠 30d：孕侧卵巢有发育完善的黄体突出卵巢表面，因而卵巢体积较对侧卵巢增大 1 倍。子宫颈紧缩，质地变硬；两侧子宫角已不对称，孕角稍大于空角，质地变软，轻压有液体波动感；空角较硬而有弹性，弯曲明显，角间沟清楚。

妊娠 60d：母牛孕角比空角大 1 ～ 2 倍，而且较长，孕角内有波动感，轻

压有弹性，形如水袋，角间沟不清楚，可以摸到全部子宫：胎儿开始形成，但触摸不到。

妊娠 90d：孕角大如排球，波动明显，子宫颈向前移至耻骨前缘，开始向腹腔下沉，有时可以触及胎儿，或在子宫背侧上有黄豆大小的子叶，角间沟已逐渐消失。

妊娠 120d：部分子宫沉入腹腔，子宫颈越过耻骨前缘，已摸不清子宫轮廓，可触摸到子宫背侧明显突出的子叶，偶尔可以摸到胎儿，妊娠脉搏明显。

妊娠 150d：全部子宫沉入腹腔底部，能够清楚地触及胎儿，子叶已增大如鸡蛋，子宫动脉变粗，妊娠脉搏十分明显。

妊娠 180d 至足月：胎儿快速增大，位置移至骨盆前，能触及胎儿的各部分并感觉到胎动。在生产中，直肠检查法是母牛妊娠诊断最方便可靠的方法，但较难掌握，需要经过长期的实践才能正确掌握。

四、采用 B 型超声波诊断仪进行牛的妊娠诊断

用 B 型超声波诊断仪诊断母牛妊娠，是目前最具应用前景的早期妊娠诊断方法。术前将母牛保定在保定架内，将尾巴拉向一侧，清除直肠内的宿粪，必要时可对母牛进行灌肠，以方便检查，使用 5MHz 的超声波探查，将探头握在手心中，在手臂和探头上涂以润滑剂，将探头送入母牛直肠内。怀孕 40d 左右的母牛，可在显示器上看到一个近圆形的暗区，即为母牛的胎泡位置，证明母牛已经妊娠。随着胎龄的增加，胎泡增大，形成的暗区也会增大。有的精密 B 型超声妊娠诊断仪诊断方法是将探头放置在右侧乳房上方的腹壁上，探头方向朝向子宫角，通过显示屏查看胎泡大小和位置。

第四节　牛的分娩与接产

一、子宫颈开口期

从子宫阵缩起，到子宫颈口完全开张，与阴道的界限完全消失为止。这时期母体子宫只有阵缩而不出现努责。母体表现出不安的征状，走动、摇尾、踢腹等现象频繁出现，初产母牛更为明显。

二、胎儿产出期

从子宫颈完全开张起，到胎儿产出为止。此期阵缩和努责都出现。母牛表现烦躁、腹痛、呼吸和脉搏加快，经多次强烈努责后排出胎儿，牛的胎儿产出期持续时间为 0.5 ～ 4h，产双胎时两胎间隔 1 ～ 2h。

三、胎衣排出期

从胎儿排出到胎衣完全排出为止。胎儿排出后，母牛安静下来，经阵缩和轻微努责，将胎衣排出。

四、分娩实施过程

（一）母牛分娩预兆

随着胎儿逐渐成熟和产期临近，母牛在临产前会出现一系列的生理变化，根据这些变化，可以估计分娩时刻，以便做好接产准备。

1. 乳房变化

乳房在分娩前发育迅速，并膨胀增大，有的还出现乳房浮肿。初产牛在妊娠 4 个月，特别是在妊娠后期，乳房发育更加迅速。经产生产前 2 ～ 3d 乳房发红、肿胀，有些母牛从乳房向前到腹、胸下部还可出现浮肿；用手可挤出初乳，有些甚至出现漏乳现象，当出现漏乳现象后说明即将分娩。

2. 外阴部变化

母牛分娩前数天外阴部开始松软、肿胀，阴唇皱褶消失，阴门因水肿而裂开，阴道黏膜潮红，黏液由黏稠变稀薄。子宫栓软化从阴道排出，有时挂在阴户上。

3. 骨盆韧带松弛

临产前 1 ～ 2 周骨盆韧带松弛，荐骨活动范围增大，用手握住尾根感到荐骨向上活动性增大。分娩前 24 ～ 480h 可见尾根塌陷，经产牛更明显。

4. 行为变化

临产母牛表现活动困难，食欲减退或消失，起卧不安，尾部不时高举，常回顾腹部，后躯左右摆动，频频排粪、排尿，但量很少。部分母牛用前脚刨地，频频转动和起卧。

（二）接产前准备

在预产期前10d应对产房和产床清扫消毒，并将临产母牛转入产房饲养。产房要求宽敞、清洁、保暖、环境安静，并于产前两三天在地面铺以清洁、干燥、卫生的柔软垫草。产前最好准备好助产用药品（强心剂、催产药等）和器械（产科绳、剪刀等），及体温计、听诊器等；助产员要剪齐、磨光指甲，并对手臂和母牛的外阴部做消毒处理。

（三）母牛正常分娩的助产技术

多数母牛能够顺利完成分娩，一般不用人为干预，接产者主要做好监视分娩过程和护理犊牛。但适当的助产有利于缩短产程，同时产后母畜和仔畜都必须做一些必要处理。

1. 正常的助产应注意以下问题

（1）充分利用自然分娩的力量，依靠母畜自身的阵缩和努责使胎儿排出。

（2）注意全身征状，观察其呼吸、脉搏，有时需要测量体温。

（3）注意是正生还是倒生，露出蹄后可看到蹄叉，蹄叉朝上为倒生，蹄叉朝下为正生。

（4）注意判断胎儿死活。

（5）帮助拉出。乳牛经常需要人工帮助拉出，要判断清楚后采取行动，不可见什么拉什么。拉时应注意：①产科绳结扎在系部趾最细处：②沿骨盆方向拉；③要均衡用持久力，要配合努责用力；④服从统一指挥，切忌蛮干；⑤保护外阴部，防止撕裂；⑥胎儿大部分拉出来后要缓慢拉，防止子宫外翻。

（6）为防止难产，当胎儿前置部分进入产道时，助产人员应消毒好手臂伸入产道以检查胎儿的胎向、胎位和胎势是否正常，以便对胎儿的反常姿势及时进行诊断并尽早采取措施处理。当看到胎儿的蹄、鼻、嘴露出阴门外但羊膜未破时，要及时将羊膜撕破，使胎儿的鼻嘴露出，并擦净鼻孔和嘴内的黏膜，以利于呼吸，防止窒息，但也不能过早地撕破羊膜，以免羊水流失过早。

2. 初生犊牛的护理

犊牛产出后，应先用毛巾擦干口腔中和鼻腔中的黏液，再擦干犊牛身体，也可以让母牛舔干。然后用5%～10%的碘酒消毒脐带断口，在距胎儿腹部4～5cm结扎脐带，并剪断，接着，将蹄端的软蹄剥去，称其初生重，做好编号、登记等，在1h内让犊牛吃上初乳。

发生窒息时，耐心地进行人工呼吸。方法是将犊牛侧卧在地上，有节律地按压腹部，使胸腔容积交替扩大和缩小，头部向下，以使心脏跳动。也可将其仰卧在地上做前后左右扩胸运动，使肺产生呼吸。

3. 母牛产后护理

母牛分娩后，要检查胎衣排出是否完全，如子宫有残留部分，应及时处置。及时取走胎衣，防止被母牛吃掉，引起消化机能紊乱。

此后母牛还会从阴道排出恶露，恶露的排出可以反映子宫恢复的情况，产后第一天排出的恶露呈血样，以后逐渐变成淡褐色，最后变成无色透明黏液，直至停止排出，一般 15～17d 即可排完。如果恶露呈灰褐色并伴有恶臭，且 20 多天不能排尽，或产后 10 多天未见恶露排出，是子宫内膜炎的表现，要尽早检查治疗。因此，产后一段时间要注意母牛外阴的清洁和消毒，防止蚊蝇起落。褥草要勤换，保持干净卫生。

母牛产后全身虚弱，疲劳口渴，食欲和消化能力差，这时可喂给 15～20kg 温热的麸皮盐水（麦麸 1.5～2kg、盐 50～100g、红糖 0.25～0.5kg），以暖腹充饥，增加腹压。之后喂给质量好、容易消化的饲料。量不宜过多，一般经 5～10d 可逐渐恢复正常饲养。在天气晴朗时，要安排母牛适当地活动，每日一个小时左右为宜。

为了避免引起乳腺炎，在母牛分娩期间可稍减饲料喂量，产后头 3d 内应给予质量好、容易消化的优质干草和多汁饲料，量不宜太多，产后 3d 以后，再逐渐增喂精料、多汁饲料和青贮饲料。

4. 母牛难产的助产及处理技术

造成难产有母牛和胎儿两个方面的因素：一是母牛骨盆口和产道狭窄、产道开张不全、子宫和腹壁收缩无力；二是胎儿过大、胎位不正、死胎、胎儿畸形和双胎。为防止难产，当胎儿前置部分进入产道时，助产人员应消毒好手臂，伸入产道检查胎儿的胎向、胎位和胎势是否正常，以便对胎儿的异常姿势及时诊断、尽早处理。发生难产时应根据具体情况当机立断，进行助产。

当发现胎儿的蹄、鼻、嘴露出阴门外但羊膜未破时，要及时将羊膜撕破，使胎儿的鼻、嘴露出，并擦净鼻孔和嘴内的黏膜，以利于呼吸，防止窒息，但也不能过早地撕破羊膜，以免羊水流失过早。

发生子宫迟缓时，救治必须及时。如果有羊水排出，要用手按摩母牛腹壁，并将下腹壁向上、向后推压，以刺激子宫收缩，促进子宫颈开张和松软，使胎儿的位置、姿势转入正常，然后再行牵引术救治。救治时一般使用专业的牵引器，当触摸到胎儿的两前肢和头部时，应轻轻地、试探性地牵拉一下，然后用已消毒的绳子分别拴住胎儿的两前肢，将绳子的另一端拴在牵引器上，一点点牵拉出来，避免用力过度造成母牛宫颈损伤。胎儿头部和两前肢牵拉出来后，后半身即可顺利娩出。产后应立即给母牛注射破伤风抗毒素，预防感染，每头一次性注射 5mL。为使母牛子宫收缩，应同时注射缩宫素，每头一次性注射 100IU。

第五节　提高母牛繁殖力的主要措施

母牛繁殖力的高低，受到多种因素的影响，主要与饲养、繁殖管理、繁殖技术和疾病防治等有密切关系。

一、加强饲养管理

营养缺乏或失衡是导致母牛发情不规律、受胎率低的重要原因。如缺乏蛋白质、矿物质（如钙、磷）、微量元素（如铜、锰、硒）、维生素（维生素 A、维生素 D、维生素 E）均可引起母牛生殖机能紊乱。如果营养水平过高，造成母牛过肥，生殖器官被脂肪所充塞，使受胎率下降和难产；营养过于贫乏，则体质消瘦，影响母牛发情配种；营养比例不当，易发生代谢疾病，也会影响繁殖机能。在管理上，牛舍建筑要宽敞明亮，通风良好，运动场宽大平坦，做到冬有暖舍，夏有凉棚。对妊娠母牛应防止相互拥挤碰撞引起流产。

二、做到适时配种

要及时观察、检查母牛发情情况，把握好时机，及时配种，这样能提高受胎率。母牛产犊后 20d 生殖器官基本恢复正常，此时，注意发情表现，后 1～3 个情期，发情及排卵规律性强，配种容易受胎。随时间推移，发情与排卵往往失去规律性而难以掌握，有可能造成难孕。对于产后不发情或发情不正常的母牛要查找原因，属于生殖器官疾患的要及时治疗，属于内分泌失调的应注射性激素促进发情排卵，以便适时配种。

三、提高人工授精技术水平

养殖户与人工授精员要互相配合，掌握好发情期，做到适时输精；配种员要熟练掌握母牛发情鉴定，应用直肠把握输精方法检查发情、排卵和配种后的妊娠检查工作，从而提高受胎率；精液解冻后要检查活力，只有符合标准方可用来输精；配种员要严格执行操作规程。

四、注重疾病防治

布鲁氏菌病和结核病等传染病、子宫内膜炎、卵巢囊肿、持久黄体等生殖器官疾病对牛群健康、繁殖影响极大，必须加以控制，防止传染蔓延。在生产中要及时检查，发现病症及早治疗，早愈早配，提高繁殖力。

第二章　肉牛营养与日粮配制

第一节　肉牛的采食习性和消化生理特点

肉牛是反刍家畜，其消化系统的生理作用与其他单胃家畜不同，属于复胃哺乳动物。复胃由 4 个胃组成：瘤胃、网胃（又称蜂巢胃）、瓣胃（又称重瓣胃或百叶胃）和皱胃（又称真胃）。4 个胃总计可容纳 150 ～ 230L 饲草料，胃内装满草料后可占据腹部大部分容积。通过了解和掌握牛独有的消化系统结构和特性，才能结合其特点进行饲养与管理，尽可能降低饲养成本，提高产肉率和经济效益。

一、牛的消化特点

（一）牛的消化器官

1. 口腔

牛没有上切齿，只有臼齿（板牙）和下切齿。牛是通过左右侧臼齿轮换与切齿切断饲草，在唾液润滑下吞咽入瘤胃，反刍时再经上下齿仔细磨碎食物。

2. 四个胃区

牛有四个胃，即瘤胃、网胃（蜂巢胃）、瓣胃、皱胃（真胃）。由于牛本身营养的需要，必须采食大量饲草饲料，因此，消化道相应地有较大的容量来完成加工和吸收营养物质的功能。其消化道中以瘤胃的容量最大。

3. 小肠与大肠

食入的草料在瘤胃发酵形成食糜，通过其余三个胃进入小肠，经过盲肠、结肠然后到大肠，排出体外。整个消化过程大约需 72h。

（二）牛的消化生理

1. 食管沟反射

食管沟反射是反刍动物所特有的生理现象，但这种生理现象仅在幼年哺乳期间才具有。食管沟起始于食管和瘤胃接合部——贲门，经瘤胃、网胃直接进入瓣胃。当犊牛吸吮乳汁时，会导致食管沟发生闭合，这种闭合就称为食管沟反射。食管沟闭合后乳汁经由食管沟直接进入瓣胃和皱胃，防止因乳汁流经瘤胃和网胃发生发酵反应，而造成消化道疾病。一般情况下，随着牛采食植物性饲料的增加，食管沟反射也逐渐消失，最后导致食管沟退化。

2. 瘤胃微生物

瘤胃里生长着大量微生物，每毫升胃液中含细菌 250 亿～ 500 亿个，原虫 20 万～ 300 万个。瘤胃微生物的数量依日粮性质、饲养方式、喂后采样时间和个体的差异及季节等而变动，并在以下两个方面发挥重要作用，一是能分解粗饲料中的粗纤维，产生大量的有机酸，即挥发性脂肪酸（VFA），占牛的能量营养来源的 60% ～ 80%，这就是为什么牛能主要靠粗饲料维持生命的原因；二是瘤胃微生物可以利用日粮中的非蛋白氮（如尿素）合成菌体蛋白质，进而被牛体吸收利用。所以，只要为瘤胃微生物提供充足的氮源，就可以适当解决牛对蛋白质的需要。

3. 瘤胃发酵及其产物

瘤胃黏膜上有大量乳头突，网胃内部由许多蜂巢状结构组成。食物进入这两部分，通过各种微生物（细菌、原虫和真菌）的作用进行充分的消化。事实上瘤胃就是一个大的生物“发酵罐”。

4. 反刍

当牛吃完草料后或卧地休息时，人们会看到牛嘴不停地咀嚼成食团，重新吞咽下去，每次需 1 ～ 2min。牛每天需要 6 ～ 8h 进行反刍。反刍能使大量饲草变细、变软，较快地通过瘤胃到后面的消化道中去，这样使牛能采食更多的草料。

5. 嗳气

由于食物在消化道内发酵、分解，产生大量的二氧化碳、甲烷等气体。这些气体会随时排出体外，这就是嗳气。嗳气也是牛的正常消化生理活动，一旦失常，就会导致一系列消化功能障碍。

二、牛的采食特性

（一）采食

牛的唇不灵活，不利于采食饲料，但牛的舌长、坚强、灵活，舌面粗糙，适于卷食草料，并被下腭门齿和上腭齿垫切断而进入口腔。同时，牛进食草料的速度快而且咀嚼不细，进入口腔的草料混合了口腔中大量的唾液后形成食团进入瘤胃，之后经过反刍又回到口腔，经过二次咀嚼后再咽下，才可以彻底消化。牛采食的特殊性决定了牛采食后有卧槽反刍的习惯。奶牛的采食量按干物质计算，一般为自身体重的2%～3%，个别高产牛可高达4%。牛每天放牧8h，用8h反刍，这意味着牛每天的采食时间超过16h。在适宜温度下自由采食时间一般为每昼夜6～8h，气温高于30℃，白天的采食时间就会减少，因此炎夏要注意早晨和晚上饲喂。

（二）饮水

水分是构成牛身体和牛乳的主要成分。据测定，成年母牛身体的含水量达57%，牛乳的含水量达87.5%。牛的新陈代谢、生长发育、繁衍后代、生产牛乳等都离不开水，特别是处于泌乳盛期的奶牛，代谢强度增加，更需要大量饮水。研究证明，产奶量与耗水量呈正相关（相关系数0.815）。在饲养管理中，保证奶牛充足的饮水是获得高产的关键。奶牛一天的饮水量是其采食饲料干物质量的4～5倍，产奶量的3～4倍。一头体重600kg、日产奶20kg的奶牛，饲料干物质摄入量约为16kg，饮水量应在60kg以上，夏季更多。因此，应保证给奶牛供应充足的、清洁卫生的饮水，冬季要饮温水。

（三）反刍

反刍是牛、羊等反刍动物共有的特征，反刍有利于牛把饲料嚼碎，增加唾液的分泌量，以维持瘤胃的正常功能，还可提高瘤胃氮循环的效率。牛采食时将饲料初步咀嚼，并混入唾液吞进瘤胃，经浸泡、软化，待卧息时再进行反刍。反刍包括逆呕、再咀嚼、再混入唾液、再吞咽4个步骤，一般在采食后30～60min开始反刍，每次持续40～50min，每个食团约需1min，一昼夜反刍10多次，累计7～8h。因此，牛采食后应有充分的时间休息进行反刍，并保持环境安静，牛反刍时不能受到惊扰，否则会立刻停止反刍。

（四）排泄

牛随意排泄，通常站着排粪或边走边排，因此牛粪常呈散布状；排尿也常取站立的姿势。成母牛一昼夜排粪约 30kg，排尿约 22kg；年排粪量约 11t，年排尿量 8t 左右。据研究，产奶量与日排粪次数、日排尿时间呈不同程度的正相关，但与日排粪时间呈负相关，泌乳盛期奶牛的排泄次数显著多于泌乳后期和干奶期。奶牛倾向于在洁净的地方排泄。经过训练的奶牛甚至可以在一定时间内集体排泄。

第二节　牛常用饲料的加工调制

一、牛常用饲料的特性

牛常用的饲料种类很多，特性各异。按照生产上的习惯和牛的利用特性，常归结为粗饲料、矿物质饲料、维生素饲料和非蛋白氮饲料等。

（一）主要粗饲料的特性

粗饲料是粗纤维含量高（超过 20%）、体积大、营养价值较低的一类饲料。主要包括秸秆、秕壳和干草等。

1. 玉米秸

玉米秸营养价值是禾本科秸秆中最高的。刚收获的玉米秸，营养价值较高，但随着贮存期的加长，营养物质损失加大。一般玉米秸粗蛋白质含量为 5% ～ 5.8%，粗纤维含量为 25% 左右，牛对其消化率为 65% 左右，钙少磷多。为了保存玉米秸的营养含量，最好的办法是收获果穗后立即青贮。目前已培育出收获果穗后玉米秸全株保存绿色的新品种，很适合制作青贮。

2. 麦秸

包括小麦秸、大麦秸、燕麦秸等。其中燕麦秸营养价值最好，大麦秸次之，小麦秸最差（春小麦比冬小麦好），但小麦秸数量较多。总体来看，麦秸粗纤维含量高，消化率低，适口性差，是质量较差的饲料。这类饲料喂牛时应经氨化或碱化等适当处理，否则，对牛没有多大营养价值。

3. 稻草

稻草是我国南方地区主要的粗饲料来源，营养价值低于玉米秸而高于小麦秸。稻草中粗蛋白质含量为2.6%～3.6%，粗纤维含量为21%～30%；钙多磷少，但总体含量很低。牛对其消化率为50%。经氨化和碱化后可显著提高粗蛋白质含量和消化率。

4. 秕壳

农作物籽实脱壳后的副产品。营养价值除稻壳和花生壳外，略高于同一作物秸秆。其中豆荚含粗蛋白质5%～10%，含无氮浸出物42%～50%，含粗纤维33%～40%，饲用价值较高，适于喂牛。谷类皮壳营养价值低于豆荚。棉籽壳含粗蛋白质4.0%～4.3%，含粗纤维41%～50%，含无氮浸出物34%～43%，虽含有棉酚，但对肥育牛影响不大，喂时搭配其他青绿块根饲料效果较好。

5. 豆秸

指豆科秸秆。普遍质地坚硬，木质素含量高，但与禾本科秸秆相比，粗蛋白质含量较高。豆科秸秆中，花生藤营养价值最好，其次是豌豆秸，大豆秸最差。由于豆秸质地坚硬，消化率低，应粉碎后饲喂，以便被牛较好利用。

6. 豆科牧草

豆科牧草种类比禾本科少，所含粗蛋白质和矿物质比禾本科草高。干物质中粗蛋白质可达20%以上，可溶性碳水化合物低于禾本科牧草。主要有苜蓿、三叶草、花生藤、紫云英、毛苕子、沙打旺等。其中苜蓿有“牧草之王”的美称，产量高，适口性好，营养价值很高，富含多种氨基酸齐全的优质蛋白质，丰富的维生素和钙等。

有些豆科牧草多含有皂素，在牛瘤胃中能产生大量泡沫，易使牛发生瘤胃膨胀，所以喂量不能太多，最好先喂一些干草或秸秆，再喂苜蓿等豆科饲料。

7. 禾本科牧草

禾本科牧草种类很多，包括天然草地牧草与人工栽培牧草，最常用的是羊草、鸡脚草、无芒雀麦、披碱草、象草、苏丹草等。禾本科牧草除青刈外，还可制成青干草和青贮饲料，作为各类牛常年的基本饲料。

（二）主要精饲料的特性

精饲料一般指体积小、纤维成分含量低（干物质中粗纤维含量低于18%）、可消化养分含量高，用于补充牛基本饲料中能量和蛋白质不足的一类饲料。主要有禾谷类籽实（玉米、高粱、大麦等）、豆类籽实、饼粕类（大豆饼粕、棉籽饼粕、菜籽饼粕等）、糠麸类（小麦麸、米糠等）、草籽树实类、淀粉质的块根、块茎类（薯类、甜菜）、工业副产品（玉米淀粉渣、玉米胚芽渣、啤酒糟粕、豆腐渣等）、酵母类等饲料原料和多种饲料原料按一定比例配制的精料补充料。精饲料可消化营养物质含量高，体积小，粗纤维含量少，是饲喂肉牛的主要能量饲料和蛋白质饲料。

1. 禾本科籽实饲料

（1）营养特点　谷实类饲料干物质中以无氮浸出物（主要是淀粉）为主，占干物质的 70% ～ 80%；粗纤维含量低，在 6% 以下；粗蛋白质含量在 10% 左右，蛋白质品质不高。因此，禾谷类籽实的生物学价值低，为 50% ～ 70%；脂肪含量少，为 2% ～ 5%，大部分在胚种和种皮内，主要是不饱和脂肪酸。钙的含量少，有机磷含量多，主要以磷酸盐形式存在，均不易被吸收。含有丰富的维生素 B_1 和维生素 E，但禾谷类籽实中缺乏维生素 D；除黄玉米外，均缺乏胡萝卜素。禾谷类籽实的适口性好，易消化，易保存。

（2）几种主要的禾本科籽实饲料

①玉米。

玉米被称为“饲料之王”，是牛最主要的能量饲料。有效能值高，产奶净能 8.66MJ/kg，肉牛综合净能 8.06MJ/kg；亚油酸较高，玉米含有 2% 的亚油酸，在谷实类饲料中含量最高；蛋白质含量低，低于 10%，且品质差，氨基酸组成不平衡，缺乏赖氨酸和色氨酸等必需氨基酸；矿物质约 80% 存在于胚部，钙非常少，只有 0.02%，磷约含 0.25%；脂溶性维生素中维生素 E 较多，约为 20mg/kg，维生素 D 和维生素 K 几乎没有，黄玉米中含有较高的胡萝卜素。

②大麦。

大麦的蛋白质含量（9% ～ 13%）高于玉米，氨基酸中除亮氨酸及蛋氨酸外均比玉米多，但利用率比玉米差。产奶净能 8.2MJ/kg，肉牛综合净能 7.19MJ/kg；大麦赖氨酸含量（0.40%）接近玉米的 2 倍；纤维含量（6%）高，为玉米的 2 倍左右；富含 B 族维生素，包括维生素 B_1、维生素 B_2、维生素 B_6 和泛酸，烟酸含量较高，但利用率较低，只有 10%，脂溶性维生素 A、维生素 D、维生素 K 含量低，少量的维生素 E 存在于大麦的胚芽中。

大麦是牛的优良精饲料，供肉牛肥育时与玉米营养价值相当。大麦粉碎太细易引起瘤胃臌胀，宜粗粉碎，或用水浸泡数小时或压片后饲喂可起到预防作用。此外，大麦进行压片、蒸汽处理可改善适口性和肥育效果，微波以及碱处理可提高消化率。

③高粱。

营养价值稍低于玉米。高粱粗蛋白质含量略高于玉米，为 9% ～ 11%，但同样品质不佳，缺乏赖氨酸（0.21% ～ 0.22%）和色氨酸，蛋白质不易消化，高粱所含脂肪（2.8% ～ 3.4%）低于玉米，脂肪酸组成中饱和脂肪酸比玉米稍多一些，所以脂肪的熔点高；高粱淀粉含量与玉米相近，但消化率较低，使其有效能值低于玉米，产奶净能 7.74MJ/kg，肉牛综合净能 6.98MJ/kg。因含单宁，适口性差，喂牛易引起便秘，一般用量不超过日粮的 20%，与玉米配合使用可使效果增强。

④燕麦。

燕麦产奶净能 7.66MJ/kg，肉牛综合净能 6.96MJ/kg。燕麦蛋白质含量在 11.6% 左右，其品质较差，氨基酸组成不平衡，赖氨酸含量低。

燕麦是牛很好的能量饲料，其适口性好，饲用价值较高。燕麦的营养价值在所有谷实类中是最低的，仅为玉米的 75% ～ 80%。饲用前磨碎和粗粉碎即可饲喂。对奶牛的饲喂效果最好，对肉牛因含壳多，肥育效果比玉米差，在精料中可用到 50%，饲喂效果为玉米的 85%。

2. 豆科籽实饲料

（1）营养特点　豆类籽实包括大豆、豌豆、蚕豆等。粗蛋白质含量高，占干物质的 20% ～ 40%，为禾谷类籽实的 1 ～ 3 倍，且品质好。精氨酸、赖氨酸、蛋氨酸等必需氨基酸的含量均多于谷类籽实。脂肪含量除大豆、花生含量高外，其他均只有 2% 左右，略低于谷类籽实。钙、磷含量较禾谷类籽实稍多，但钙磷比例不恰当，钙多磷少，胡萝卜素缺乏，无氮浸出物含量为 30% ～ 50%，纤维素易消化。总营养价值与禾谷类籽实相似，可消化蛋白质较多，是牛重要的蛋白质饲料。

（2）主要的豆科籽实饲料

①大豆。

大豆蛋白质含量高，氨基酸组成良好，主要表现在植物蛋白质中最缺的限制因子之一的赖氨酸含量较高，但含硫氨基酸不足。大豆脂肪含量高，不饱和脂肪酸较多，亚油酸和亚麻酸可占 55%。因属不饱和脂肪酸，故易氧化，应注意温度、湿度等贮存条件。产奶净能 9.29MJ/kg，肉牛综合净能为 8.25MJ/kg。生大豆含有一些有害物质或抗营养成分，如胰蛋白酶抑制因子、血细胞凝集素、脲酶、致甲状腺肿物质、赖丙氨酸、植酸、抗维生素因子、大豆抗原、皂苷、雌激素、胀气因子等，它们影响饲料的适口性、消化性与牛的一些生理过程。但是这些有害成分中除了后 3 种较为耐热外，其他均不耐热，经湿热加工可使其丧失活性。生大豆喂牛可导致腹泻和生产性能的下降，会降低维生素 A 的利用率，造成牛乳中维生素 A 含量剧减。

②豌豆。

又叫麦豌豆、毕豆、寒豆、准豆、麦豆。豌豆可分为干豌豆、青豌豆和食荚豌豆。干豌豆籽粒粗蛋白质含量 20% ～ 24%，介于谷实类和大豆之间；含有丰富的赖氨酸，而其他必需氨基酸含量都较低，特别是含硫氨基酸与色氨酸。能值虽比不上大豆，但也与大麦和稻谷相似。矿物质含量约 2.5%，是优质的钾、铁和磷的来源，但钙含量较低。干豌豆富含维生素 B_1、维生素 B_2 和尼克酸，胡萝卜素含量比大豆多，与玉米近似，缺乏维生素 D。豌豆中含有微量的胰蛋白酶抑制因子、外源植物凝集素、致胃肠胀气因子、单宁、皂角苷、色氨酸抑制剂等抗营养因子，不宜生喂。国外广泛地用其作为蛋白质补充料。但是，目前我国豌豆的价格较贵，很少作为饲料。一般奶牛精料可用 20% 以下，肉牛 12% 以下。

3. 饼粕类饲料

（1）营养特点　饼粕类饲料是富含油的籽实经加工榨取植物油的加工副产品，蛋白质的含量较高（30% ～ 45%），是蛋白质饲料的主体。适口性较好，能量也高，品质优良，是羊瘤胃中微生物蛋白质氮的前身物。羊可利用瘤胃中的微生物将饲料中的非蛋白氮合成菌体蛋白，所以在羊的一般日粮中蛋白质的需求量不大。但蛋白质饲料是羊饲料中必不可少的饲料成分之一，特别是对于羔羊生长发育期、母羊妊娠前的营养需求显得特别重要。

（2）主要饼粕类饲料

①大豆饼粕。

大豆饼粕是我国最常用的主要植物性蛋白质饲料。大豆饼粕含蛋白质较高，达 40% ～ 45%，必需氨基酸的组成比例也比较好，尤其赖氨酸含量是饼粕类饲料中最高者，高达 2.5% ～ 3%，蛋氨酸含量较少，仅含 0.5% ～ 0.7%。

豆类饲料中含有胰蛋白酶抑制因子，大豆饼粕生喂时适口性差，消化率低，饲后有腹泻现象，胰蛋白酶抑制因子在 110℃下加热 3min 即可去除。

大豆饼粕是所有饼类中最为优越的原料，且适口性好，饲喂肉牛、奶牛都具有良好的生产效果。在高产奶牛和肉牛日粮中，大豆饼粕可占精料的 20% ～ 30%，低产奶牛的用量可低于 15%。

②棉籽饼粕。

是提取棉籽油后的副产品，一般含有 32% ～ 37% 的粗蛋白质，赖氨酸和蛋氨酸含量均较低，分别为 1.48% 和 0.54%，精氨酸含量过高，达 3.6% ～ 3.8%。在牛日粮中使用棉籽饼粕，要与含精氨酸少的饲料配伍，可与菜籽饼粕搭配使用。

棉籽饼粕在瘤胃内降解速度较慢，是奶牛和肉牛良好的蛋白质饲料来源，奶牛日粮中适量使用还可提高乳脂率。但由于棉籽饼粕中含有一种有毒物质——棉酚，对动物健康有害，虽然瘤胃微生物可以降解棉酚，使其毒性降低，但也应控制日粮中棉籽饼粕的比例。在母牛干奶期和种公牛日粮中，不要使用棉籽饼粕；犊牛日粮中可少量添加；成年母牛日粮中，棉籽饼粕的添加量一般不超过 20%，或日喂量不超过 1.4 ～ 1.8kg；在架子牛肥育日粮中，棉籽饼粕可占精料的 60%，作为主要的蛋白质饲料，长期用棉籽饼粕喂牛时，需对棉籽饼粕进行脱毒处理。

③菜籽饼粕。

油菜为十字花科植物，籽实含粗蛋白质 20% 左右，榨油后籽实中油脂减少，粗蛋白质相对增加到 30% 以上，代谢能较低。菜籽饼中含赖氨酸 1% ～ 1.8%。蛋氨酸 0.4% ～ 0.8%，含硒量是常用植物饲料中的最高者，磷利用率较高。菜籽饼粕在瘤胃中的降解速度低于豆粕，过瘤胃蛋白质较多。

菜籽饼粕的适口性差，消化率较低，且含有芥子苷或称硫苷，各种芥子苷在不同条件下水解，会生成异硫氰酸酯，对动物有害。由于瘤胃微生物可以分解部分芥子苷，因此芥子苷对牛的毒性较弱，但饲喂量较大时，也可能会造成中毒，放在饲粮中菜籽饼粕用量不宜过多。奶牛日粮中菜籽饼粕用量在 15% 以下，或日喂量 1 ～ 1.5kg，产奶量和乳胀率均正常，青年母牛日粮中也可少量使用菜籽饼粕，犊牛和怀孕母牛最好不喂。经去毒处理后可保证饲喂安全。

④花生仁饼粕。

花生仁饼粕是一种良好的植物性蛋白质饲料，含粗蛋白质 40% ～ 49%，代谢能含量可超过大豆饼粕，是饼粕类饲料中可利用能量水平最高者，但赖氨酸和蛋氨酸含量不足，分别为 1.5% ～ 2.1% 和 0.4% ～ 0.7%。花生饼适口性好，有香味，奶牛和肉牛都喜欢采食，可用于犊牛的开食料，对于奶牛也有催乳和促生产作用，但饲喂量过多，可引起牛下泻。花生饼的瘤胃降解率可达 85% 以上，因此不适合作为唯一的蛋白质饲料原料。

花生仁饼粕很易染上黄曲霉菌，当含水量在 9% 以上、温度 30℃左右、相对湿度为 80% 时，黄曲霉即可繁殖。如果牛采食了大量有黄曲霉的花生仁饼粕，就可能会引起中毒。因此花生仁饼粕应新鲜使用，不要久贮。对于感染黄曲霉的花生仁饼粕，可以用氨处理法进行脱毒处理后使用。

⑤葵花饼粕。

葵花饼粕的饲用价值，取决于脱壳程度如何。我国葵花饼粕的粗蛋白质含量较低，一般在 28% ～ 32%，可利用能量较低，赖氨酸含量不足（低于大豆饼粕、花生饼粕和棉仁饼粕），为 1.1% ～ 1.2%，蛋氨酸含量较高，为 0.6% ～ 0.7%。

脱壳的优质葵花饼粕代谢能含量较高，饲用价值与大豆饼粕相当。牛采食葵花饼粕后，瘤胃内容物的酸度下降，它通常可作为牛的优质蛋白质饲料来源，牛日粮中葵花饼粕可以用到20%以上。

⑥亚麻饼粕。

亚麻又叫胡麻，在我国东北和西北栽培较多。其种子榨油的副产品亚麻籽饼或亚麻籽粕，其粗蛋白质含量为32%～36%，赖氨酸和蛋氨酸含量分别为1.1%和0.47%。因赖氨酸含量不足，所以亚麻籽饼粕应与其他含赖氨酸较高的蛋白质饲料混合饲喂。

亚麻籽饼粕有促进胃、肠蠕动和改善被毛的功能，对提高奶牛产奶量和肉牛肥育也有一定的效果，犊牛、奶牛和肉牛日粮中均可使用，但亚麻籽饼粕中含有生氰糖苷，可引起氢氰酸中毒；另外还含有对动物有害的亚麻籽胶和维生素比抑制因子，所以，亚麻籽饼粕在日粮中的用量应控制在10%以下。

4. 糠麸类饲料

（1）麦麸　数量最多的是小麦麸，其营养价值因出粉率高低而变化。一般含产奶净能6.53MJ/kg，肉牛综合净能5.86MJ/kg；粗蛋白质14.4%；粗纤维含量较高。质地蓬松，适口性好，具有轻泻作用。母牛产后日粮加入麸皮，可调养消化机能。大麦麸在能量、粗蛋白质和粗纤维上均优于小麦麸。

（2）米糠　为去壳稻粒只剩精米时分离出的副产品。米糠的有效营养变化较大，随含壳量的增加而降低。米糠脂肪含量高，易在微生物及酶的作用下发生酸败，引起牛的腹泻。一般米糠含产奶净能8.2MJ/kg，肉牛综合净能7.22MJ/kg；粗蛋白质12.1%。

（三）主要矿物质和维生素饲料的特性

1. 矿物质饲料

矿物质饲料系指为牛补充钙、磷、氯、钠等原色的一些营养素比较单一的饲料。牛需要矿物质的种类较多，但在一般饲养条件下，需要量很小。但如果缺乏或不平衡则会影响奶牛的产奶量和肉牛的正常生长肥育，甚至可导致营养代谢病以及胎儿发育不良、繁殖障碍等疾病的发生。

（1）食盐　食盐的主要成分是氯化钠。大多数植物性饲料含钾多而少钠。因此，以植物饲料为主的牛必须补充钠盐，常以食盐补给。可以满足牛对钠和氯的需要，同时可以平衡钾、钠比例，维持细胞活动的正常生理功能。在缺碘地区，可以加碘盐补给。

（2）含钙的矿物质饲料　常用的有石粉、钙粉等，其主要成分为碳酸钙。

这类饲料来源广，价格低。石粉是最廉价的钙源，含钙38%左右。在牛产犊后，为了防止钙不足，也可以添加乳酸钙。

（3）含磷的矿物质饲料 单纯含磷的矿物质饲料并不多，且因其价格昂贵，一般不单独使用。这类饲料有磷酸二氢钠、磷酸氢二钠、磷酸等。

（4）含钙、磷的饲料 常用的有骨粉、磷酸钙、磷酸氢钙等，它们既含钙又含磷，消化利用率相对较高，且价格适中。故在牛日粮中出现钙和磷同时不足的情况下，多以这类饲料补给。

（5）微量元素矿物质饲料 通常分为常量元素和微量元素两大类。常量元素系指在动物体内的含量占体重的0.01%以上的元素，包括钙、磷、钠、氯、钾、镁、硫等；微量元素系指含量占动物体重0.01%以下的元素，包括钴、铜、碘、铁、锰、钼、硒和锌等。饲养实践中，通常常量元素可自行配制，而微量元素需要量微小，且种类较多，需要一定的比例配合以及特定机械搅拌，因而建议通过市售商品预混料的形式提供。

2. 维生素饲料

维生素饲料系指人工合成的各种维生素。作为饲料添加剂的维生素主要有：维生素D_3、维生素A、维生素E、维生素K_3、硫胺素、核黄素、吡哆醇、维生素B_{12}、氯化胆碱、尼克酸、泛酸钙、叶酸、生物素等。维生素饲料应随用随买，随配随用，不宜与氯化胆碱以及微量元素等混合贮存。也不宜长期贮存。

（四）主要非蛋白氮饲料的特性

反刍动物可以利用非蛋白氮作为合成蛋白质的原料。一般常用的非蛋白氮饲料包括尿素、磷酸脲、双缩脲、铵盐、糊化淀粉尿素等。由于瘤胃微生物可利用氨合成蛋白。因此，饲料中可以添加一定量的非蛋白氮，但数量和使用方法需要严格控制。

目前利用最广泛的是尿素。尿素含氮47%，是碳、氮与氢化合而成的简单非蛋白质氮化物。尿素中的氨折合成粗蛋白质含量为288%，尿素的全部氮如果都被合成蛋白质，则1kg尿素相当于7kg豆饼的蛋白质当量。但真正能够被微生物利用的比例不超过1/3，由于尿素有咸味和苦味，直接混入精料中喂牛，牛开始有一个不适应的过程，加之尿素在瘤胃中的分解速度快于合成速度，就会有大量尿素分解成氨进入血液，导致中毒。因此，利用尿素替代蛋白质饲料喂牛，要有一个由少到多的适应阶段，还必须是在日粮中蛋白质含量不足10%时方可加入，且用量不得超过日粮干物质的1%，成年牛以每头每日不超过200g为限。日粮中应含有一定比例的高能量饲料，充分搅匀，以保证瘤胃内微生物的正常繁殖和发酵。

饲喂含尿素日粮时必须注意：尿素的最高添加量不能超过干物质采食量的1%，而且必须逐步增加；尿素必须与其他精料一起混合均匀后饲喂，不得单独饲喂或溶解到水中饮用；尿素只能用于6月龄以上、瘤胃发育完全的牛；饲喂尿素只有在日粮瘤胃可降解蛋白质含量不足的时候才有效，不得与含脲酶高的大豆饼（粕）一起使用。

为防止尿素中毒，近年来开发出的糊化淀粉尿素、磷酸脲、双缩脲等缓释尿素产品，其使用效果优于尿素，可以根据日粮蛋白质平衡情况适量应用。另外，近年来氨化技术得到广泛普及，用3%～5%的氨处理秸秆，氮素的消化利用率可提高20%，秸秆干物质的消化利用率提高10%～17%。牛对秸秆的进食量，氨化处理后与未处理秸秆相比，可增加10%～20%。

二、牛饲料的加工调制与贮藏

（一）牛精饲料及其加工调制

1. 清理

在饲料原料中，蛋白质饲料、矿物性饲料及微量元素和药物等添加剂的杂质清理均在原料生产中完成，液体原料常在卸料或加料的管路中设置过滤器进行清理。需要清理的主要是谷物饲料及其加工副产品等，主要清除其中的石块、泥土、麻袋片、绳头、金属等杂物。有些副料由于在加工、搬运、装载过程中可能混入杂物，必要时也需清理。清除这些杂物主要采取的措施：利用饲料原料与杂质尺寸的差异，用筛选法分离；利用导磁性的不同，用磁选法磁选；利用悬浮速度不同，用吸风除尘法除尘。有时采用单项措施，有时采用综合措施。

2. 粉碎

饲料粉碎是影响饲料质量、产量、电耗和成本的重要因素。粉碎机动力配备占总配套功率的1/3或更多。常用的粉碎方法有击碎（爪式粉碎机、锤片粉碎机）、磨碎（钢磨、石磨）、压碎、锯切碎（对辊式粉碎机、辊式碎饼机）。各种粉碎方法在实际粉碎过程中很少单独应用，往往是几种粉碎方法联合作用。粉碎过程中要控制粉碎粒度及其均匀性。

3. 配料

配料是按照饲料配方的要求，采用特定的配料装置，对多种不同品种的饲用原料进行准确称量的过程。配料工序是饲料工厂生产过程的关键性环节。配料装置的核心设备是配料秤。配料秤性能的好坏直接影响着配料质量的优劣。配料秤应具有较好的适应性，不但能适应多品种、多配比的变化，而且能够适应环境及工艺形式的不同要求，具有很高的抗干扰性能。配料装置按其工作原理可分为重量式和容积式两种，按其工作过程又可分为连续式和分批式两种。配料精度的高低直接影响到饲料产品中各组分的含量，对牛的生产影响极大。其控制要点是：选派责任心强的专职人员把关。每次配料要有记录，严格操作规程，做好交接班；配料秤要定期校验；每次换料时，要对配料设备进行认真清洗，防止交叉污染；加强对微量添加剂、预混料尤其是药物添加剂的管理，要明确标记，单独存放。

4. 混合

混合是生产配合饲料中，将配合后的各种物料混合均匀的一道关键工序，是确保配合饲料质量和提高饲料效果的主要环节。同时在饲料工厂中，混合机的生产效率决定工厂的规模。饲料中的各种组分混合不均匀，将显著影响肉牛生长发育，轻者降低饲养效果，重者造成死亡。

常用混合设备有卧式混合机、立式混合机和锥形混合机。为保证最佳混合效果，应选择适合的混合机，如卧式螺带混合机使用较多，生产效率较高，卸料速度快。锥形行星混合机虽然价格较高，但设备性能好，物料残留量少，混合均匀度较高，较适用于预混合；进料时先把配比量大的组分大部分投入机内后，再将少量或微量组分置于易分散处；定时检查混合均匀度和最佳混合时间；防止交叉污染，当更换配方时，必须对混合机彻底清洗；应尽量减少混合成品的输送距离，防止饲料分级。

5. 制粒

随着饲料工业和现代养殖业的发展，颗粒饲料所占的比重逐步提高。颗粒饲料主要是由配合粉料等经压制成颗粒状的饲料。颗粒饲料虽然要求的生产工艺条件较高，设备较昂贵，成本有所增加，但颗粒配合饲料营养全面，免于动物挑食，能掩盖不良气味减少调味剂用量，在贮运和饲喂过程中可保持均一性，经济效益显著，故得到广泛采用和发展。颗粒形状均匀，表面光泽，硬度适宜，颗粒直径断奶犊牛为 8mm，超过 4 个月的肉牛为 10mm，颗粒长度是直径的 1.5 ～ 2.5 倍为宜；含水率 9% ～ 14%，南方在 12.5% 以下，以便贮存；颗粒密度（比重）将影响压粒机的生产率、能耗、硬度等，硬颗粒密度以 1.2 ～ 1.3g/cm^3，强度以 0.8 ～ 1.0kg/cm^2 为宜；粒化系数要求不低于 97%。

6. 贮存

精饲料一般应贮存于料仓中。料仓应建在高燥、通风、排水良好的地方，具有防淋、防火、防潮、防鼠雀的条件。不同的饲料原料可袋装堆垛，垛与垛之间应留有风道以利于通风。饲料也可散放于料仓中，用于散放的料仓，其墙角应为圆弧形，以便于取料，不同种类的饲料用隔墙隔开。料仓应通风良好，或内设通风换气装置。以金属密封仓最好，可把氧化、鼠害和雀害降到最低；防潮性好，避免大气湿度变化造成反潮；消毒、杀虫效果好。

贮存饲料前，先把料房打扫干净，关闭料仓所有窗户、门、风道等，用磷化氢或溴甲烷熏蒸料仓后，即可存放。

精饲料贮存期间的受损程度，由含水量、温度、湿度、微生物、虫害、鼠害等储存条件而定。

（1）含水量　不同精料原料贮存时对含水量要求不同，水分大会使饲料霉菌、仓虫等繁殖。常温下含水量 15% 以上时，易长霉，最适宜仓虫活动的含水量为 13.5% 以上；各种害虫，都随含水量增加而加速繁殖。

（2）温度和湿度　温度和湿度两者直接影响饲料含水量多少，从而影响贮存期长短。另外，温度高低还会影响霉菌生长繁殖。在适宜湿度下，温度低于 10℃时，霉菌生长缓慢；高于 30℃时，则将造成相当危害。

（3）虫害和鼠害　在 28 ～ 38℃时最适宜害虫生长，低于 17℃时，其繁殖受到影响，因此饲料贮存前，仓库内壁、夹缝及死角应彻底清除，并在 30℃左右温度下熏蒸磷化氢，使虫卵和老鼠均被毒死。

（4）霉害　霉菌生长的适宜温度为 5 ～ 35℃，尤其在 20 ～ 30℃时生长最旺盛。防止饲料霉变的根本办法是降低饲料含水量或隔绝氧气，必须使含水量降到 13% 以下，以免发霉。如米糠由于脂肪含量高达 17% ～ 18%，脂肪中的解脂酶可分解米糠中的脂肪，使其氧化酸败不能作饲料；同时，米糠结构疏松，导热不良，吸湿性强，易招致虫螨和霉菌繁殖而发热、结块甚至霉变，因此米糠只宜短期存放。存放时间较长时，可将新鲜米糠烘炒至 90℃，维持 15min，降温后存放。麸皮与米糠一样不宜长期贮存，刚出机的麸皮温度很高，一般在 30℃以上，应降至室温再贮存。

（二）干草的调制技术

人工栽培牧草及饲料作物、野青草在适宜时期收割加工调制成干草，降低了水分含量，减少了营养物质的损失，有利于长期贮存，便于随时取用，可作为肉牛冬春季节的优质饲料。

1. 干草的收割

青饲料要适时收割，兼顾产草量和营养价值。收割时间过早，营养价值虽高，但产量会降低，而收割过晚会使营养价值降低。所以，适时收割牧草是调制优质干草的关键。一般禾本科牧草及作物，如黑麦草、苇状羊茅、大麦等，应在抽穗期至开花期收割；豆科牧草，如紫花苜蓿、三叶草、红豆草等，在开花初期到盛花期；另外收割时还要避开阴雨天气，避免晒制和雨淋使营养物质大量损失。

2. 干草的调制

适当的干燥方法，可防止青饲料过度发热和长霉，最大限度地保存干草的叶片、青绿色泽、芳香气味、营养价值以及适口性，保证干草安全贮藏。要根据本地条件采取适当的方法，生产优质的干草。

（1）平铺与小堆晒制结合　青草收割后采用薄层平铺暴晒 4 ～ 5h 使草中的水分由 85% 左右减到约 40%，细胞呼吸作用迅速停止，减少营养损失。水分从 40% 减到 17% 非常慢，为避免长久日晒或遇到雨淋造成营养损失，可堆成高 1m、直径 1.5m 的小垛，晾晒 4 ～ 5d，待水分降到 15% ～ 17% 时，再堆于草棚内以大垛贮存。一般晴日上午把草割倒，就地晾晒，夜间回潮，翌日上午无露水时搂成小堆，可减少丢叶损失。在南方多雨地区，可建简易干草棚，在棚内进行小堆晒制。棚顶四周可用立柱支撑，建于通风良好的地方，进行最后的阴干。

（2）压裂草茎干燥法　用牧草压扁机把牧草茎秆压裂，破坏茎的角质层膜和表皮及微管束，让它充分暴露在空气中，加快茎内的水分散失，可使茎秆的干燥速度和叶片基本一致。一般在良好的空气条件下，干燥时间可缩短 1/3 ～ 1/2。此法适合于豆科牧草和杂草类干草调制。

（3）草架阴干法　在多雨地区收割苜蓿时，用地面干燥法调制不易成功，可以采用木架或铁丝架晾晒，其中干燥效果最好的是铁丝架干燥，其取材容易，能充分利用太阳热和风，在晴天经 10d 左右即可获得水分含量为 12% ～ 14% 的优质干草。据报道，用铁丝架调制的干草，比地面自然干燥的营养物质损失减少 17%，消化率提高 2%。由于色绿、味香，适口性好，肉牛采食量显著提高。铁丝架的用材主要为立柱和铁丝。立柱由角钢、水泥柱或木柱制成，直径为 10 ～ 20cm，长 180 ～ 200cm。每隔 2m 立一根，埋深 40 ～ 50cm，成直线排列（列柱），要埋得直，埋得牢，以防倒伏。从地面算起，每隔 40 ～ 45cm 拉一横线，分为三层。最下一层距地面留出 40 ～ 45cm 的间隔，以利于通风。用塑料绳将铁丝绑在立柱或横杆上，以防挂草后沉重坠落。每两根立柱加拉一条对称的跨线，以防被风刮倒。大面积牧草地可在中央立柱，小面积或细长的地可在地边立柱。立柱要牢固，铁丝要拉紧和绑紧，以防松弛和倾倒。

①悬挂架：由角钢、水泥柱或木柱制成立柱，每隔 2m 一根，埋深、埋牢，直线排列，用铁丝固定。

②在悬挂架上直接挂晒青草。

③两个立柱交叉埋置成三脚架，铁丝固定。每隔 2m，对称埋置一个三脚架。从地面算起，每隔 40 ～ 45cm，在三脚架间拉一横线，分为数层。最下一层距地面留出 40 ～ 45cm 的空间，以利于通风。在架上直接挂晒青草。

④三根立柱交叉埋置成三脚架，上方用铁丝固定，下方离地面 40 ～ 45cm 搭设三根连接固定的横杆，铁丝固定。直接挂晒青草。彻底干燥后，可用铁丝或草绳横向捆绑 1 ～ 3 圈，防止大风刮倒。

也可以埋设一根立柱，从地面算起，每隔 40 ～ 45cm，在立柱上交叉设置一对横杆，用铁丝固定，每层分别挂晒青草。彻底干燥后，用铁丝或草绳横向捆绑固定。

（4）人工干燥法

①常温鼓风干燥法。收割后的牧草田间晾到含水 50% 左右时，放到设有通风道的草棚内，用鼓风机或电风扇等吹风装置，进行常温吹风干燥。先将草堆成 1.5 ～ 2m 高，经过 3 ～ 4d 干燥后，再堆高 1.5 ～ 2m，可继续堆高，总高不超过 4.5 ～ 5m。一般每立方米草每小时鼓入 300 ～ 350m^3 空气。这种方法在干草收获时期，白天、早晨和晚间的相对湿度低于 75%，温度高于 15℃时可以使用。

②高温快速干燥法。将牧草切碎，放到牧草烘干机内，通过高温空气，使牧草快速干燥。干燥时间取决于烘干机的种类、型号及工作状态，从几小时到几十分钟，甚至几秒钟，使牧草含水量从 80% 左右迅速降到 15% 以下。有的烘干机入口温度为 75 ～ 260℃，出口为 25 ～ 160℃；有的入口温度为 420 ～ 1160℃，出口为 60 ～ 260℃。虽然烘干机内温度很高，但牧草本身的温度很少超过 30 ～ 35℃。这种方法牧草养分损失少。

3. 干草的贮藏与包装

（1）干草的贮藏　调制好的干草如果没有垛好或含水量高，会导致干草发霉、腐烂。堆垛前要正确判断含水量。

现场常用拧扭法和刮擦法来判断，即手持一束干草进行拧扭，如草茎轻微发脆，扭弯部位不见水分，可安全贮存；或用手指甲在草茎外刮擦，如能将其表皮剥下，表示晒制尚不充分，不能贮藏，如剥不下表皮，则表示可将干草堆垛。干草安全贮存的含水量，散放为 25%，打捆为 20% ～ 22%，铡碎为 18% ～ 20%，干草块为 16% ～ 17%。含水量高不能贮存，否则会发热霉烂，造成营养损失，随时可能引起自燃，甚至发生火灾。

干草贮藏有露天堆垛、草棚堆垛和压捆等方法，贮藏时应注意以下几点。

①防止垛顶塌陷漏雨，干草堆垛后 2 ～ 3 周内，易发生塌顶现象，要经

常检查，及时修整。一般可采用草帘呈屋脊状封顶、小型圆形垛可采用尖顶封顶、麦秸泥封顶、农膜封顶和草棚等形式。

②防止垛基受潮，要选择地势高燥的场所堆垛，垛底应尽量避免与泥土接触，要用木头、树枝、石头等垫起铺平并高出地面40～50cm，垛底四周要挖排水沟。

③防止干草过度发酵与自燃，含水量在17%以上时由于植物体内酶及外部微生物的活动常引起发酵，使温度上升至40～50℃。适度发酵可使草垛坚实，产生特有的香味，但过度发酵会使干草品质下降，应将干草水分含量控制在20%以下。发酵产热温度上升到80℃左右时接触新鲜空气即可引起自燃。此现象在贮藏30～40d时最易发生。若发现垛温达到65℃以上时，应立即采取相应措施，如拆垛、吹风降温等。

④减少胡萝卜素的损失，堆或垛外层的干草因受阳光的照射，胡萝卜素含量最低，中间及底层的干草，因挤压紧实，氧化作用较弱，胡萝卜素的损失较少。贮藏青干草时，应尽量压实，集中堆大垛，并加强垛顶的覆盖。

⑤准备消防设施，注意防火。堆垛时要根据草垛大小，将草垛间隔一定距离，防止失火后全军覆没，为防不测，提前应准备好防火设施。

（2）干草的包装　有草捆、草垛、干草块和干草颗粒4种包装形式。

①草捆。常规为方形、长方形。目前我国的羊草多为长方形草捆，每捆约重50kg。也有圆形草捆，如在草地上大规模贮备草时多为大圆形草捆，其直径可达1.5～2m。

②草垛。是将长草吹入拖车内并以液压机械顶紧压制而成。呈长方形，每垛重1～6t。适于在草场上就地贮存。由于体积过大，不便于运输。这种草垛受风吹日晒雨淋的面积较大，若结构不紧密，可造成雨雪渗漏。

③干草块。是最理想的包装形式。可实行干草饲喂自动化，减少干草养分损失，消除尘土污染，采食完全，无剩草，不浪费，有利于提高牛的进食量、增重和饲料转化效率，但成本高。

④干草颗粒。是将干草粉碎后压制而成。优点是体积小于其他任何一种包装形式，便于运输和贮存，可防止牛挑食和剩草，消除尘土污染。

另外，也有采用大型草捆包塑料薄膜来贮存干草的。

（三）青贮饲料的加工调制

青贮饲料是指在密闭厌氧的青贮设施（窖、壕、塔、袋等）中，利用微生物的发酵作用，长期保存青绿多汁饲料的一种简单、可靠而又经济、实用的加工调制方法。调制好的青贮饲料能有效保存原料中的蛋白质和维生素等营养成分，特别是胡萝卜素的含量，而且气味芳香酸甜，质地柔软多汁，颜色黄绿，奶牛的适口性好，消化率高。青贮饲料调制方法简单，加工、贮藏过程中不受风吹、雨淋、日晒等天气因素的影响，也不会发生自燃等自然灾害，且保存时间长，取用方便。冬春牛青绿饲料缺乏，把夏、秋季多余的青绿饲料加工调制成青贮饲料长期保存起来，有利于全年青绿多汁饲料的均衡供应，提高奶牛泌乳量。

1. 青贮原理与发酵过程

（1）青贮原理　常规青贮的原理是在密闭的青贮窖内，将切碎的青饲料、青绿作物秸秆等原料进行机械压榨，附着在原料上的好气性微生物和各种酶，利用流出汁液中富含的碳水化合物作为养分进行厌氧发酵，将饲料中的大量的糖转变成乳酸，增加饲料酸度，当酸度达到一定程度，pH 值降到低于 3.5 ～ 4.2 时，即可杀灭或抑制霉菌、腐败菌等有害杂菌的活动，即利用有益微生物控制有害微生物，利用乳酸菌在厌氧条件下发酵，把糖转变成乳酸作为一种防腐剂，从而达到完好保存青绿饲料、供奶牛长期饲用的目的。

（2）青贮发酵过程　青贮发酵是一个复杂的微生物消长演变活动和生物化学反应过程，可分为以下 3 个阶段。

①第一阶段。植物呼吸阶段。青贮原料在刈割、切短、压榨、萎蔫失水，待含水量降至 60% ～ 70% 后入窖、压实、封严后，进入封贮初期。此时，植物原料细胞借助汁液中的营养（主要是可溶性糖）进行有氧呼吸，消耗氧气和可溶性糖，生成二氧化碳、水，同时释放热量，一般 1 ～ 3d。如果原料没有压实，空气残留太多，有氧呼吸过快，可溶性糖损失过多，产热过多，则会影响乳酸菌发酵，不利于青贮。

②第二阶段。微生物作用阶段。微生物消长演变活动和生物化学反应过程基本在此阶段完成。

刚刈割的青贮饲料原料中，带有多种细菌、霉菌等微生物，其中以腐败菌最多，但乳酸菌很少。最初的几天，好气性微生物如腐败细菌、霉菌等活动最为强烈，消耗氧气，破坏蛋白质，形成大量吲哚、少量醋酸；随着氧气的不断消耗，好气性微生物活动很快变得越来越弱直至停止，而厌气性乳酸菌迅速繁殖并产生大量乳酸，使 pH 值下降，抑制或杀灭腐败细菌、酪酸菌等的活动。一般青贮在发酵 5 ～ 7d 时，微生物总数达到最高峰，且其组成以乳酸菌为主。青贮发酵完成一般需 17 ～ 21d，这时青贮料中除含有少量乳酸菌外，尚存在少量耐酸的酵母菌和形成芽孢的细菌。

青贮发酵过程中的生物化学变化主要是青饲料中易溶性碳水化合物全部转化成乳酸、醋酸以及醇类，其中主要为乳酸。碳水化合物转化成乳酸的过程，是非氧化分解过程，不生成二氧化碳，所以能量损失很少。乳酸含量与pH值高低及青贮时间的长短有密切关系。

青贮料中的醋酸，是由酒精通过微生物的作用生成，其形成比乳酸早。当酸度高时，醋酸呈游离状态，酸度低时，醋酸与盐基结合成醋酸盐。在青贮温度达30～40℃、pH值为4.2以上时，适于酪酸菌繁殖；低温时，不形成酪酸。

青贮料中蛋白质的变化与pH值的高低有密切关系。当pH值小于4.2时，因植物细胞酶的作用，部分蛋白质分解成氨基酸，且较稳定，并不造成损失；当pH值大于4.2时，由于腐败菌的活动，氨基酸便进而分解成氨、硫化氢和胺类等，使蛋白质受损。

③第三阶段。微生物停止活动阶段。窖内各种微生物停止活动，青贮饲料进入稳定阶段，营养物质不再损失，青贮原料可长期保存。一般情况下，糖分含量较高的原料（如玉米、高粱等）在青贮后20～30d就可以进入稳定阶段（豆科牧草需3个月以上），如果密封条件良好，这种稳定状态可持续数年。

2. 青贮的条件

要调制出高品质的青贮饲料，必须具备以下4个条件。

（1）厌氧环境　乳酸菌是厌气性菌，而腐败菌等有害微生物大多是好气性菌。如果青贮原料里面含有较多空气时，乳酸菌就不能很好地繁殖，而腐败菌等有害微生物会活跃起来，尽管青贮原料有充足的糖分、适宜的水分，青贮仍会变质。因此，要给乳酸菌创造有利的厌氧生存环境，青贮原料装填时必须尽量压实，排出空气，顶部封严，防止透气，以促进乳酸菌快速繁殖，同时抑制好气性腐败菌的生长繁殖。

（2）一定量的可溶性糖　青贮饲料原料中应含有一定量的可溶性糖，以提供乳酸菌营养，促进乳酸菌的快速繁殖并产生大量乳酸。这样，乳酸多了，就能提高整个原料的酸度，从而抑制有害微生物的生长繁殖；反之，青贮原料中糖分含量不足，乳酸菌发酵不充分，乳酸产生的量少，厌气性的酪酸菌等有害微生物得不到应有的抑制就会活跃起来而大量增殖，青贮饲料品质下降。因此，保持青贮原料中一定量的可溶性糖分，对乳酸的快速形成直至青贮的质量有直接关系。

一般情况下，青贮原料的可溶性糖的含量一般不应低于鲜重的1%。正常情况下，饲料作物（如玉米、高粱、甘薯、栽培和野生禾本科牧草等）可溶性糖的含量都会高于1%；而豆科牧草中的苜蓿、沙打旺等，虽蛋白含量高，但可溶性糖含量较少，调制青贮料时要尽量与饲料作物搭配混贮或直接调制成半干牧草再青贮。

（3）适当的水分　当青贮原料含水量调整到 68% ～ 75% 时，最适宜乳酸菌的生长繁殖。水分含量过高，可溶性糖和原料汁液因压紧压实导致流失，发酵后形成的乳酸浓度达不到抑制腐败菌生长繁殖的浓度，青贮料容易腐烂变质；水分含量不足，青贮原料难以压实，内部空气不能被尽可能地排出，窖内温度升高，乳酸菌不能充分繁殖，植物细胞呼吸、某些好氧微生物活动持续时间延长，容易产生霉菌而腐烂变质。因此，调制青贮饲料时，如果原料中的含水量过高，应先进行晾晒，或掺拌部分干物质；原料中的含水量过低，则应喷水或混贮含水量大的原料，以确保原料中适当的水分含量，提供乳酸菌最适宜的生长环境。

（4）适宜的温度　最理想的青贮饲料成熟温度在 25 ～ 30℃，超出此温度范围过高或过低，都会影响乳酸菌的生长繁殖，进而影响青贮饲料的质量。但在通常情况下，只要青贮原料的含水量适宜、厌气条件好，青贮窖中的温度一般都能保持在正常范围内，无需另外采取温度调控等措施。

如果青贮所需条件控制不严，则可能生产出不良的青贮，甚至全部霉变腐烂。例如，即使厌气条件已经形成，如果青贮原料中糖分不足，乳酸菌发酵不充分，乳酸产生的数量不足，厌气性的酪酸菌就可乘机兴起并可能大量增殖，转到以酪酸发酵为主的过程。此间青贮中酪酸含量最多，醋酸次之，pH 值较高，青贮质量下降。

3. 不同种类青贮饲料的调制技术

（1）青贮窖青贮饲料的调制

①青贮窖的修建。

目前常用的青贮窖有两种构造，即地下式和半地下式。

在地下水位较低、土质较好的地区可修建地下式青贮窖，而地下水位较高或土质较差的地区则宜修建半地下式青贮窖。无论是地下式还是半地下式青贮窖，其容量大小要根据饲养牛的数量、饲喂时间的长短以及青贮原料的种类、切碎程度等情况而定。全年以喂青贮饲料为主的奶牛场，每头成年牛需窖容 13 ～ 20m^3，体格较小的奶牛以成年奶牛的 1/2 来估算青贮窖的容量，大型奶牛场至少应有 2 个以上的青贮窖。

②青贮原料的适期收割。

调制优质青贮饲料首先要有优质的青贮原料。适期收割青贮原料，不但可以保证单位面积上获得营养物质含量最高、产量最大，而且能确保水分和可溶性糖含量适当，有利于乳酸发酵，易于制成优质青贮饲料。

全株玉米青贮应在乳熟后期至蜡熟前期，即干物质含量为 30% ～ 35% 时收割最好；而半干青贮在蜡熟期收割；玉米秸青贮适宜在果穗成熟收获、玉米秸茎叶仅有下部 1 ～ 2 片叶枯黄时尽快收割；玉米成熟时可削尖青贮，但削尖时果穗上部要保留一个叶片；大部分的豆科牧草（如红三叶、箭舌豌豆、紫花苜蓿、草木樨）在现蕾后期至初花期，禾本科牧草在孕穗至抽穗早期收割。

③青贮原料处理。

收割后的原料要随割随运输，条件允许时，使用玉米青贮收割机，随割随切随运输。

一般青贮饲料在粉碎后，如手握 1min 成团，松手即散，此时的含水量基本在 68% ～ 75%，符合青贮的含水量要求。如手握不能成团，说明含水量过低，此时可以混贮含水量较高的原料，每隔 20 ～ 40cm 分层添加适量鲜糟渣类饲料，如鲜苹果渣、鲜啤酒糟、鲜淀粉渣及蔬菜加工下脚料等，也可添加水草、浮萍、水葫芦等含水量高的水生植物；还可以向青贮原料中均匀喷水，或在每吨原料使用葡萄糖 1kg 或尿素 0.5kg，喷洒葡萄糖水或尿素水。如手握成团，松手不散且留有汁液，说明原料含水量过高，青贮前应先将原料进行晾晒，除去过多的水分后再粉碎装填；也可掺拌部分干物质，如糠麸、干草、晒干的糟渣类饲料等进行混贮。

④装填与压实。

贮料应随时切短，长度在 19 ～ 20mm，随时装贮，边装窖、边压实。每装到 30 ～ 50cm 厚时就要压实一次。

⑤密封。

贮料装填完后，应立即严密封埋。一般应将原料装至高出窖面 30cm 左右，用塑料薄膜盖严后，再用土覆盖 30 ～ 50cm，最后再盖一层遮雨布。

⑥管护。

贮窖贮好封严后，在四周约 1m 处挖沟排水，以防雨水渗入。多雨地区，应在青贮窖上面搭棚，随时注意检查，发现窖顶有裂缝时，应及时覆土压实。

（2）袋装青贮饲料的调制

①备青贮袋。

选用厚度在 0.08 ～ 0.12mm（8 ～ 12 丝）、宽 100cm 的双幅袋形塑料膜，裁成长 150cm 的段，一端用封口机封口，做成规格为长 150cm、宽 100cm 圆筒形袋子，外边套上等大的纤维编织袋，以防装填青贮原料时被划破或撑破。一般每袋可装禾本科牧草青贮原料 90 ～ 95kg，装豆科牧草 100kg。

②装填。

将切短的青贮原料逐层装入塑料口袋里，层层用脚踩实或用手压实，但不要踩破或划破塑料口袋。装满压实后，将袋内的空气用手挤压排出袋外，用绳扎紧袋口密封。

③堆放。

袋装青贮饲料随装袋、随踏实压紧、随密封、随运输，并码垛堆放在奶牛舍内、草棚内或单独的院子内，用砖块压实，避免直接放在阳光下，以防止塑料袋老化碎裂，并注意防鼠、防冻。

（3）裹包青贮饲料的调制　用于经济价值较高的牧草如苜蓿的青贮。新鲜的牧草用牧草收割机收割并随时压制成大圆草捆，裹包机包膜，形成草捆，码垛存放，便可制成优质的青贮饲料。

（4）青贮塔青贮饲料的调制　青贮塔，即为地上的圆塔或圆筒形建筑，金属外壳，水泥预制件做衬里。可实现机械化装料与卸料，经久耐用，青贮效果好。青贮塔一般塔高 12 ～ 14m，直径 3.5 ～ 6m。在塔身一侧，每隔 2m 高开一个 0.6m×0.6m 的窗口，装时关闭，取空时敞开。

（四）秸秆饲料的加工调制

农作物秸秆经过加工调制后，都可用来喂牛。常用的加工调制方法有物理加工、化学处理和生物学处理 3 种。

1. 物理加工

（1）机械加工　利用机械将粗饲料铡短、粉碎或揉搓，这是利用粗饲料最简便且又常用的方法。尤其是秸秆饲料比较粗硬，加工后便于咀嚼，减少能耗，提高采食量，并减少饲喂过程中的饲料浪费。

①铡短。

利用铡草机将粗饲料切短成 1 ～ 2cm，稻草较柔软，可稍长些，而玉米秸较粗硬且有结节，以 1cm 左右为宜。玉米秸青贮时，应使用铡草机切碎，以便踩实。

②粉碎。

粗饲料粉碎可提高饲料利用率，便于与精饲料混拌。冬春季节饲喂牛的粗饲料应加以粉碎。粉碎的细度不应太细，以便反刍。粉碎机筛底孔径以 8 ～ 10mm 为宜。

③揉搓。

揉搓机械是近年来推出的新产品，为适应反刍家畜对粗饲料利用的特点，可将秸秆饲料揉搓成丝条状，揉丝的玉米秸可饲喂牛、羊、骆驼等反刍家畜。秸秆揉丝不仅提高了适口性，也提高了饲料利用率，是当前利用秸秆饲料比较理想的加工方法。

（2）盐化　盐化是指铡碎或粉碎的秸秆饲料，用 1% 的食盐水与等重量的秸秆充分搅拌后，放入容器内或在水泥地面上堆放，用塑料薄膜覆盖，放置 12 ～ 24h，使其自然软化，可明显提高适口性和采食量。

2. 化学处理

利用酸碱等化学物质对秸秆饲料进行处理，降解纤维素和木质素中部分营养物质，以提高其饲用价值。在生产中广泛应用的有碱化、氨化和酸处理。

（1）碱化 碱类物质能使饲料纤维内部的氢键结合变弱，使纤维素分子膨胀也使细胞壁中纤维素与木质素间的联系削弱，从而溶解半纤维素，有利于反刍动物对饲料的消化，提高粗饲料的消化率。碱化处理所用原料，主要是氢氧化钠和石灰水。

①氢氧化钠处理。

将粉碎的秸秆放在盛有 1.5% 氢氧化钠溶液池内浸泡 24h，然后用水反复冲洗，晾干后喂反刍家畜，可提高有机物的消化率，但此法用水量大，许多有机物被冲掉，且污染环境。也可以用占秸秆重量 4% ～ 5% 的氢氧化钠，配制成 30% ～ 40% 的溶液，喷洒在粉碎的秸秆上，堆积数日，不经冲洗直接喂用，可提高有机物消化率 12% ～ 20%。这种方法虽有改进，但牲畜采食后粪便中含有相当数量的钠离子，对土壤和环境有一定的污染。

②石灰水处理。

生石灰加水后生成的氢氧化钙，是一种弱碱溶液，经充分熟化和沉淀后，用上层的澄清液（即石灰乳）处理秸秆。具体方法是：每 100kg 秸秆，需 3kg 生石灰，加水 200 ～ 250kg，将石灰乳均匀喷洒在粉碎的秸秆上，堆放在水泥地面上，经 1 ～ 2d 后即可直接饲喂牲畜。这种方法成本低，方法简便，效果明显。

（2）氨化 秸秆饲料蛋白质含量低，经氨化处理后，粗蛋白质含量可大幅度地提高，纤维素含量降低 10%，有机物消化率提高 20% 以上，是牛、羊反刍家畜良好的粗饲料。利用尿素、碳酸氢铵作氨源。靠近化工厂的地方，氨水价格便宜，也可作为氨源使用。氨化饲料制作方法简便，饲料营养价值提高显著。

①氨化池氨化法。

选择向阳、背风、地势较高、土质坚硬、地下水位低，而且便于制作、饲喂、管理的地方建氨化池。池的形状可为长方形或圆形。池的大小根据氨化秸秆的数量而定，而氨化秸秆的数量又决定于饲养家畜的种类和数量。一般每立方米池（窖）可装切碎的风干秸秆 100kg 左右。1 头体重 200kg 的牛，年需氨化秸秆 1.5 ～ 2t。挖好池后，用砖或石头铺底，砌垒四壁，水泥抹面。将秸秆粉碎或切成 1.5 ～ 2cm 的小段。将秸秆重量 3% ～ 5% 的尿素用温水配成溶液，温水多少视秸秆的含水量而定，一般秸秆的含水量为 12% 左右，而秸秆氨化时应使秸秆的含水量保持在 40% 左右，所以温水的用量一般为每

100kg 秸秆用水 30kg 左右。将配好的尿素溶液均匀地喷洒在秸秆上，边喷洒边搅拌，或者装一层秸秆均匀喷洒 1 次尿素水溶液，边装边踩实。装满池后，用塑料薄膜盖好池口，四周用土覆盖密封。

②窖贮氨化法。

选择地势较高、干燥、土质坚硬、地下水位低、距畜舍近、贮取方便、便于管理的地方挖窖，窖的大小根据贮量而定。窖可挖成地下或半地下式，土窖、水泥窖均可。但窖必须不漏气、不漏水，土窖壁一定要修整光滑，若用土窖，可用 0.08 ～ 0.2mm 厚的农用塑料薄膜平整铺在窖底和四壁，或者在原料入窖前在底部铺一层 10 ～ 20cm 厚的秸秆或干草，以防潮湿，窖周围紧密排放一层玉米秸，以防窖壁上的土进入饲料内。将秸秆切成 1.2 ～ 2cm 的小段。配制尿素水溶液（方法同上）。秸秆边装窖，边喷洒尿素水溶液，喷洒尿素溶液要均匀。原料装满窖后，在原料上盖一层 5 ～ 20cm 厚的秸秆或碎草，上面覆土 20 ～ 30cm 并踩实。封窖时，原料要高出地面 50 ～ 60cm，以防止雨水渗入。并经常检查，如发现裂缝要及时补好。

③塑料袋氨化法。

塑料袋大小以方便使用为好，塑料袋一般长度为 2.5m，宽 1.5m，最好用双层塑料袋。把切断秸秆用配制好的尿素水溶液（方法同上）均匀喷洒，装满塑料袋后，封严袋口，放在向阳干燥处。存放期间，应经常检查，若嗅到袋口处有氨味，应重新扎紧，发现塑料袋破损，要及时用胶带封住。

（3）氨 – 碱复合处理　为了使秸秆饲料既能提高营养成分含量，又能提高饲料的消化率，把氨化与碱化二者的优点结合利用。即秸秆饲料氨化后再进行碱化。如稻草氨化处理的消化率仅 55%，而复合处理后则达到 71.2%。当然复合处理投入成本较高，但能够充分发挥秸秆饲料的经济效益和生产潜力。

3. 生物学处理

秸秆的生物学处理方法主要是进行秸秆微贮，是利用现代生物技术筛选培育出的微生物菌剂，经清水浸透并活化后，洒在铡短的作物秸秆上，在厌氧的条件下，经微生物生长繁殖形成具有酸香味、草食家畜喜爱的饲料。此法与碱化法、氨化法相比，具有污染少、效率高、营养全面等特点。

（1）秸秆微贮原理　微贮饲料中，由于加入了高活性的微生物菌剂，使饲料中能分解纤维素的菌数大幅度增加，发酵菌在适宜的厌氧环境下，分解大量的纤维素和木质素，并转化为糖类，糖类又经有机酸发酵转化为乳酸、醋酸和丙酸等，使 pH 值降到 4.5 ～ 5，加速了微贮秸秆饲料的生物化学作用，抑制了有害菌（如丁酸菌、腐败菌）的繁殖。

（2）微贮操作方法

①微贮设备。

制作微贮饲料大多利用微贮窖进行。微贮窖的建造，目前一般选用土窖微贮法。此法是选择地势高，土质硬，向阳干燥，排水容易，地下水位低，离畜舍近，取用方便的地方，根据贮量挖一长方形窖，家庭养肉牛、肉羊的养殖户一般选用长 3.5m、宽 1.2m、高 2m 的窖为宜。

②制作过程。

微贮剂菌种的活化与稀释：根据微贮原料的种类和数量，计算所需微贮剂菌种的数量。以某品牌微贮剂菌种为例，处理干秸秆如麦秸、稻草、玉米秸等 1000kg，或处理青秸秆 3000kg，需要该品牌的微贮剂菌种 15g。将所需要的微贮剂菌种 15g 倒入 10kg 的能量饲料（如玉米面、稻谷粉、麦粉、薯干粉、高粱粉等）中，搅拌均匀，备用。

在青玉米秸的微贮处理中，有条件的，可以在每吨青玉米秸中加入 5kg 尿素，可以提高青贮饲料的蛋白含量 2.3% 以上。添加尿素的方法：微贮开始前，首先把尿素配成 25%（即 100kg 水中，加入 25kg 尿素）的溶液，存放在一定的容器中，然后在微贮时，一边粉碎玉米秸，一边用微型喷雾器将尿素液喷洒在玉米秸表面上。喷洒量是：每吨青贮玉米秸喷洒 25% 的尿素液 20kg。一边喷洒，一边装窖，喷洒要均匀。食盐和发酵剂的添加也可以在这个过程中进行。

青玉米秸的微生物青贮中，把握好原料的含水量是发酵成败的关键，原料含水量以 60% ～ 70% 为好，一般刚割下来的青绿的玉米秸，含水量较高，要晾晒 2 ～ 5h 后，再用于发酵处理，青玉米秸青贮，一般是为了把青玉米秸中的营养完好地保存下来，留到冬天喂牲畜使用的目的。

秸秆切短：养牛羊要切短到 2cm 以内。这样才易于压实和提高微贮窖的利用率，同时发酵品质也更稳定，质量更好。另外，养猪用的秸秆最好在有条件时，用秸秆粉碎机进行粉碎处理，做出来的微贮饲料，不仅营养价值高，对牛羊适合性好，猪也非常爱吃，并会吃得一干二净。

入窖：微贮秸秆的含水量是否合适是决定微贮饲料好坏的重要条件之一，因此要装填时首先要检查秸秆的含水量是否合适。含水量的检查方法是：抓起秸秆样品，用双手拧扭，若无水滴，松开手后看到手上水分较明显则最为理想。在窖底和周围铺一层塑料布，而后开始铺放 20 ～ 30cm 厚的短秸秆，再将配制好的菌液洒在秸秆上，用脚踏实，踩得越实越好，尤其是注意窖的边缘和四角，同时洒上秸秆量 0.5% 的玉米粉，或大麦粉或麸皮，也可在窖外把各种原料搅拌均匀后再入窖踩实。而后再铺上 20 ～ 30cm 厚的秸秆，如此重复上述的喷洒菌液、踩实、撒玉米等过程，反复多次后，直到高出窖顶30～40cm为止，再封口。

分层压实的目的是排出秸秆中和空隙中的空气，给发酵造成一个厌氧的有利条件。如果窖内当天未装满，可先盖上塑料布，第二天继续装窖。

封窖：装完后，再充分压实，在最上面一层均匀撒上食盐粉，压实后再盖上塑料布。上面食盐的用量为每平方米加撒250g，其目的是确保微贮饲料上部不发生霉烂变质。盖上塑料布后，再在上面盖上20～30cm厚的干秸秆，覆土15～20cm，密封，以保证微贮窖内的厌氧环境。

管理：秸秆微贮后，窖池内的贮料会慢慢地下沉，应及时地加盖土，使之高出地面，并在距窖四周约1m之处挖好排水沟，以防止雨水渗透。以后应经常检查，窖顶有裂缝时，应及时覆土压实，防止漏气漏雨。

（3）微贮饲料的品质鉴定与饲喂

①品质鉴定。

当发酵完成后和饲喂前要对微贮饲料的品质进行鉴定，主要包括感官指标、质地、pH值和卫生指标。

感观指标：主要包括色泽和气味。优质微贮的色泽接近微贮原料的本色，呈金黄色或黄绿色则为良好的微贮饲料；如果呈黄褐色、黑绿色或褐色则为质量较差、差或劣质品。微贮饲料具有醇香或果香味，并具有弱酸味，气味柔和，为品质优良。若酸味较强，略刺鼻、稍有酒味和香味的品质为中等。若酸味刺鼻，或带有腐臭味、发霉味，手抓后长时间仍有臭味，不易用水洗掉，为劣等，不能饲喂。

质地：品质好的微贮料在窖里压得坚实紧密，但拿到手中比较松散、柔软湿润，无黏滑感，品质略低的微贮料结块，发黏；有的虽然松散，但质地粗硬、干燥，属于品质不良的饲料。

pH值：正常的微贮料用pH试纸测试时，pH值为4.2以下为上等，pH值为4.3～5.5为中等，pH值为5.5～6.2为下等，pH值为6.3以上为劣质品。

卫生指标：应符合GB 10378和其他有关卫生标准规定。

②微贮料的饲喂。

微贮饲料以饲喂草食家畜为主，可以作为牛日粮中的主要粗饲料。饲喂时可以与其他草料搭配。饲喂微贮饲料，开始时有的牛不喜食，应有一个适应过程，可与其他饲草料混合搭配饲喂，要由少到多，循序渐进，逐渐加量，习惯后再定量饲喂，每天饲喂15～20kg。要保持微贮料和饲槽的清洁卫生，采食剩下的微贮料要清理干净，防止污染，否则会影响牛的食欲或导致疾病。冬季应防止微贮料冻结，已冻结的微贮饲料应融化后再饲喂，否则会引起疝痛或使孕牛流产。微贮饲料喂奶牛最好在挤奶后饲喂，切忌在挤奶区存放微贮饲料，以免影响鲜奶质量。

第三节　肉牛的营养需要

一、牛生长所需养成分

牛生长所需的养分包括能量、蛋白质、脂肪、矿物质、维生素和水等。

（一）能量

能量是牛正常生长、生存、发育和生产的需要。如果能量供应不足会造成机体消瘦，此时能量为负平衡。

（二）蛋白质

饲料中的粗蛋白质进入瘤胃后，60% 的饲料蛋白质和非蛋白氮被微生物降解成小肽、氨基酸和氨，然后再被微生物合成菌体蛋白，饲料中未被降解的蛋白质和菌体蛋白一起进入皱胃和小肠。蛋白质是牛体组织再生、修复和更新所必需的营养物质，通过同化作用和异化作用保持体内蛋白质的动态平衡。通常情况下，牛体组织蛋白质 12 ～ 14 个月更新一次。

（三）脂肪

牛体一般不会缺少脂肪，但是当母牛能量负平衡时，体脂动用过多过快，会产生大量酮体，从而引发酮病，给生产造成很大损失。解决能量负平衡的有效办法是在日粮中补充一定量的过瘤胃脂肪。饲料中添加适量的脂肪，一方面可以增加体内能量浓度，使得动物在一定采食量下获得更多的能量；另一方面可以提高乳脂率，减少酮病发生率。

（四）矿物质

矿物质根据牛体需要量分为常量元素（含量占体重 0.01% 以上）和微量元素（含量占体重 0.01% 以下）。常量元素包括钙（Ca）、磷（P）、钾（K）、钠（Na）、氯（Cl）、硫（S）、镁（Mg），微量元素包括铜（Cu）、铁（Fe）、锌（Zn）、硒（Se）、钴（Co）、碘（I）、锰（Mn）。矿物质在牛体内过量和缺乏都会引起代谢病，在添加矿物质时要严格按照动物身体状态和需求量添加。

1. 常量元素

（1）Ca

牛机体中的 Ca 约 99% 构成骨骼和牙齿。Ca 在维持神经和肌肉正常功能中起抑制神经和肌肉兴奋性的作用，但 Ca 过多会引起 P 和 Zn 的吸收不足，导致尿石症；当血 Ca 含量低于正常水平时，神经和肌肉兴奋性增强，引起动物抽搐，导致产后母牛昏迷。Ca 也可促进凝血酶的激活，参与正常血凝过程。Ca 还是多种酶的活化剂或抑制剂。

（2）P

牛机体 80% 的 P 存在于骨骼和牙齿中。P 以磷酸根的形式参与糖的氧化和酵解，参与脂肪酸的氧化和蛋白质分解等多种物质代谢。在能量代谢中 P 以三磷酸腺苷（ATP）和二磷酸腺苷（ADP）的成分存在，在能量贮存与传递过程中起着重要作用。P 还是 DNA（由核糖核苷酸组成）、RNA（由脱氧核糖核苷酸组成）及辅酶Ⅰ、Ⅱ的成分，与蛋白质的生物合成及动物的遗传有关；另外，P 也是细胞膜和血液中缓冲物质的组成成分。牛的钙磷需要量比例为 1∶（1 ～ 2）。

（3）K

K 在维持细胞内渗透压和调节酸碱平衡上起着重要作用。也能调节水的平衡，调节神经冲动的传导和肌肉收缩。在许多酶促反应中作为激活剂和辅助因子。植物性饲料中 K 的含量比较丰富，尤其是幼嫩植物，一般情况下，牛饲料中不会缺钾。如果钾摄入过量，影响 Na 和 Mg 的吸收，可能引起“缺镁痉挛症”。

（4）Na 和 Cl

Na 和 Cl 主要分布在牛体的体液和软组织中。Na 和 Cl 的主要作用就是维持细胞内渗透压和调节酸碱平衡。Na 也可促进肌肉和神经兴奋，并参与神经冲动的传递。在饲料中添加食盐（NaCl）可以提高部分饲料的适口性。

（5）S

S 是牛体内以含硫氨基酸（蛋氨酸、半胱氨酸、胱氨酸、牛磺酸等）形式参与牛被毛、角和蹄子等胶原蛋白的合成。S 是硫胺素、胰岛素和生物素的组成成分，参与碳水化合物的代谢。在牛的日粮饲料中一般不会缺 S。

（6）Mg

牛机体中约 70% 的 Mg 参与骨骼和牙齿的构成。Mg 具有抑制神经和肌肉兴奋性及维持心脏正常功能的作用。在糠麸、饼粕和青贮饲料中含 Mg 比较丰富。牛如果缺 Mg 会表现为神经过敏，肌肉痉挛，呼吸弱，抽搐，甚至死亡，可利用氧化镁、硫酸镁和碳酸镁进行补饲。

2. 微量元素

（1）Cu

Cu 对造血起催化作用，促进合成血红素。Cu 是红细胞的组分成分之一，可加速卟啉的合成，促进红细胞成熟等。缺 Cu 影响动物正常造血功能，可给牛补饲硫酸铜。Cu 在饲料中分布比较广泛，尤其是豆科牧草、豆粕、豆饼和禾本科籽实等含 Cu 比较丰富，动物体一般不会缺 Cu。

（2）Fe

Fe 是合成血红蛋白和肌红蛋白的原料。由于 Fe 在动物机体能被二次利用，成年牛不易缺铁。犊牛如果缺铁，会造成食欲低下，体弱，轻度腹泻，如果血红蛋白下降，还可造成呼吸困难，严重时会引起死亡。Fe 主要分布在高粱、燕麦、黄玉米、酒糟、马铃薯渣、亚麻饼、黑麦草和苜蓿等饲料中。

（3）Zn

Zn 是牛体内多种酶的成分或激活剂，催化多种生化反应。犊牛缺 Zn 时食欲降低，生长发育受阻，严重会出现“侏儒”现象。种公牛缺 Zn 会影响精子生成。补 Zn 可抑制多种病毒侵害犊牛机体。Zn 的来源也比较广泛，在幼嫩植物、麸皮和油饼类中含量丰富。

（4）Se

Se 具有抗氧化作用。Se 也与牛机体肌肉生长发育和动物的繁殖密切相关。犊牛缺 Se 会表现为白肌病。如果饲料含有 0.10 ～ 0.15mg/kg 的 Se，就可以满足牛体日常对 Se 的需要。

（5）Co

Co 是瘤胃微生物繁育和合成维生素 B_2 的必需元素，B 族维生素促进血红素的形成，对蛋白质、碳水化合物、蛋氨酸和叶酸等代谢起重要作用。如果缺 Co，瘤胃中 B 族维生素合成受阻，牛会出现食欲不振，生长停滞，体弱消瘦，黏膜苍白等贫血症状表现。

（6）I

I 是甲状腺素的主要成分。甲状腺素几乎参与机体的所有物质代谢过程，与动物的生长、发育和繁殖密切相关。犊牛缺 I 就会表现为“侏儒症”。牛对 I 的获取主要是通过饲料和饮水。沿海植物含 I 普遍比内陆植物高。

（7）Mn

Mn 是酶的组成部分或激活剂。Mn 主要参与蛋白质、脂肪、碳水化合物和核酸代谢。缺 Mn 时动物采食量下降，生长发育受阻，骨骼变形，关节肿大。植物性饲料中 Mn 的含量比较高，尤其在青绿饲料和糠麸类中 Mn 的含量比较高。

（五）维生素

维生素不是牛机体器官的组成物质，也不是动物的能量来源，是一种动物正常生理功能所必需的低分子化合物，作为生物活性物质，在代谢中起着调节和控制作用。维生素的缺乏和过量都会导致牛体病变，牛瘤胃可以合成部分 B 族维生素和维生素 K，一般不需要通过饲料添加。

（1）脂溶性维生素　包括维生素 A、维生素 D、维生素 E、维生素 K。

①维生素 A（也叫视黄醇、抗干眼症维生素）维生素 A 在维持牛在弱光下的视力方面起主要作用，如果缺乏维生素 A，在弱光下，牛的视力会减退或完全丧失，患“夜盲症”。维生素 A 还在促进幼龄动物生长、维持上皮组织健康、性激素的形成、抗癌和提高动物免疫力方面起重要作用。维生素 A 只存在于动物体内，胡萝卜素又叫作维生素 A 原，存在于植物中，一般植物里主要是 β-胡萝卜素。在青绿饲料、优质干草、胡萝卜、红心甘薯、黄色玉米和南瓜中胡萝卜素含量最多。

②维生素 D（也叫抗佝偻症维生素）维生素 D 的种类很多，对动物体有重要作用的只有维生素 D_2（麦角固醇）和维生素 D_3（7- 脱氢胆固醇经紫外线照射可转化为维生素 D_3）。维生素 D 被吸收后并无活性，只有在肝脏、肾脏中经羟化，才能发挥作用。

缺乏维生素 D 会导致动物体 Ca 和 P 代谢失调，幼年动物出现行动困难、不能站立和生长缓慢等“佝偻病”症状。维生素 D 还能影响巨噬细胞的免疫功能。由于维生素 D_3 的毒性比维生素 D_2 大 10 ～ 20 倍，在生产中补充维生素 D 时、注射用维生素 D_2，不用维生素 D_3。经晾晒的干草含有较多的维生素 D_2，动物舍外运动和晒太阳也能促使体内 7- 脱氢胆固醇转变为维生素 D_3。

③维生素 E（也叫生育酚、抗不育症维生素）在动物体内维生素 E 是主要的生物催化剂，具有抗氧化作用，保护细胞膜免遭氧化。维生素 E 还可促进性腺发育，调节性机能，增强卵巢机能，促进精子生成，提高精子活力。

缺乏维生素 E 则公牛精细胞形成受阻，造成不育症，母牛性周期失常。维生素 E 在新鲜的谷实类胚果、青绿饲料和优质干草中含量比较丰富。

④维生素 K（也叫抗出血症维生素）维生素 K 是一类萘醌衍生物。对动物体起作用的主要有维生素 K_1（叶绿醌）、维生素 K_2（甲基萘醌）和维生素 K_3（甲萘醌）。维生素 K_1 和维生素 K_2 是天然产物，维生素 K_3 为人工合成产品，但其效力高于维生素 K_2。维生素 K 主要参与凝血活动，致使血液凝固。维生素 K_1 普遍存在于植物性饲料中，尤其是青绿饲料。维生素 K_2 除了饲料

中含有外，在牛瘤胃中也可经微生物合成。

（2）水溶性维生素　包括 B 族维生素和维生素 C。

① B 族维生素包括维生素 B_1（也叫硫胺素）、维生素 B_2（也叫核黄素）维生素 B_5（泛酸，也叫遍多酸）、维生素 B_6（也叫吡哆醇）、维生素 B_{12}（也叫氰钴素）、维生素 PP（烟酸）、叶酸、生物素。B 族维生素都是水溶性维生素，都是作为细胞的辅酶或辅基的成分，参与碳水化合物、脂肪和蛋白质的代谢。成年牛可在瘤胃中合成 B 族维生素。除了维生素 B_{12}，其他 B 族维生素广泛存在于各种优质干草、青绿饲料、青贮饲料和籽实类的种皮和胚芽中。

②维生素 C（也叫抗坏血酸、抗坏血病维生素）维生素 C 参与细胞间质胶原蛋白的合成，维生素 C 还能促进抗体的形成和白细胞的噬菌能力，增强机体免疫力和抗应激能力。缺乏维生素 C 时，毛细血管细胞间质减少，通透性增强而引起周身出血，牙齿松动，牙龈出血，骨骼脆弱和创伤难痊愈等症状。维生素 C 的来源比较广泛，青绿饲料和块根鲜果中含量都比较丰富，而且动物体还能合成。

（六）水

水对动物来说极为重要，动物体水分丧失 10% 就会引起代谢紊乱，丧失 20% 时会造成动物死亡。水是动物体重要的溶剂，参与体温调节，是各种生化反应的媒介，在维持组织和器官形态方面也起着重要作用。

二、肉牛营养需要与饲养标准

中国和世界很多国家肉牛营养需要的饲养标准都是按阶段划定。肉牛在不同生理状态和生产水平下对各种营养物质的需求特点、变化规律和影响因素，可作为制定饲养标准的依据，进而实现科学化和标准化饲养，这是提高肉牛规模化生产效益的基础。世界各国营养专家一直不断地研究肉牛的饲养标准或营养需要，并按照品种、年龄、性别、生长发育阶段、生理状态和生产目的，制定出符合各国国情的饲养标准，如美国国家研究委员会（NRC）和英国农业研究委员会（ARC）。2004 年农业部颁布了我国农业行业标准《肉牛饲养标准》（NY/T 815—2004），该标准对我国的肉牛养殖起到了重要的指导作用。

第四节　肉牛日粮配合

饲料配方是根据动物的营养需要、饲料的营养价值、原料的供应情况和成本等条件科学地确定各种原料的配合比例。

一、配方设计原则

饲料配方的设计涉及许多制约因素，为了对各种资源进行最佳分配，配方设计应基本遵循以下原则。

（一）营养性原则

1. 合理确定饲料配方的营养水平

确定饲料配方的水平，必须以饲养标准为基础，同时要根据动物生产性能、饲养技术水平与饲养设备、饲养环境条件、市场行情等及时调整饲粮的营养水平，特别要考虑外界环境与加工条件等对饲料原料中活性成分的影响。

设计配方时要特别注意诸养分之间的平衡，也就是全价性。有时即使各种养分的供给量都能满足甚至超过需要量，但由于没有保证有拮抗作用的营养素之间的平衡，反而出现营养缺乏症或生产性能下降。设计配方时应重点考虑能量和蛋白质、氨基酸之间、矿物元素之间、抗生素与维生素之间的相互平衡。诸养分之间的相对比例比单种养分的绝对含量更重要。

2. 合理选择饲料原料，正确评估和决定饲料原料营养成分含量

饲料配方平衡与否，很大程度上取决于设计时所采用的原料营养成分值。条件允许的情况下，应尽可能多地选择原料种类。原料营养成分值尽量有代表性，避免极端数字，要注意原料的规格、等级和品质特性。对重要原料的重要指标最好进行实际测定，以提供准确参考依据。选择饲料原料时除要考虑其营养成分含量和营养价值，还要考虑原料的适口性、原料对畜产品风味及外观的影响、饲料的消化性及容重等。

3. 正确处理配合饲料配方设计值与配合饲料保证值的关系

配合饲料中的某一养分往往由多种原料共同提供，且各种原料中养分的含量与其真实值之间存在一定的差异，加之饲料加工过程的偏差，同时生产的配合饲料产品往往有一个合理的储藏期，储藏过程中某些营养成分可能因受外界各种因素的影响而损失。所以，配合饲料的营养成分设计值通常应略大于配合饲料保证值，以保证商品配合饲料营养成分在有效期内不低于产品标签中的标示值。

（二）经济性原则

饲料原料成本在饲料企业及畜牧业生产中均占很大比重，在追求高质量的同时，往往会付出成本上的代价。因此应注意以下几点。

①要结合实际确定营养参数。

②应因地制宜和因时制宜选用饲料原料。

③合理安排饲料工艺流程和节省劳动力消耗。

④不断提高产品设计质量、降低成本。

⑤设计配方时必须明确产品的定位。

⑥应特别注意同类竞争产品的特点。

（三）可行性原则

①在原材料选用的种类、质量稳定程度、价格及数量上都应与市场情况及企业条件相配套。

②产品的种类与阶段划分应符合养殖业的生产要求，还应考虑加工工艺的可行性。

（四）安全性原则

设计的产品应严格符合国家法律法规及条例。违禁药物以及对牛和人体有害物质的使用或含量应强制性地遵照国家规定。配方设计要综合考虑产品对生态环境和其他生物的影响，尽量提高营养物质的利用效率，减少动物废弃物中氮、磷、药物及其他物质对人类、生态系统的不利影响。

（五）逐级预混原则

凡是在成品中用量少于1%的原料，首先进行预混合处理。混合不均匀可能会造成动物生产性能不良，整齐度差，饲料转化率低，甚至造成动物死亡。

二、配方设计依据

（一）饲养标准

饲养标准既具有权威性又具有局限性。无论哪一种饲养标准，都是以当地区（国家）的典型日粮为基础，经试验而制定。只能反映牛对各种营养物质需要的近似值，并通过后继测定及生产实践，每隔数年修订 1 次，例如美国 NRC 饲养标准、日本的饲养标准。设计配方时应以本国或本地区的饲养标准为基础，同时参考国内外有关的饲养标准，并根据品种、年龄、生产阶段、生产目的、膘情、当地气候、季节变化、饲养方式等具体情况，作灵活变动。

（二）掌握饲料的种类、价格、营养成分及营养价值

要掌握能够拥有的饲料原料种类、质量规格、饲料的价格及所用饲料的营养物质含量（查饲料营养价值表，但最好经分析化验）。

三、配方设计方法

日粮配合主要是规划计算各种饲料原料的用量比例。设计配方时采用的计算方法分手工计算和计算机规划两大类。手工计算法有交叉法、方程组法、试差法，可以借助计算器计算；计算机规划法，主要是根据有关数学模型编制专门的程序软件，进行饲料配方的优化设计，涉及的数学模型主要包括线性规划、多目标规划、模糊规划、概率模型、灵敏度分析、多配方技术等。

第三章　肉牛优质高效饲养管理技术

第一节　犊牛的饲养管理

一、犊牛的生物学特性

犊牛是指从出生至6月龄的小牛，在牧场实际生产中，将从出生到断奶的犊牛称为哺乳期犊牛，从断奶到6月龄的犊牛称为断奶期犊牛。犊牛出生后，生理机能经历巨大转变，由胎儿时期被动接受来自母体的营养物质，向主动采食牛乳和固体饲料的独立个体过渡。

（一）犊牛瘤胃发育与消化特点

初生犊牛消化器官尚未发育完全，只有皱胃是唯一发育且实际具有消化能力的胃。犊牛采食的牛乳受食管沟反射作用影响，不经过前胃而直接进入皱胃，并在皱胃和小肠中被消化吸收。随着日龄的增长和日粮结构、类型的改变，瘤胃形态与功能逐渐发育完全。瘤胃的健康、成熟发育，对提高后备牛饲草料利用率以及充分发挥生产潜力具有重要意义。

根据瘤胃发育情况，可将犊牛生长发育大致划分为三个阶段：非反刍期（0～3周）、反刍过渡期（3～8周）和反刍期（8周后）。犊牛瘤胃微生物结构的建立大约需要2周时间，此后瘤胃发酵功能逐渐完善。随着日龄的增加，犊牛开始采食开食料和粗饲料，其中的粗纤维可刺激胃肠道，特别是瘤胃的发育，通过促进微生物在瘤胃中的定植，逐渐增强瘤胃对营养物质的消化吸收能力。瘤胃发酵产生的挥发性脂肪酸被瘤胃上皮组织消化利用，进一步促进瘤胃乳头的生长和发育，使得瘤胃代谢功能逐渐完善。

（二）犊牛肠道消化特点

新生犊牛的肠道容积占整个消化道的比例很大，随着日龄的增长和日粮结构、类型的改变，小肠所占比例逐渐下降，大肠比例基本不变，胃的比例大大上升，尤其是瘤胃。

新生犊牛消化酶系统发育不健全，胃蛋白酶的分泌数量少且分泌速度慢，对非乳蛋白的利用率低。2 周龄后蛋白酶的活性逐渐提高，4 ～ 6 周龄时，可以有效利用大多数的植物蛋白。这一时期犊牛生长发育所需的能量主要来源于脂肪和碳水化合物，犊牛可以有效消化乳脂等饱和脂肪，而对不饱和脂肪的消化效率较低。犊牛肠道内存在的乳糖酶，难以利用除乳糖外的其他碳水化合物。2 周龄后，随着麦芽糖酶和淀粉酶活性的快速增强，此时犊牛可利用淀粉中的能量。

（三）犊牛免疫系统发育特点

一方面，与成年牛相比，犊牛体内免疫 T 细胞和免疫 B 细胞比例较低。嗜中性粒细胞功能较弱，且产生抗体、细胞因子和补体的功能较弱。另一方面，由于母牛绒毛膜胎盘的特殊结构阻碍了免疫球蛋白从母体循环系统传递到胎儿循环系统，导致初生的犊牛无法被动获得免疫球蛋白以抵抗感染，因此初乳的摄入对初生犊牛至关重要。初乳中含有大量的免疫球蛋白以及多种免疫因子。同时初乳中也含有多种抗菌物质，从而为犊牛提供非特异性保护。

二、犊牛护理

（一）接产与助产

1. 产前准备

当母牛出现乳房膨大、来回走动、频繁起卧、“塌胯”、“回头顾腹”等征兆时，表明母牛即将临盆。应提前做好接产准备，为母牛提供洁净舒适的产房，并保证接产工具和消毒试剂齐备。产房应保持光线充足、通风、干燥。母牛在分娩前 10 ～ 15d 可转入产房，母牛转入产房前需预先将房舍打扫干净，用 4% 氢氧化钠溶液或 1∶2000 的百毒杀喷洒舍内、干草垫等进行适当消毒。接产工具需提前经过灭菌处理，防止感染和炎症的发生。对母牛外阴、尾根、后躯及四肢进行清洗消毒，可使用 0.5% 新洁尔灭或 0.1% 高锰酸钾轻柔擦拭。

2. 接产

母牛分娩过程可分为三个时期，即开口期、胎儿排出期和胎衣排出期。开口期时，母牛右侧卧，羊膜囊露出 15 ～ 20min，犊牛胎儿前蹄顶破胎膜，羊膜破裂时应用洁净水桶接收羊水，以便产后给母牛灌服，可预防胎衣不下。接产人员用两手牵拉胎儿前肢，稍用力并与母牛努责节奏一致，以便胎儿顺利产出。

犊牛产出后，正常情况下母牛会自行舔舐犊牛体表黏液，母牛的舔舐行为可增进母子感情，帮助犊牛初步建立肠道菌群。如发现犊牛呼吸受阻，应立即用清洁纱布清理口鼻部黏液，确保呼吸顺畅。可抓住犊牛后肢使其倒立，轻拍胸背部，促使黏液尽快流出。如脐带自行断裂，应使用 5% 碘酊涂抹断端消毒；如不能自行断裂，可在距犊牛腹部 6 ～ 8cm 处，用灭菌手术剪剪断，断脐无须特意结扎，通常可自行脱落。

3. 助产

当母牛发生阵缩、努责微弱，应进行助产。胎儿产出正位时，通常为两前肢和头部先产出或两后肢先产出。其余情况均为难产，包括一肢在前、一肢在后、两肢均在后、横卧位、坐位等。发生难产时，兽医或助产员应将胎儿推回子宫内，矫正胎位后再拉出，不可在胎位不正时进行助产，防止损伤母牛产道。助产时，可用消毒绳缚住胎儿两前肢系部，一人向母牛臀部后下方用力拉出，另一人双手护住母牛阴唇及会阴避免撑破。胎头拉出后，应降低牵拉力度，减缓动作节奏，防止子宫内翻或脱出。胎儿腹部产出后，轻压胎儿脐孔部，防止脐带断裂，并适当延长断脐时间，使胎儿获得充足血液。

母牛分娩结束，一般经 6 ～ 12h，子宫重新努责，排出胎衣，如胎衣不能正常排出，为胎衣不下，此时应及时进行人工剥离。

（二）初乳与常乳饲喂

1. 初乳管理与饲喂

母牛胎盘的特殊结构使得犊牛被动免疫活动完全依赖初乳的摄入，尽快饮用初乳对降低犊牛疾病与死亡风险至关重要。研究表明犊牛在出生后最初几小时对免疫球蛋白的血液吸收率最高可达到 25% ～ 30%。保证初乳质量同等重要，正确的初乳管理对犊牛健康非常重要。按照储存方式的不同，可将初乳分为冷冻乳、冷藏乳和新鲜初乳。通常初乳在 4℃冰箱中存放时间不得超过 24h，在 −20℃冰箱中可长期保存，但应注意不得存放时间过久，使初乳中细菌过量繁殖，犊牛摄入后易发生腹泻。饲喂冷藏、冷鲜乳前需进行加热或解冻，饲喂前初乳温度应保证在 37 ～ 39℃，冬季适当提高 1 ～ 2℃。饲喂新鲜初乳应将母牛乳房中前3把奶弃掉。

犊牛直接吮吸母牛乳头容易造成感染风险，母体携带的病原菌极易传递给犊牛，导致犊牛染病。因此推荐使用初乳灌服器直接将初乳灌入犊牛真胃。初乳灌服器使用前后均应履行严格洗消制度。犊牛出生后1h内灌喂4L初乳，6h、12h、18h后分别灌喂4L初乳。犊牛出生后2～5d每日饲喂初乳3次，每次4L。采用正确的初乳管理与饲喂方法帮助犊牛建立被动免疫。

2. 常乳管理与饲喂

为降低犊牛应激，常乳管理应与初乳一致，做到“五定”原则：定时、定量、定温、定人、定质，严格控制常乳卫生、安全、质量及温度。对于新鲜常乳，可经过巴氏灭菌后再行饲喂，或直接饲喂高蛋白代乳粉。避免常乳中细菌含量过高，引起犊牛腹泻。同时尽量做到专人饲喂，不频繁更换饲养员。

犊牛出生4d后可饲喂常乳，牧场可结合自身生产实际，采用奶瓶饲喂法、奶桶饲喂法、自动饲喂法和群体饲喂法等饲喂方法。犊牛饲喂常乳可至90d，每天饲喂2～3次。若牛场施行早期断奶，可将常乳饲喂时间缩短至40～50d。15日龄内犊牛每天饲喂3次常乳，之后每天饲喂2次，1月龄以上每天饲喂1次，常乳每次饲喂量为4L。

三、早期断奶

传统饲养中，犊牛的哺乳期一般为3～6个月。为了使犊牛更早适应固态饲料，促进消化器官的发育，降低饲养成本，现代集约化养殖通常实行早期断奶。若早期断奶施行不当，容易造成犊牛采食量下降、生长发育受阻、体况消瘦，导致腹泻甚至死亡，严重危害犊牛健康。

（一）断奶应激

断奶应激同时影响幼畜的先天性免疫和获得性免疫。由于无法继续从母乳中获得免疫球蛋白和谷胱甘肽过氧化物酶、溶菌酶等酶类，导致自身获得性免疫功能降低，抗病能力下降，患病风险升高。断奶后犊牛血液中的淋巴细胞数、中性粒细胞数、红细胞数和血小板数显著降低。犊牛断奶后饲料结构发生巨大改变。断奶后，结构性碳水化合物代替乳糖和乳脂，成为主要的能量来源。幼畜体内淀粉酶和脂肪酶含量不足，对植物来源饲料消化不良。这种消化方式的转变也会影响肠道微生物的组成和功能的发挥，从而引起肠道菌群紊乱。为降低犊牛死亡率，减少牧场收益损失，实施正确的断奶策略是缓解断奶应激的关键。

（二）早期断奶策略

早期断奶技术对于肉用犊牛消化系统的健康发育非常重要，肉用母牛泌乳能力较弱，及早为犊牛补饲开食料可以弥补乳汁饮食不足，减少对鲜奶的消耗，降低犊牛养殖成本。在美国，70% 的牧场在犊牛 7 周龄前后施行断奶，仅 25% 的牧场在犊牛 9 周龄以上才施行断奶。

断奶时间不当会引起犊牛应激反应，严重影响犊牛的生长发育。因此，犊牛断奶时间的选择应根据犊牛的实际发育状况、综合采食量、体重以及犊牛的健康状况而定，尽量减少断奶应激造成犊牛生长迟缓和抵抗力下降。犊牛应采取阶段式断奶方法，不宜“一刀切”，推荐的断奶参考标准包括采食量标准和体重标准。当犊牛开食料采食量达到 750g/d，或开食料采食量连续 3d 达到 1 ～ 1.5kg，干物质采食量达到 500g/d 时施行断奶。另外，体重达到初生重 2 倍可作为另一断奶衡量标准。在生产过程中，也可综合考量日龄、体重和精料采食量来确定犊牛的断奶时间。犊牛达到 60 日龄，体重为出生体重的 2 倍，且日均精料摄入量超过 1.2kg 时，则认为犊牛达到断奶标准。

一般犊牛采食训练可在出生后 1 周通过人工诱导进行，即犊牛吸吮乳汁后，可在奶桶上或犊牛嘴角涂抹少量饲料，初始采食量约为 15g/d。第一次饲喂后，观察犊牛粪便情况，如无异常，逐渐增加日饲喂量。犊牛 30 日龄日采食量可提高至 200 ～ 300g/d，60 日龄可提高至 500g/d。一般犊牛日采食量达到 500g/d 时即可断奶。

四、犊牛的日粮饲喂

（一）饲喂方法

1. 饲喂精料

犊牛出生 1 周后可开始提供开食料，可将开食料适当加热煮熟后饲喂犊牛。

2. 饲喂干草

补饲牧草可促进犊牛反刍。饲养员可在犊牛出生一周后在饲料槽中放入少量优质干草，让犊牛自由采食。

3. 饲喂青贮料

由于青贮饲料的原料多为玉米秸秆或全株玉米，与绿色多汁饲料或优质干草相比，3 月龄内犊牛的瘤胃消化功能并不完善。过早饲喂青贮饲料容易增加瘤胃负担，引起瘤胃胀气或瘤胃酸中毒。犊牛一般在出生后 70d 饲喂青贮饲料。开始时，每日饲喂量为 0.1 ～ 0.15kg，3 月龄时逐渐增加到 1 ～ 1.5kg/d，6 月龄时逐渐增加到 4 ～ 5kg/d。

（二）饮水

犊牛出生一周内应确保充足饮水，保持饮水来源安全、清洁卫生。夏季饮水温度控制在 37 ～ 39℃，冬季饮水温度可提高至 40℃左右。犊牛饮水量为干物质摄入量的 5 ～ 6 倍，犊牛断奶后，应提高饮水量 6 ～ 7 倍供应。犊牛不饮水可采用人工诱导方式，在水中加入少量乳汁以诱导采食。

五、犊牛饲养环境管理

犊牛免疫功能尚未发育健全，极易受到冷、热应激影响，环境耐力较弱，容易受到外界病原菌侵蚀。因此，控制犊牛舍内温湿环境和卫生状况对犊牛的健康成长和未来生产潜力的发挥具有重要意义。牛舍应做到每天杀菌消毒。同时保证舍内空气质量良好，光线充足。由于我国南北方气候存在明显差异，建筑结构与材质保暖保湿效果不一致，犊牛舍的环境管理应结合牧场自身环境特点因地制宜。研究表明，畜棚温度不低于 10℃，夏季控制在 27℃以内，相对湿度设定在 55% ～ 80% 的舍内环境最适合犊牛生长。寒冷季节可增加衬垫厚度保暖。及时清理地面粪污，防止污染物积聚，造成有害气体增加，污染舍内空气。

第二节　育成期饲养管理

一、育成牛的生物学特性

育成牛是指断奶后到配种前这一阶段的牛群，0.5 ～ 1 岁前称小育成牛，1 ～ 1.5 岁称大育成牛，1.5 ～ 2 岁称青年牛。育成牛性器官和第二性征逐渐发育成熟，1 岁时已基本达到性成熟。同时消化系统也逐渐发育完全，瘤胃、网胃、瓣胃和皱胃体积基本与成年牛一致。育成牛的适时管理能让其顺利发情，为降低母牛难产率并提高后代成活率，在育成牛饲养过程中应注意控制体重和体形，过高的体脂含量将危害育成牛自身及后代健康。

育成牛对蛋白质的利用率和转化成优质蛋白的能力较成年肉牛低。育成期肉牛的主要研究目标之一应是增加肌肉中蛋白质含量和日粮氨基酸的利用效率，同时提高能量利用效率。

二、断奶后育成牛饲喂

新鲜牧草可以为育成牛的健康生长提供各种必需营养素，在牧草生长阶段内，基本可以保障牧草的供应，但晚季牧草成熟期晚，由于水分损失和可能受积雪覆盖等原因导致品质降低。在新鲜牧草生长期以外或供应不足时，需要通过补饲干草来保障育成牛的营养需要。优质的紫花苜蓿可以一定程度上弥补缺乏的蛋白质和维生素，也可以将干草和紫花苜蓿混合后再行饲喂。

（一）干草和谷物类饲料的饲喂

6 ～ 12 月龄是育成牛生长发育最快的时期，由于瘤胃已基本发育完全，反刍功能也基本发育完全。此时应增加青粗饲料的供给，进一步刺激瘤胃的发育。对于育成牛来说，日粮中 70% 的干物质来源于青粗饲料的摄入，一头适龄育成牛每天的牧草需要量为体重的 2.2% ～ 2.4%，如一头体重为 318kg 的育成牛可摄入 7kg 左右的牧草，保证充足的牧草供应已基本可满足其营养需求。新鲜牧草、干草和紫花苜蓿混合饲喂可以提供充足的蛋白质，为了获得理想的饲料利用率可在早晚都饲喂。育成牛总日粮中适宜的蛋白质量应为 12% ～ 13%，如不能保障供应充足的紫花苜蓿，应保证每头牛每天 0.34 ～ 0.57kg 的蛋白质摄入量。

虽然育成期犊牛生长发育迅速，适当增加饲料的供应是有必要的，但应注意控制能量供应不宜过高，过量的能量供应会使其成年后体形过肥，过量的脂肪堆积在母牛骨盆区域可能引发母牛难产，脂肪沉积在乳房部位可能导致母牛产奶量下降，不利于后代犊牛的健康发育。应注意控制日增重不能超过 0.9kg，发育正常时 12 月龄育成牛体重可达 280 ～ 300kg。

在牧草正常供应的情况下，无须额外补饲谷物类饲料，当牧草供应不足或牧草价格较高时，可以选用谷物类饲料代替一部分牧草，通过饲喂干草、谷物类饲料和蛋白质补充剂，保障育成牛生长发育对蛋白质的需要。具体饲喂量可以参照对应生长阶段的肉牛营养需要量计算得之，并注意防止营养过剩。

（二）饮水

由于冬季寒冷，应提供水温 18℃左右的温水供牛群饮用。水温过低会降低牛群饮欲，导致饮水量不足，还会造成冷应激，长时间不反刍，消耗原有的体能来维持体温平衡，降低牛自身抗病力。

三、育成后期育成牛饲喂

（一）饲喂

12 ～ 18 月龄育成牛发育迅速，8 ～ 10 月龄时已开始出现发情情况。牛群育成期间的生长发育速度可影响首次发情时间和发情期体重，从而影响未来繁殖性能的发挥。平均日增重高的小牛在首次发情时体重更重，发情年龄更小。

对育成期牛进行适当的饲养管理可以保障其健康发育且不会发胖。以一头断奶体重为 227 ～ 238kg 的犊牛为例，为使遗传潜力得以发挥，在繁殖年龄（约 14 月龄）时应达到 340 ～ 363kg 体重，每日摄入的牧草量应至少为 0.54 ～ 0.82kg。育成结束后，母犊牛体重达到 321 ～ 347kg，公犊牛体重达到 378 ～ 385kg。犊牛断奶后公母分群饲养，并依照现行《中国肉牛饲养标准》进行补饲，12 ～ 14 月龄转入成年牛群，不再补饲。在牧草供应量充足的前提下，大部分的牛只在育成后期都可以达到理想体重，若牧草有限或质量不佳导致牛群生长发育缓慢时，可以向日粮中补充一定的谷物类饲料。在育成后期应注意观察牛体形发育是否健康，如腹部是否圆润，是否可见肋骨还是腹部干瘪，可清晰看到最后一根肋骨。这一阶段的小牛不应观察到明显消瘦，随着牛月龄的增加，应逐渐增加饲草料供应。在冬季寒冷季节可能需要翻倍增加饲草供应量。

育成牛初次配种时间很关键，过早配种会降低母牛的受孕率并增加胚胎在孕间死亡的概率；而延迟发情又不利于生产性能的发挥，额外增加养殖费用。因此母牛最适宜的配种年龄和体重为：在其 15 月龄时当母牛体重达到 340kg 时，可以进行配种。

（二）饮水

牧场在任何时候都要保证充足的水源供应。天气凉爽时，一头 227kg 的小牛每天需要 8 ～ 23L 水，一头 340kg 的公牛需要 38 ～ 57L 水，一头 454kg

的公牛需要超过 76L 水。天气炎热时，牛通过蒸发和呼吸导致体内水分流失，必须喝更多的水来弥补损耗。

第三节　育肥期饲养管理

一、育肥牛的生物学特性

肉牛在生长期间，其身体各部位、各组织的生长速度是不同的。每个时期有每个时期的生长重点。早期的重点是头、四肢和骨骼；中期则转为体长和肌肉；后期重点是脂肪。肉牛在幼龄时四肢骨生长较快，以后则躯干骨骼生长较快。随着年龄的增长，肉牛的肌肉生长速度从快到慢，脂肪组织的生长速度由慢到快，骨骼的生长速度则较平稳。内脏器官大致与体重同比例发育。在肉牛生产中，与经济效益关系最为密切的是肌肉组织、脂肪组织和骨骼组织。

肌肉与骨骼相对重之比，在初生时正常犊牛为 2∶1，当肉牛达到 500kg 屠宰时，其比例就变为 5∶1，即肌肉与骨骼的比例随着生长而增加。由此可见，肌肉的相对生长速度比骨骼要快得多。肌肉与活重的比例很少受活重或脂肪的影响。对肉牛来说，肌肉重占活重的百分比，是产肉重的重要指标。

脂肪早期生长速率相对缓慢，进入育肥期后脂肪增长很快。肉牛的性别影响脂肪的增长速度。以脂肪与活重的相对比例来看，青年母牛较阉牛肥育得早一些、快一些；阉牛较公牛早一些、快一些。另一影响因素就是肉牛的品种，英国的安格斯肉牛、海福特肉牛、短角肉牛，成熟早、肥育也早；如欧洲大陆的夏洛来牛、西门塔尔牛、利木赞牛成熟得晚，肥育也晚。

根据上述规律，应在不同生长期给予不同的营养物质，特别是对于肉牛的合理肥育具有指导意义。即在生长早期应供给青年牛丰富的钙、磷、维生素 A 和维生素 D，以促进骨骼的增长；在生长中期应供给丰富而优质的蛋白质饲料和维生素 A，以促进肌肉的形成；在生长后期应供给丰富的碳水化合物饲料，以促进体脂肪沉积，加快肉牛的肥育。同时还要根据不同的品种和个体合理确定出栏时间。

二、过渡期的饲养管理

肉牛在进入正式育肥前都要进入过渡期，让牛在过渡期完成去势、免疫、驱虫以及由于分群等原因引起的应激反应得以很好的恢复。肉牛在过渡期的饲养目的还包括让其胃肠功能得以调整，因肉牛进入育肥期后，日粮变为育肥牛饲料，并且饲喂方式由精料限制饲喂过渡到自由采食，为了使其尽快适应新的饲料、新的环境以及饲养管理方式，过渡期的饲养非常重要。在这一时期肉牛仍以饲喂青干草为主，饲喂方式为自由采食，同时可限制饲喂一定量的酒糟。依据肉牛的体重和日增重来计算日粮饲喂量，做好精料的补充工作，精料采食量达到体重的 1% ～ 1.2%。

三、育肥期的饲养

（一）育肥前期的饲养

育肥前期为肉牛的生长发育阶段，又可称为生长育肥期，这一阶段是肉牛生长发育最快的阶段。所以此阶段的饲养重点是促进骨骼、肌肉以及内脏的生长，因此日粮中应该含有丰富的蛋白质、矿物质以及维生素。此阶段仍以饲喂粗饲料为主，但是要加大精料的饲喂量，让其尽快适应粗料型日粮。粗料的种类主要为青干草、青贮料和酒糟，其中青干草让其自由采食，酒糟及青贮料则要限制饲喂。精料作为补充料饲喂时，其中的粗蛋白质含量为 14% ～ 16%，饲喂时采取自由采食的方式，饲喂量为占体重的 1.5% ～ 2%，为日粮的 50% ～ 55%。

（二）育肥中期的饲养

肉牛在育肥中期骨骼、肌肉以及身体各项内脏器官的发育已经基本完全，内脏和腹腔内开始沉积脂肪。此时的粗饲料主要以饲喂麦草为主，饲喂量为每天每头 1 ～ 1.5kg，停喂青贮料和酒糟，同时控制粗饲料的采食量。精料作为补充料，粗蛋白质的含量为 12% ～ 14%，让肉牛自由采食，使采食量为体重的 2% ～ 2.2%，为日粮的 60% ～ 75%。

（三）育肥后期的饲养

育肥后期为肉牛的育肥成熟期，此时肉牛主要以脂肪沉积为主，日增重明显降低，这一阶段的饲养目的是通过增加肌间的脂肪含量和脂肪密度，改善牛肉品质，提高优质高档肉的比例。粗饲料以麦草为主，每天的采食量控制在每头 1 ～ 3kg，精饲料中粗蛋白质的量为 10%，让其自由采食，精料的比例为日粮干物质的 70%，每天的饲喂量为体重的 1.8% ～ 2%，为日粮的 80% ～ 85%。要注意精料中的能量饲料要以小麦为主，控制玉米的比例，同时还要注意禁止饲喂青绿饲草和维生素 A，并在出栏前的 2 ～ 3 个月增加维生素 E 和维生素 D 的添加量，以改善肉的色泽，从而提高牛肉的品质。

用高精料育肥肉牛时，精料容易在瘤胃内发酵产酸引起酸中毒，可在精料中添加碳酸氢钠 1% ～ 2%，添加油脂 5% ～ 6%，以抑制瘤胃异常发酵。若青贮饲料酸度过大，会引起酸中毒，可使用 5% ～ 10% 的石灰水浸泡，以中和酸度。

（四）饮水

牛每采食 1kg 饲料干物质，需要饮水 5.5kg，若是在气温较高的季节，饮水量还要增加。因此，要保证育肥期牛能随时喝上清洁的饮水，没有设置自动供水设备的养殖场，每天应供水 3 ～ 4 次。冬季要使用温水，不能使用冰水。

四、育肥期的管理

（一）对肉牛进行育肥前要对牛群进行合理的分群

分群要根据肉牛个体的生长发育情况，按照不同的品种、年龄、体重、体质等进行分群，每群以 10 ～ 15 头为宜。在育肥过渡期结束后，或者肉牛生长到 12 月龄左右时就要完成大群向小群的过渡，在以后的育肥过程中尽量不再分群、调群，以免产生应激反应，影响生长发育和育肥效果。

（二）在育肥的过程中要定期进行称重

一般每两个月称重一次，同时测量体尺，做好记录，以充分了解肉牛的育肥情况，便于及时调整饲料和饲喂方法，加强成本核算，提高管理水平，以达到最佳育肥效果。因不同生长育肥阶段对日粮的营养需求不同，因此需要根据需要更换饲料，但是要注意在换料时要有 7 ～ 15d 的换料过渡期，让肉牛的胃肠有一个调整的过程，以免发生换料应激影响肉牛健康。

（三）做好肉牛疾病的预防工作

除了要在隔离期以及过渡期对牛群进行驱虫外，在育肥过程中也要定期对肉牛进行预防性驱虫，包括体内及体外寄生虫的驱除工作。在驱虫后要将粪便堆积发酵，杀灭虫源。保持牛体清洁卫生，做好牛舍环境卫生的清扫工作，保持牛舍清洁干燥，定期使用消毒剂对牛舍、用具等进行消毒，根据本场的免疫计划做好免疫接种工作。

第四节　繁殖母牛的饲养管理

一、繁殖母牛的生物学特性

繁殖母牛一般指 2.5 周岁以上的母牛，根据其不同营养需要特点，可分为 5 周岁以上已体成熟的牛和 5 周岁以下还在生长发育的牛。饲养肉用能繁母牛的目标：一是以合理的成本保障产后犊牛断奶时有 90% 的成活率，二是使母牛产后 2 个月有足够的活力备孕，使每头牛每年持续稳定生产一头犊牛。对处于非哺乳期的成熟繁殖母牛来说，满足必需的能量需要较之犊牛相对容易，包括主要的营养需求：能量、蛋白质、维生素 A、钙、磷、钠和氯。个别情况下，可能会出现微量矿物质的缺乏，包括镁、铜、钴和硒，具体可参考能量需要规范。满足母牛的营养需要对维持母牛繁殖力至关重要。

哺乳期的日粮需求与非哺乳期的日粮需求不同，需要较高的能量水平，蛋白质、钙和磷的水平几乎翻倍，但维生素 A 没有变化。

二、繁殖母牛的饲喂

（一）妊娠前中期的饲喂

肉用繁殖期母牛的主要营养需求可分为四大类，即能量、蛋白质、矿物质、维生素。通过母牛的体型和产奶量这两个主要因素，区别空怀母牛或泌乳母牛的营养需求。例如，一头 550kg 的成熟怀孕牛（非哺乳期）在怀孕中期应至少消耗 9.5kg 的饲料，其中含有 5.4kg 的总消化养分（TDN）、657g 粗蛋白质、18g 钙和磷以及 29000IU 的维生素 A。通过饲喂优质干草并补饲维生素已可以满足基本营养需要。

1. 能量

Houghton 等（1990）就能量水平对成熟肉牛繁殖性能的影响进行了深入研究。利用夏洛来－安格斯轮回杂交的成熟肉牛为研究对象，评估了包括产前和产后的能量摄入、身体状况、难产（产犊困难）、母牛的哺乳状况以及再配种的时间长度。日粮配方符合 NRC 要求且蛋白质、矿物质和维生素水平一致，只研究能量水平。能量水平设定为：①妊娠期维持（100% NRC）；②妊娠期减重（70% NRC）；③泌乳期增重（130% NRC）；④泌乳期减重（70% NRC）。母牛产前或产后的日粮能量摄入对犊牛的表现有明显的影响，与喂养 100% 维持能量的母牛相比，妊娠低能量日粮（70% NRC）导致出生时和 105 日龄的犊牛较轻。产后能量摄入对增重的影响效果相同，导致 105d 的犊牛体重增加 15kg。分娩时母牛的身体状况还有助于减少产后发情间隔的长度，提高受孕率。

2. 蛋白质

在母牛怀孕 180d 至妊娠结束期间，需要 7% ～ 8% 的蛋白质，牛在妊娠的最后 3 个月内蛋白质摄入不足易引发弱犊牛综合征。550kg 的母牛消耗 10.2kg 干物质，需要 790g 蛋白质，约占日粮干物质的 7.75%。对于初产母牛需要更多的蛋白质，最高可达 9.5%。此外，在哺乳期内，小母牛和成熟母牛都需要更多的蛋白质；产奶能力强的母牛（每天产奶 10kg）需要 11% ～ 14% 的日粮蛋白质，而挤奶能力一般的母牛（每天产奶 5kg）仅需要 9% ～ 11% 的蛋白质。两岁的小母牛在日粮中需要 10% ～ 12% 的蛋白质。同时，不过度饲喂蛋白质和饲喂足够的蛋白质一样关键。

3. 矿物质与维生素

在大多数饲养条件下，满足母牛对矿物质的日常需要并不难，特别是补充矿物质预混料时。在某些情况下，可能需要额外提供一种或多种矿物质，例如当地土壤特别缺乏某种矿物元素、牧场钾元素含量过高或母牛患“草食症”（或相对缺镁）时需每天额外补充 28g 的氧化镁。

对无法获得青饲料越冬的母牛，应补充维生素 A。可在 10 月或 11 月，通过皮下或肌内注射维生素 A 来实现。目前尚未发现母牛群有补充其他维生素的必要。

（二）妊娠后期的饲喂

肉牛在妊娠期的营养方案关乎胎儿的生长、器官发育和胎盘功能，从而影响犊牛健康、生产力和未来繁殖性能的发挥。Cu、Mn 和 Co 是牛胎儿神经、生殖和免疫系统充分发育的必需微量元素，如果母体供应不足，胎儿的发育和出生后的表现可能会受到影响。研究表明，在妊娠后期给安格斯 × 赫里福德肉牛补充有机或无机来源的 Co、Cu、Zn 和 Mn，有效地提高了犊牛肝脏中 Co、Cu 和 Zn 的含量，断奶后至屠宰前增重较对照组增加 20kg，且有效减少了牛患呼吸系统疾病的概率。在妊娠后期，用基于等量的 ω-3 和 ω-6 的瘤胃保护型挥发性脂肪酸混合物来补充饲喂的肉牛，虽不会直接改善母牛的性能表现，但对后代的表现、健康和免疫参数具有积极影响，并增加了后代胴体大理石纹，具有改善后代肉质的效果。

三、配种

小母牛是肉牛养殖成功的关键。高产的母牛群为牛肉的稳定持续供应提供了重要保障，随着成熟母牛的衰老和生产力的降低，必须要有稳定的替代牛群填补被淘汰母牛的位置。为使母牛健康发育，使其达到最佳怀孕率，生产者可应用同期发情和人工授精技术，这些措施可以在不影响繁殖性能的情况下帮助生产商减少资金和劳动投入。

（一）发情期管理

同期发情的优势意味着：更均匀地产犊，缩短产季和更紧密的产季分布。更多的犊牛在产季早期出生，有利于非发情期动物的恢复或进入下一轮发情循环。与人工授精相结合，发情同步使生产者能够将所需的劳动和时间整合到短短的几天内。

1. 激素变化

与任何复杂的生理系统一样，理解母牛发情周期的最好方法是首先研究与周期有关的单个机制，即激素，然后结合单个激素来理解整个系统。对大部分发情期母牛来说，排卵发生在第 1 天。牛的发情周期可划分为两个阶段，黄体期和卵泡期。黄体期持续 14 ～ 18d，以黄体的形成为特征，分为发情期和绝育期。卵泡期持续 4 ～ 6d，标志为黄体回缩后的时间，将这一阶段又分为发情期和动情期，一头牛的发情周期大约为 21d，但也可能为 18 ～ 24d。

“发情”被定义为从破裂的卵泡中形成黄体（CL），随着发情期的增长，小型和大型黄体细胞产生孕酮，为怀孕或新的发情周期做准备，因此孕酮的浓度增加。排卵前 2d 和排卵后 3d，孕酮浓度较低，从第 4 天开始逐渐增加，到第 10 天达到高峰。

雌激素浓度从第 19 天开始增加，在卵泡期内第 20 天达到最大值，雌激素由卵巢中卵泡的颗粒细胞分泌；随着卵泡的生长，产生的雌激素数量增多，当雌激素浓度升高与黄体溶解后孕酮浓度下降相吻合时，则触发促性腺激素释放激素（GnRH）的激增。

促黄体激素（LH）的基础浓度从排卵到第 5 天都存在，第 6 ～ 10 天浓度增加，第 11 ～ 13 天低于基础水平，此后再次增加，导致 LH 在第 20 天出现排卵前的激增，并且排卵前的 LH 峰值发生在观察到发情的几个小时后，平均持续时间为（7.4±2.6）h。

1977 年，科学家首次报道了促卵泡素（FSH）浓度的波浪函数，指出峰值在第 4 天、8 天、12 ～ 13 天、17 天、18 天和第 20 天，在这些 FSH 峰值出现时，卵泡生长增强。第 18 天 FSH 峰值的出现与孕酮的减少相吻合，并提出这些相反趋势的浓度可能会诱发最终的卵泡生长。

总而言之，成熟母牛的下丘脑 – 垂体 – 性腺（HPG）轴以线性方式运作，由下丘脑产生的 GnRH 作用于垂体前叶，刺激 LH 和 FSH 的产生，从而作用于卵巢。卵巢上的卵泡发育和生长，产生越来越多的雌激素；雌激素正反馈给下丘脑，产生更多的 GnRH。卵泡排卵后，CL 形成并分泌孕酮，孕酮对下丘脑有负反馈作用，抑制其对促性腺激素的刺激。

2. 提前发情

初情期的建立是母牛一生生产力的基石。在 24 月龄前受孕并产下第一头小牛的母牛往往更具有繁殖力优势，因此，小母牛必须在 15 月龄时怀孕，只有达到发情条件的母牛才能受孕。鉴于达到发情期的重要性，研究者们已开发了一系列方法加速初情期的到来，包括遗传选择、营养调节和孕激素调节。

利用早期断奶和高精饲料可以成功诱导小母牛的性早熟。研究表明，母牛群在第 26 天时供应开食料，第（73±3）天时提前断奶，并在断奶后饲喂 60% 的全壳玉米，NEm 含量为 2.02Mcal/kg（1Mcal≈4.184MJ）的高浓缩日粮，成功诱导了 9 头母牛中 8 头出现性早熟。

孕激素可以加速青春期前小母牛的青春期开始。夏洛来和海福特的后代杂交母牛在 12.5 月龄时，注入以孕激素为基础的去甲孕酮可诱导初情。

3. 同期发情

当母牛接近发情期，有 3 种主要的方法可以控制发情周期：①使用前列腺素（PG）使现有的 CL 回退；②使用 GnRH 使新一轮的卵泡同步和 / 或启动排卵；③使用孕激素调节 CL 的释放时间。

（1）PG　在牛发情周期的第 5 天后给药，PG 能有效地抑制发情。CL 可导致孕酮浓度在 24h 内下降到基础浓度。在发情周期的早期，没有 CL 出现时，使用 PG 是无效的。PG 的效果取决于注射时黄体期的阶段，黄体期中期（第 10 ～ 14 天）和晚期（第 15 ～ 19 天）发情同步性增加。这是由于随着 CL 的成熟，CL 对 PG 的敏感性增加。此外，在黄体期的后期，来自子宫的内源性 PG 增加，在第 15 天开始产生 PG，额外增加 PG 的外源剂量对母体不利。

（2）GnRH　GnRH 刺激垂体前叶内源性 FSH 和 LH 的释放。由于牛卵巢上没有 GnRH 受体，GnRH 通过 FSH 和 LH 分别刺激卵泡生长和排卵。GnRH 的作用是诱导黄体期雌性个体的排卵，如果卵泡已经处于闭锁状态，GnRH 无法发挥作用。因此，GnRH 可用于启动新一轮的卵泡，这增加了在给予前列腺素裂解 CL 时存在优势卵泡的可能性。在 PG 注射引起 CL 溶解后，第二次 GnRH 注射使所有同步化卵泡排卵。这种利用 GnRH 的同期发情方案优于以前利用两次注射 PG 的方案，可以更精确地确定排卵时间。

（3）醋酸甲烯雌醇（MGA）　MGA 最早作为孕激素饲料添加剂用于饲喂母牛，以抑制发情和排卵，从而提高母牛的饲养效率和繁殖性能。抑制排卵的 MGA 最小剂量为 0.42mg/d。如今开始被用于同期发情，MGA+PG 同期发情方案使母牛在 AI（Artificial insemination，AI）之前统一发生排卵，是一种成本低、效益高的母牛同期发情方法。

（二）固定时间人工授精

使用控制卵泡发育和排卵的方案，通常被称为固定时间人工授精方案（FTAI），其优点是能够应用辅助生殖技术，而不需要检测发情。这些治疗方法已被证明可行，易于农场工作人员执行，更重要的是，它们不依赖于发情检测的准确性。

基于 GnRH 的方案是已被广泛用于奶牛和肉牛的 FTAI。该疗法包括施用 GnRH 以诱导 LH 释放和优势卵泡排卵，1.5 ～ 2d 后出现新的卵泡波。在第 6 天或第 7 天给予前列腺素 F2。以诱导黄体衰退，并给予第二次 GnRH 以诱导同步排卵。GnRH 第二次注射之后间隔 16h 或 24h 进行 AI。

在人工授精过程中，需要实施彻底的卫生消毒制度，避免细菌和微生物感染精液，影响精液质量，引起生殖系统疾病。授精前选择 2% 来苏尔溶液或 0.1% 高锰酸钾溶液彻底清洁外阴，并用干毛巾擦拭。授精人员要剪指甲涂润滑剂，手臂彻底消毒，并提前清理直肠内的粪便。使用授精枪进行人工授精时，授精枪 45° 角向上倾斜进入阴道，避开尿道口，再水平插入宫颈口。在左右双手配合到达授精部位后，在不同位置注射精液，然后收回授精枪。

第五节　肉用种牛的饲养管理

一、种公牛的生殖发育

（一）公牛初情期的调节

公牛发情期内一次射精的精子数约 5.0×10^7 个精子，活力大于 10%。公牛发情期由下丘脑－垂体－睾丸轴调节，来自下丘脑的 GnRH 的脉冲式释放诱导 LH 和 FSH 释放，LH 导致睾酮释放，随后在 Sertoli 细胞中转化为双氢睾酮和雌二醇。生精小管中高浓度的睾酮对正常的精子生成至关重要。

睾丸激素和雌二醇可下调 GnRH 的释放，特别是在发情期前的公牛。随着发情期临近，分泌 GnRH 的神经元对睾酮和雌激素的敏感性下降，同时 GnRH、LH、FSH 和睾酮的浓度增加，最终诱导发情。产生 GnRH 的神经元通过营养物质和瘦素、胰岛素样生长因子 –1（IGF–1）、胰岛素和生长激素的浓度变化介导神经元反应。

（二）公牛生殖期内分泌和睾丸变化

公牛生殖系统的发育可划分为三个时期：婴儿期、青春期前和青春期。婴儿期（0 ～ 8 周）的特点是促性腺激素和睾丸激素的分泌量低。然而，在青春期前（8 ～ 20 周），促性腺激素的分泌会有短暂的增加（早期促性腺激素上升），同时睾酮也会上升。LH 和 FSH 的浓度从 4 ～ 5 周开始增加，在 12 ～ 16 周达到峰值，然后下降，在 25 周达到最低点。LH 增加影响性发育，与发情年龄成反比。促性腺激素在 25 周时的下降是由于睾酮的上升。青春期后的公牛，每个 GnRH 脉冲后都有促性腺激素和睾酮的脉冲式分泌。早期促性腺激素的上升对生殖发育至关重要。睾丸在 25 周前由前精原细胞、精原细胞、成年的 Leydig 细胞和未分化的 Sertoli 细胞组成。此后，睾丸的快速发育一直持续到发情期，生精小管的直径和长度明显增加，促使生殖细胞的增殖和分化，并推动成年 Leydig 细胞（30 周）、Sertoli 细胞（30 ～ 40 周）和成熟精子（32 ～ 40 周）的发育。

二、种公牛的饲养

（一）营养对种公牛繁殖的影响

公牛早期营养对其生殖潜力的发挥具有深刻影响。与喂养 100% 能量和蛋白质的公牛犊相比，在 10 ～ 30 周内喂养能量和蛋白质维持需求量的 130% 的公牛犊在 74 周时睾丸重量和精子产量都有所增加。早期营养对初情期后公牛的有利影响归因于早期上升期 LH 分泌的增加。此外，由于早期限制性喂养的不利影响不能被青春期的营养补充所克服，所以早期营养预先决定了青春期的年龄、性成熟时的睾丸大小和精子生产潜力。因为促性腺激素的早期上升与 IGF–1 的同时增加有关，该激素可能参与早期促性腺激素上升的调节。此外，早期高营养的公牛睾丸体积较大。事实证明，睾丸的形态改善（即睾丸体积增大）加速了性成熟，并提高了产精量。因此，生命早期的补充营养大大改善了公牛未来的繁殖潜力。越来越多的人倾向于根据剩余采食量，即实际和预期饲料消耗量之间的差异（基于体重和增重率）来选择肉牛以提高营养效率。由于繁殖是低优先级的，因此具有负的剩余采食量（高饲料效率）遗传背景的公牛很可能会影响到生殖发育。

（二）种公牛的饲喂

1. 青春期前的饲喂

生命早期营养状况的改善会促进公牛性成熟，但此后对精液生产的潜在影响似乎有限。在 31 周龄前加强营养可以使公牛在青春期后的可采精子数量增加约 30%。对于其他影响生育力的特征，如解冻后的活力、体外受精（IVF）能力、活 / 死比都不受早期营养的影响。早期有研究表明：高营养水平，特别是高谷类饮食会对胚胎发育产生负面影响。这可能是由于公牛阴囊温度的增加造成的。因此饲喂青春期前公牛应注意控制饲料能量，既能保持公牛体质健壮，又要防止过肥，以免对繁殖力造成损害。

2. 青春期后的饲喂

在青春期前和青春期后的早期发育阶段，长期提供高能量、以谷物为基础的饮食不会对荷斯坦 – 弗里斯兰公牛的精液质量产生负面影响，但会导致阴囊脂肪度和表面温度的升高，饮食能量摄入的增加会导致阴囊脂肪和温度的增加。与低营养水平相比，为公牛提供高营养水平会降低性欲，且体重过重对运动能力有负面影响，易引起关节和肢蹄疾病的发生。日粮中过量的钙、磷含量也会诱发种公牛的脊椎骨关节强硬和变性关节炎。日粮中蛋白质的含量也可能影响公牛的繁殖力，公牛长期饲喂高蛋白质饲草，会导致公牛不育；研究表明，公牛最佳日粮蛋白水平为 10.9% ～ 11.50%，蛋白质过低会降低精液品质。

三、种公牛的管理

1. 拴系

为防止种公牛的坏习气，小牛就要及时戴笼头牵引，10 个月大即可穿鼻环牵引，要经常牵引训练，养成其温顺的性格，防止伤人。

2. 经常运动

种公牛要经常运动，适当的运动可加强肌肉、韧带及骨骼的健康，防止肢蹄变形，保证公牛举动活泼、性欲旺盛、精液品质优良，防止种公牛过肥。

3. 称重

成年种公牛要每个季度称重 1 次，根据体重变化合理饲养，防止过肥或太瘦，影响精液品质。

4. 修蹄

种公牛的四肢和四蹄很重要，它影响公牛的运动和配种，饲养员要经常检查四蹄，发现病症及时治疗，种公牛一般每年修蹄 1 ～ 2 次。

5. 皮肤护理

种公牛每天要多次刷拭皮肤，清除公牛身上的尘土污垢，要经常进行药浴，防止虫疫。

6. 睾丸及阴囊的检查和护理

睾丸的发育直接影响精子的品质，为促进睾丸发育，在加强营养的情况下，要经常进行按摩护理，注意睾丸卫生，定期冷敷，这不仅可以改善精液品质，还可以培育公牛的温顺性情。

7. 严格采精

在实际生产中，种公牛采精频率按牛冷冻精液国家标准执行，每周采精 2 次，成年种公牛一般情况下应进行重复采精 1 次，从而保证公牛的射精量和精子活力。采精时注意安全，不要伤害公牛前蹄。采精室要采用混凝土地面，防止公牛在爬跨过程中跌倒。

第四章　肉牛高效养殖环境控制技术

第一节　牛场选址与规划

一、选址

选址要慎重，若考虑不周，将会为牧场日后生产带来永久性遗憾。为此，在选址时最好要有专家论证，至少要征求畜牧、水利、电力、交通、通信、建筑等部门有经验专家的意见。牛场场址的选择应主要参考如下内容。

（一）规划依据

要依据城镇建设发展规划、农牧业发展规划、农田基本建设规划和农业产业化发展的政策导向等来规划选址。同时，要适应现代养牛业的发展趋势，因地制宜、科学规划发展肉牛业，以满足市场需求，并根据资金、技术、场地和饲料等资源情况科学规划养殖规模。

（二）卫生防疫

牛场的卫生防疫要符合兽医卫生和环境卫生的要求，并得到卫生防疫、环境保护等部门审查同意。要与交通要道、工厂及住宅区保持 500 ～ 1000m 以上的距离，并在居民区的下风向，以防牛场有害气体和污水等对居民的侵害，以利防疫及环境卫生。

（三）地势地形

牛场要求开阔整齐，方形最为理想，地形狭长或多角边都不便于场地规划和建筑物布局。场区面积可根据饲养规模、管理方式、饲料贮存和加工等来确定，同时考虑留有发展余地。如存栏 400 头奶牛场需要 $6hm^2$ 以上的场区面积。牛场地势高燥，避风向阳，地下水位 2m 以下，平坦稍有缓坡，坡度以 1% ～ 3% 为宜，最大坡度不得超过 25%。切不可建在低洼或低风口处，以免汛期积水，造成排水困难及冬季防寒困难。若在山区坡地建场，应选择在坡度平缓，向南或向东南倾斜处，以避北方寒风，有利于阳光照射，通风透光。土质以沙壤土为佳，其透水性、保水性好，可防止病原菌、寄生虫卵等生存和繁殖。

（四）水电条件

牛场用水量很大，要有清洁而充足的水源，以保证生活、生产用水。自来水饮用安全可靠，但成本较高。井水、泉水等地下水水量充足，水质良好，且取用方便，设备投资少，是通常的解决方案。切忌在严重缺水或水源严重污染地区建场。现代化牛场机械挤奶、牛乳冷却、饲料加工、饲喂以及清粪等都需要电，因此，牛场要建在水电供应方便的地方。

（五）交通通信

牛场每天都有大量的粪便和饲料的进出。因此，牛场的位置应选择在距离农田和放牧地较近以及交通便利的地方。较大的牛场要有专用道路与主公路相连接，供电及通信电缆也需同时考虑。

（六）饲草来源

牛场应选择牧地广阔，牧草品种多、品质好的场所，牛场附近可种植牧草的优质土地供种植高产牧草，以补天然牧草不足。南方地区以舍饲为主，更要有足够的饲料饲草基地或饲料饲草来源。若利用草山草坡放牧养牛，也应有充足的放牧场地及大面积人工草地。

二、规划与布局

按畜牧业养殖设施与环境标准化的要求，进行牛场的科学规划和布局，使设施与环境达到工厂化生产，以提高集约化程度和生产效率，保证养殖环境的净化和生产安全健康的畜产品。

（一）按功能分区的规划布局

场区的平面布局应根据牛场规模、地形地势及彼此间的功能联系合理规划布局，牛场还要确保实现两个三分开：即人（住宅）、牛（活动）、奶（存放）三分开；奶牛的饲喂区、休息区和挤奶区三分开，尽量减少净道和污道交叉污染。为便于防疫和安全生产，应根据当地全年主风向和场址地势，顺序安排以上各区。

1. 生活区

指职工生活住宅与文化活动区。应在牛场上风向和地势较高地段，并与生产区保持100m以上距离，以保证生活区良好的卫生环境为了减少生活区和办公区外来人员及车辆的污染，有条件的应将生活区和办公区设计在远离饲养场的城镇中，把牛场变成一个独立的生产机构，这样既便于生活和信息交流以及商品销售，又有利于牛场疾病的防控。

2. 管理区

或叫生产辅助区，包括与经营管理、产品加工销售等有关的建筑物，如办公楼、仓库、产品加工和销售间等，管理区的经营活动与社会发生经常性的极密切的联系，因此，管理区要和生产区严格分开，保证50m以上距离。外来人员只能在管理区活动，场外运输车辆、牲畜严禁进入生产区。

3. 生产区

应设在场区的较下风向位置，要能控制场外人员和车辆，使之不能直接进入生产区，要保证安全，安静。大门口设门卫传达室、消毒更衣室和车辆消毒池，严格控制非生产人员出入生产区，出入人员和车辆进行严格消毒。

生产区是牛场的核心区，应根据其规模和经营管理方式合理布局，应按分阶段分群饲养的原则，按产奶牛群、干奶牛群、产房、犊牛舍、育成前期牛舍、育成后期牛舍顺序排列，各牛舍之间要保持适当距离，布局整齐，以便于防疫和防火。但也要适当集中，节约水电线路管道，缩短饲草饲料及粪便运输距离。粗饲料库设在生产区下风口地势较高处，与其他建筑物保持60m以上的防火距离。饲料库、干草棚、加工车间和青贮池，要布置在适当位置，便于车辆运送，减小劳动强度，但必须防止牛舍和运动场因污水渗入而污染草料。

4. 隔离区

该区是卫生防疫和环境保护的重点，包括兽医室、隔离牛舍、尸体剖检和处理设施、贮粪场与污水贮存及处理设施等。牛场隔离区要设在生产区内下风地势低处，与生产区保持不小于300m的卫生间距。隔离区应设单独通道，方便消毒，方便污物处理等；尸坑和焚尸炉距牛舍300～500m，防止病牛、污水、粪尿等废弃物蔓延污染环境。

（二）生产区内的规划布局

1. 充分利用地形地势

以有利排水，保持牛舍内干燥，便于施工减少土方量，方便建设后的饲养管理为宜。牛舍长轴应与地势等高线平行，两端高差不超过 1% ～ 1.5%。在寒冷地区，为了防止寒风侵袭，除应充分利用有利地形挡风及避开风雪外，还应使牛舍的迎风面尽量减少，在主风向可设防风林带、挡风墙；在炎热地区，可利用主风向对场区和牛舍通风降温。

2. 合理利用光照，确定牛舍朝向

由于我国地处北纬 20º ～ 50º，太阳高度角冬季小，夏季大，为使牛舍达到冬暖夏凉，应采取南向即牛舍长轴与纬度平行，这样有利于冬季阳光照入牛舍内以提高舍温，而夏季可防止强烈的太阳光照射。因此，在全国各地均以南向配置为宜，并根据纬度的不同有所偏向东或偏向西。修建多栋牛舍时，应采取长轴平行配置，当牛舍超过 4 栋时，可以 2 行并列配置，前后对齐，相距 10m 以上。

3. 根据生产工艺进行布局

养牛生产工艺包括牛群的组成和周转方式，挤奶、运送草料、饲喂、饮水、清粪等，也包括测量、称重、采精输精、防疫治疗、生产护理等技术措施。修建牛舍必须与本场生产工艺相结合，否则，必将给生产造成不便，甚至使生产无法进行。

4. 放牧饲养生产区的配置

要考虑与放牧地、打草场和青饲料地的联系。亦即应与放牧地、草地保持较近的距离，交通方便（含牧道与运输道）。放牧季节也可在牧地设野营舍。为减少运输负荷，青饲料地宜设在生产区四周。放牧驱赶距离，成年牛 1 ～ 1.5km，1 岁以上青年牛 2.5km，犊牛 0.5 ～ 1km。

第二节 肉牛舍及辅助设施的搭建

一、牛舍类型

在生产中，牛舍类型多种多样，各地肉牛场可根据当地实际情况选择不同类型的牛舍。

（一）按屋顶结构分类

1. 钟楼式

钟楼式屋顶可使牛舍通风透光性好，夏季防暑效果好，但不利于冬季防寒保温，同时构造复杂，造价高。此种形式适合于高温高湿地区。

2. 半钟楼式

在屋顶向阳面设有“天窗”，一般背阳面坡较长，坡度较大；向阳面坡短，坡度较小。对舍内采光、防暑优于双坡式牛舍。其采光面积决定于天窗的高矮、窗面材料和窗的倾斜角度。夏天通风较好，但寒冷地区冬季不易保温。

3. 单坡式

通常多为单列开敞式饲养舍，由三面围墙组成，南面打开，肉牛舍内设有料槽和走廊，在北面墙上设有小窗场。采光、空气流通好，造价低价。但温度和湿度不易控制，常随外界环境温度和湿度变化而改变。适于冬天不太冷的区域。

4. 双坡式

牛舍设计、建造简单，相同规模下较单坡式节省投资和占地面积，适用性强。南方地区多建为敞篷式双坡式牛舍，在北方地区多建为封闭式或半封闭式双坡式牛舍。

（二）按四周墙壁封闭程度分类

1. 封闭式

牛舍四面有墙和窗户，顶棚全部覆盖，保温性能好，但通风换气能力、采光性能不及棚舍式，适宜于气温在 26℃以下至 –18℃以上的北方。

2. 半封闭式

牛舍三面有墙，向阳一面敞开，有部分顶棚，在敞开一侧可设围栏，水槽、料槽设在栏内，肉牛散放其中。造价低，节省劳动力，但寒冷冬季防寒效果不佳。

3. 开放式

牛舍四面无墙和窗户，顶棚全部覆盖，通风换气能力、采光性能良好，但保温性能差，适宜于南方地区。

4. 棚舍式

适合气候较温和的地区，四边无墙只有房顶，形如凉棚，通风良好。多雨地区食槽可设在棚舍内。冬季北风较大的地区可在北面、东面、西面装活动挡板墙，以防寒风侵袭；夏季将挡风装置撤除，以利于通风。寒冷地区也可在北面及两侧设有门窗，冬季关上，夏季打开。

（三）按牛床列数分类

1. 单列式

适于小型肉牛养殖场，通风性能好，便于防疫。但占地面积相对于双列式要大，且不利于机械化操作。

2. 双列式

可节省建筑费用，也便于机械化操作，适宜于大型肉牛场、育肥牛舍、成母牛舍等，但同样情况下，通风性能不及单列式，也不便于预防传染病的传播。

（四）按牛生理阶段分类

根据牛生理阶段又可分为成年母牛舍、产房、犊牛舍、育成牛舍、育肥牛舍等。

二、肉牛舍的设计与建筑

（一）设计原则

①据各地区全年的气温变化和牛的品种、用途、性别、年龄确定。
②因陋就简，就地取材，经济实用。
③符合兽医卫生要求。
④舍内干燥、保温，地面不透水、防滑。
⑤供水充足，污水及粪尿能排净，舍内清洁卫生。
⑥要有一定数量和大小的窗户，保证阳光能射入。

（二）肉牛舍的外观设计

1. 高度

以屋檐高计算，一般为 3.5 ～ 4.5m，北方应低，南方应高，如果为半钟楼式屋顶，后檐比前檐高 0.5m。

2. 跨度

跨度与牛舍性质、牛床列数以及是否带卧床等有关，成年牛双列式为 12.00 ～ 27.00m，架子牛双列式为 10 ～ 12m，单列式产房 5.50 ～ 6.80m。

3. 长度

牛舍长度根据牛场规模、劳动定额、饲养员工作量等多方面考虑，一般每栋牛舍以饲养 60 ～ 100 头为宜。当不考虑牛舍内的其他附属建筑时，双排 100 头牛舍的长度为 43 ～ 55m。

4. 窗户

一般要求窗户面积应为墙面积的 1/4 左右，距地面 1.2 ～ 1.5m 高。

5. 门

门洞高低依墙高和是否使用移动式 TMR（全混合日粮）搅拌机而定，一般为 2.0 ～ 2.8m，宽为 1.8 ～ 2.2m。若采用移动式 TMR 搅拌车，舍门高度至少 3m，宽度至少 3m。

（三）牛舍的舍内设计

舍内建筑包括牛床、饲槽、粪尿沟、饲喂通道、清粪通道、牛栏和颈枷。

1. 牛床

成年牛牛床长 1.6 ～ 2.4m，宽 1.1 ～ 1.2m，坡度为 1% ～ 2%。架子牛牛床长 1.6 ～ 1.8m，宽 0.8 ～ 0.9m，坡度为 1% ～ 3%。产房牛床长 2.4 ～ 3.6m，宽 2.4 ～ 3.6m。

2. 饲槽

饲槽位于牛床前，通常为统槽。饲槽长度与牛床总宽相等，饲槽底平面高于牛床。饲槽需坚固表面光滑不透水，多为砖砌水泥砂浆抹面，饲槽底部平整两侧带圆弧形，以适应牛用舌采食的习性。饲槽前壁（靠牛床的一侧）以不妨碍牛的卧息，应做成一定弧度的凹形窝。也有采用无帮浅槽，把饲喂通道加高 30 ～ 40cm，前槽帮高 20 ～ 25cm（靠牛床），槽底部高出牛床 10 ～ 15cm。这种饲槽有利于饲料车运送饲料，饲喂省力。采食不“窝气”，通风好。

走道与饲槽合一，便于机械化，但牛拱饲草料过远时，需人工打扫草至牛跟前，常用于散放饲养的饲喂棚，育成牛及成年牛通用。走道与饲槽合一，但每头牛跟前砌成碗状，牛不易把草拱出，饲喂较省工。也可砌成统槽，有利于牛的竞食性，提高干物质采食量。

3. 粪尿沟

位于牛床与清粪走道之间，宽 40cm 左右，深 10 ～ 20cm，向排水降口倾斜，坡度 1.5% ～ 2%。当深度超过 20cm 时，应设漏缝沟盖，以免胆小牛不敢跨越或失足时下肢受伤。降口处设下水篦栏。

4. 饲喂通道

用于饲喂的专用通道，不使用移动式 TMR 搅拌车的饲喂通道宽度为 1.20 ～ 1.80m，采用移动式 TMR 搅拌车的饲喂通道宽度为 3.8 ～ 4.5m，贯穿牛舍中轴线。

5. 清粪通道

处于粪尿沟与牛床之间，实际上与牛床融为一体，一般应能通过农用平车或清粪机械为宜。

6. 牛栏和颈枷

牛栏位于牛床与饲槽之间，和颈枷一起用于固定牛只，正规牛栏由横杆、主立柱和分立柱组成，每两个主立柱间距离与牛床宽度相等，主立柱之间有若干分立柱，分立柱之间距离为 0.10 ～ 0.12m，颈枷两边分立柱之间距离为 0.15 ～ 0.20m。

肉牛场牛舍建筑参数因建设地条件、投资规模和气候条件等不同而异。各地肉牛场应根据实际情况灵活掌握。

（四）牛舍的建筑要求

1. 牛舍基础

包括地基和墙基，地基应为坚实的土层，具有足够的强度和稳定性，压缩性和膨胀性小，抗冲刷力强，地下水位 2m 以下，无侵蚀作用。墙基指墙埋入土层的部分，是墙的延续，墙基要坚实，牢固，防潮、防冻、防腐蚀，比墙体宽 10 ～ 15cm。

2. 墙体

用普通砖和砂浆修建，厚度为 25 ～ 37cm，要设 0.5 ～ 1.0m 的墙裙，墙根地面向外有 0.5m 的滴水板，适当向外斜。南方用 25cm 宽度墙，北方用 37cm 宽度墙。墙厚时可增加防暑防寒能力，且能以墙代柱，改善舍内外整齐度，易消毒，但造价较高。

3. 地面

舍内地面高出舍外 20 ～ 30cm，出入口采取坡道连接，不设台阶和门槛。地面有土地面、立砖地面、水泥地面、石头地面等。土地面不易清粪，不便消毒；立砖地面保温性能优于水泥，但不如水泥结实，宜作犊牛舍地面；水泥和石头地面结实耐用，便于消毒和冲洗，但保温性能差，地面有水时不防滑。成年牛舍一般常用水泥地面，用水泥地面要压上防滑纹（间距小于 10cm，纹深 0.4 ～ 0.5cm），以免滑倒，引起不必要的经济损失。

4. 屋顶

屋顶用于防雨雪、防风吹日晒，斜度应在 25° ～ 35°，下雨较多时，斜度较大，较少时，斜度偏小。肉牛舍的屋顶以隔热性能好，便于消毒，且造价低为宜。常见的有砖石券顶加短的飞檐，这种结构节省木料、造价低、隔热性能好，可起到冬暖夏凉的作用，但其跨度受砖石硬度的限制，普通砖为材料时，跨度在 5m 以内为安全，超过 5m，则要选用硬度大，抗压强度高的材料，例如耐火砖、石块等，石块必须整形后才可靠，因而石块的造价高，用耐火砖券，水泥灌缝，其跨度可 10m 以上，但必须注意安全，即严格按建筑材料力学，决定相应的屋顶弧度、厚度和相配的厩舍钢筋水泥框架及每隔 3m 的拉杆的粗细与强度。一般，跨度小的单列（单排）式牛圈采用券顶较为实际。其次比较经济的是轻质屋顶，采用钢架水泥瓦等材料，造价低，但此种屋顶隔热性能差，使得冬天室温较低，而夏天太阳易晒透，瓦内温度往往达到 50℃以上，热辐射使整个室温上升，使喜凉厌热的肉牛导致不适，甚至加剧热应激，若采用双坡不对称气楼式，则可明显增加空气的自然对流，明显降低白天的室温，到冬天时关闭气窗阻止了对流，白天透过气窗的玻璃可射入阳光，使室温提高。但单采取气楼式仍不理想，因为夏天晒透的热瓦辐射使舍内地面、牛体、工作人员所受的影响未能消除，而冬天则太阳落山后通过瓦面向外辐射热量过快，造成白天黑夜温差大。若在水泥瓦下面衬垫工程硬海绵板，板厚 3 ～ 5cm，即可得较佳效果，不过每平方米造价增加 7 ～ 10 元。采用全工程塑料弧形轻质瓦顶，或玻璃钢屋顶，可得到外观五彩缤纷，清净艳丽豪华的效果，舍内整体消毒也方便，由于这些材料半透光，可大大改善舍内光照，使白天舍内明亮，冬天舍暖明显提高，昼夜温差较小，但夏天烈日下，舍内温度偏高，这类屋顶只适合于纬度较高，夏季不热的地区。采用金字架梁，普通瓦的屋顶造价较高，其隔热性能优于水泥瓦，采用气楼式效果尚佳。钢筋水泥平顶造价最高，其优点是结实耐用，维修费用少，综合价值是适宜的，但也加衬隔热层。

三、肉牛舍辅助设施建设

肉牛场辅助性建筑有运动场、草库、饲料库、青贮窖等。肉牛场辅助性建筑须建于地势较高，排水通畅，地下水位低的地方。

（一）运动场

运动场是牛活动、休息、饮水和采食的地方。一般育肥牛不需要运动场，但繁殖用母牛、育成牛、架子牛等需有运动场。运动场的大小根据牛舍设计的养殖规模而定。此外，带犊母牛运动场一侧应设犊牛补饲栏，内设犊牛用饲槽，与母牛连接的栏高 1m，两直立栏杆之间，犊牛能顺利通过，母牛不能通过。

运动场应有一定的坡度，以利于排水，场内应平坦、坚硬，一般不硬化，或硬化一部分。场内设饮水池、补饲槽、凉棚等。

运动场的围栏高：成年牛为1.2m，犊牛为1.0m，埋入地下0.5m以上。立柱为水泥栏，间隔为2～3m，横栏为废旧钢管、木柱等，横栏间隙为0.3～0.4m。

（二）饲料饲草加工与贮存设施

1. 草库

大小根据饲养规模、粗饲料的贮存方式、日粮的精粗比、容重等确定。一般情况下，切碎玉米秸的容重为50kg/m^3，在已知容重情况下，结合饲养规模，采食量大小，做出对草库大小的粗略估计。用于贮存切碎粗饲料的草库应建的较高，为5～6m高，草库的窗户离地面也应高，至少为4m以上，用切草机切碎后直接喷入草库内，新鲜草要经过晾晒后再切碎，不然可引起草发霉。草库应设防火门，外墙上设有消防用具，其距下风向建筑物应大于50m。

2. 饲料加工间

应包括原料库、成品库、饲料加工间等。原料库的大小应能贮存肉牛场10～30d所需的各种原料，成品库可略小于原料库，库房内应宽敞、干燥、通风良好。室内地面应高出室外30～50cm，地面以水泥地面为宜，房顶要具有良好的隔热、防水性能，窗户要高，门、窗注意防鼠，整体建筑注意防火等。

3. 青贮窖池

其容积根据饲养规模和采食量而定。青贮贮备量按每头牛每天20kg计算，应满足10～12个月需要，青贮窖池按500～600kg/m^{3}设计容量。

4. 晾晒场

在夏秋季节，一些多余的天然或人工牧草、农作物秸秆，必须晒干后才可贮存。晾晒场一般由草棚和前面的晒场组成。晾晒场的地面应洁净、平坦，上面可设活动草架，便于晒制干草，草棚为棚舍式。

（三）防疫与无害化处理设施

1. 防疫设施

（1）隔离沟　在疫情严重的地区，大型育肥场周围应设隔离沟，沟宽不少于6m，沟深不少于3m，水深不少于1m，最好为有源水，以防病原微生物的传播。

（2）隔离墙　育肥场周围应设隔离墙，以控制闲杂人员随意进入生产区。一般墙高不少于3m，把生产区、办公生活区、饲料存放加工区、粪场等隔离开，避免相互干扰。

（3）消毒池及消毒室　外来车辆进入生产区必须经过消毒池，严防把病原微生物带入场内。消毒池宽度应大于一般卡车的宽度，一般为2.5m以上，长度为4～5m，深度为15cm，池沿采用15°斜坡，并设排水口。消毒室是为外来人员进入生产区消毒用的，消毒室大小根据可能的外来人员数量设置。一般为列车式串联两个小间，各5～8m^2，其中一个为消毒室，内设小型消毒池和紫外线灯。紫外线灯悬高2.5m，悬挂2盏，使每立方米功率不少于1W，另一个为更衣室。外来人员应在更衣室换上罩衣、长筒雨鞋后方可进入生产区。

（4）隔离牛舍　隔离牛舍为隔离外购牛或本场已发现的、可疑为传染病的病牛。以上两种牛应在隔离牛舍观测10～15d以上。隔离牛舍床位数计算是：存栏周期的2倍（以月计）除年均存栏数。例如计划3个月出槽，圈存牛数为200头，则隔离牛舍牛床位数为33头；若计划8个月出栏，则隔离牛舍牛床位数为13头。隔离牛舍应在生产区的下风向50m以外。

（5）道路硬化与绿化　场内主要道路应用砖石或水泥硬化，主道宽6m，岔道为3～4m，主道应承重10t以上，牛舍间、道路旁应植树、种草等，进行绿化。

2. 粪污无害化处理设施

粪污无害化处理设施主要包括堆肥场和沼气池等设施。

（1）堆肥场　堆肥场地一般应由粪便贮存池、堆肥场地以及成品堆肥存放场地等组成；采用间歇式堆肥处理时，粪便贮存池的有效体积应按至少能容纳6个月粪便产生量计算；场内应建立收集堆肥渗滤液的贮存池；应考虑防渗漏措施，不得对地下水造成污染；应配置防雨淋设施和雨水排水系统。

（2）贮存池　贮存池的位置选择应满足HJ/T 81—2001第5.2条的规定。贮存池的总有效容积应根据贮存期确定。贮存池的贮存期不得低于当地农作物生产用肥的最大间隔时间和冬季封冻期或雨季最长降雨期，一般不得小于30d的排放总量。贮存池的结构应符合GB 50069的有关规定，具有防渗漏功能，不得污染地下水。对易侵蚀的部位，应按照GB 50046的规定采取相应的防腐蚀措施。贮存池应配备防止降雨（水）进入的措施。贮存池宜配置排污泵。

（3）沼气池（站）　有条件和投资能力的肉牛场，可根据实际情况修建沼气池或沼气站。

（四）其他设施

1. 水井和水塔

水井应选在污染最少的地方，若井水已被污染，可采取过滤法去掉悬浮物，用凝结剂去掉有机物，用紫外线净水器杀灭微生物，当用氯和初生态氧杀灭微生物时，对瘤胃消化不利。水中矿物微量元素过量可采用离子交换法或吸附法除去。

水塔应建在牛场中心，较建在其他地方相比，高度可适当低些，供水效能也高。牛场用水周径 100m 时，水塔高度不低于 5m，用水周径 200m 时，水塔高度不低于 8m。水塔的容积不少于全场 12h 的用水量，高寒地区水塔应作防冻处理。也可配备相应功率的无塔送水器。供水主管道的直径由满足全场同时用水的需要而定。

2. 消音屏障

牛场选址时因条件限制，无法避开噪声源，或建场后新出现噪声源，造成生产损失时，可在迎噪声方向建立消音屏障，减弱和吸收噪声，使牛场噪声减弱至 60dB 以下。

噪声的传播基本是直线传播。音障材料分两类，一类材料是反射噪声，把大部分噪声反射回去，这类音障材料为刚性材料，只要其厚度和整体尺寸不与噪声源共振即可。由于其反射了绝大部分噪声，造成其相反方向的噪声污染，综合效果不好。反射噪声的材料有金属板、石墙、水泥墙等，砖砌建筑兼有反射和消音的双重功能，不过效果不太理想。另一类材料是吸音（消音）材料，均为柔性疏松性物品，例如海绵、纤维板（低密度板）、软木板、草帘、加气砖、矿渣砖等。其中海绵效果最佳，5cm 厚即达到消音效果，但由于海绵刚性差，须用刚性材料作骨架制作。用加气砖砌成隔音墙时，体积较大。简易消音屏障可用秸秆、树枝制作。

绿化带作音障时，必须兼用乔木和灌木，灌木的顶端与乔木的树干高度相似或高于乔木的树干，种植多排乔木和灌木时，一行乔木，一行，灌木，错落有致，既可隔离噪声，还可防治环境污染，调节牛场小气候。

用建筑物等做音障时，要根据噪声源高度、周围建筑物高度等确定音障建筑物的尺寸大小。

第三节 牛场的环境控制

牛舍的环境控制首先要按照国家环保总局发布的《畜禽养殖业污染排放标准》《畜禽养殖业污染防治技术规范》和《畜禽养殖业污染防治管理办法》，对各种废弃物排放进行控制，并应采用各种有效措施，进行多层次、多环节综合治理，变废为宝，化害为利，保护生态环境。

一、牛场的废弃物及清除

（一）废弃物及危害

近年来，随着养牛业集约化、专业化、规模化快速发展的同时，由于牛代谢旺盛，采食量大，也随之产生大量废弃物，主要有粪尿、牛舍和挤奶厅的冲洗污水及有害气体等恶臭物质，如果不能对其进行及时有效的处理，将会成为严重的污染源，对牛场周边环境造成严重的污染，并会危及牲畜和人体的健康。

1. 污染土壤和水

牛场是用水大户，同时也是产污大户，牛场对水体污染的主要来源是牛粪尿、牛场冲洗及挤奶厅冲洗等所产生的污水。牛养殖污水中含有大量的有机质和氮、磷、钾等养分，污水的生化指标极高。牛粪污中的大量有机质和氮、磷等养分若进入到水体中，可为藻类和其他水生生物的生长繁殖提供物质条件，极易造成水体的富营养化，进而减少地表水中溶解氧的含量，使水中氨、氮含量增加。

牛粪便中含有大量的氮、磷和有机质，是一种良好的有机肥，一般应用到农田中供作物生长利用。土壤一般对粪便中的养分有较好的吸收能力和缓慢的释放能力，但是如果过量施用粪肥就会使土壤的续存能力迅速减弱，导致残留在土壤中的氮和磷渗入地下，促使地下水中的硝酸盐、亚硝酸盐和磷酸盐浓度升高，造成地下水源的污染。

牛粪便、污水中含有大量的钠盐、钾盐如果直接施用于农田，过量的钠和钾离子会通过反聚作用造成土壤微孔减少、土壤孔隙阻塞，使土壤因透气性和透水性下降而造成板结，破坏土壤的结构，严重影响土壤质量。

2. 传播人畜共患疾病，危害人类健康

牛粪便中含有大量源自动物肠道中的病原微生物、致病寄生虫卵等，且极易滋生大量蝇蛆、蚊虫及其他昆虫，大量增加环境中病原微生物的种类和数量，促使病原微生物和寄生虫的大量繁殖，造成人和畜禽传染病的蔓延，甚至引发公共健康问题。

3. 其他影响

牛的饲料中含有部分铜、铁、锌、锰、铅、铬、砷等重金属元素添加剂，这些饲料添加剂并不能完全被牛体吸收利用，有很大部分会随粪便排出体外进而对周边环境造成污染。

（二）牛粪尿的清除

牛场粪尿及污水量大，处理难度大。根据我国目前的状况，采用减量和固液分离处理粪尿及污水是养牛场合理利用资源和保护环境的基础。粪尿的清除工艺又直接影响着减量和固液分离。现仅介绍如下两种常用工艺。

1. 机械清除工艺

当粪便与垫草混合或粪尿分离，呈半干状态时，常采用此法，属于干清粪。清粪机械包括人力小推车、地上轨道车、单轨吊罐、牵引刮板、电动或机动铲车等。

采用机械清粪时，为使粪与尿液及生产污水分离，通常在牛舍中设置污水排出系统，液态物经排水系统流入粪水池贮存，而固形物则借助人或机械直接用运载工具运至堆放场。这种排水系统一般由排尿沟、降口、地下排出管及粪水池组成。为便于尿水顺利流走，牛舍的地面应稍向排尿沟倾斜。

（1）排尿沟　排尿沟用于接收牛舍地面流来的粪尿和污水，一般设在栏舍的后端，紧接除粪道，排尿沟必须不透水，且能保证尿水顺利排走。排尿沟的形式一般为方形或半圆形，排尿沟向降口处要有 1% ～ 1.5% 的坡度，但在降口处的深度不可过大，一般要求牛舍不大于 15cm。

（2）降口　通称水漏，是排尿沟与地下管道的衔接部位。为了防止粪草落入堵塞，上面应有铁网子，在降口下部，地下排出管口以下，应形成一个深入地下的伸延部，这个伸延部谓之沉淀井，用以使粪水中的固形物沉淀，防止管道堵塞。在降口中可设水封，用以阻止粪水池中的臭气经由地下排出管进入舍内。

（3）地下排出管　与排尿管呈垂直方向，用于将由降口流下来的尿及污水导入牛舍外的粪水池中。因此需向粪水池有 3% ～ 5% 的坡度。在寒冷地区，对地下排出管的舍外部分需采取防冻措施，以免管中污液冻结，如果地下排出管自牛舍外墙至粪水池的距离大于5m时，应在墙外设一检查井，以便在管道堵截时进行检查、疏通。

（4）粪水池　应设在舍外地势较低的地方，且应在运动场相反的一侧，距牛舍外墙不少于5m，须用不透水的材料做成，粪水池的容积和数量根据舍内牛的头数、舍饲期长短与粪水贮放时间来确定。粪水池如长期不掏，则要求较大的容积，很不经济。故一般按贮积20～30d、容积20～30m^3来修建；另外，粪水池一定要远离饮水井，两者距离至少100m以上。

2. 水冲清除工艺

这种方法多在不使用垫草或应用漏缝地面的牛舍中使用。优点是：省工省时、效率高。缺点是：漏缝地面以下不便消毒，疾病宜在舍内传播；土建工程复杂；投资大、耗水多、粪水储存、管理、处理工艺复杂；粪水的处理、利用困难；易于造成环境污染。此外，采用漏缝地面、水冲清粪易导致舍内空气湿度升高、地面卫生状况恶化，有时出现恶臭、冷风倒灌现象，甚至造成各舍之间空气串通。目前国内应用得很少。

（三）固液分离

固液分离是处理牛粪尿及污水的关键环节。它既可对固态的有机物再生利用，制成肥料，又可减少污水中的有机悬浮物等，便于污水进一步处理和排放。固液分离是采用机械法将牛粪尿或污水中的固体与液体部分分开，然后分别对分离物质加以利用的方法。例如，采用水冲式清粪工艺的奶牛场废水中含有大量的固体悬浮物，通过固液分离机（包括搅拌机、污物泵、分离主机、压榨机和清水泵等）分离，以减少污水处理的压力。目前，出于环境与经济的双重考虑，国外尤其是欧洲一些国家倾向于采用固液分离技术对养牛场废弃物进行处理，然后将液体部分注入沼气池内发酵后施于农田土壤中作为肥料，固体部分堆肥后施于农田。

二、废弃物的净化与利用

（一）牛粪尿的处理与利用

1. 自然发酵，直接肥田

对远离城镇的郊区，饲养规模小、牛粪便少的地区，可掺拌部分垫料、杂草，让粪便在贮粪池中自然腐熟、发酵；也可以堆在闲置的土地上，粪堆外用稀泥封严，进行厌氧发酵。经自然发酵的粪堆，堆内温度保持在40℃以下不再升温时，说明已基本腐熟。此法生产效率低，占用土地多，产生臭气多，只适合小规模养牛场采用。

2. 好氧堆肥，生产有机肥

对规模化牛场，粪便以固形物为主，经好氧堆肥并进行无害化处理后，直接还田利用。常用的堆肥方式如下。

（1）静态堆沤　将粪便掺拌部分垫料等辅料，使孔隙率达到30%左右，先在粪堆底部安装带有空隙的管道，管道另一头与风机相连。管道安装好以后，直接堆粪，粪堆高1～2m。堆肥发酵过程中，风机开通，直接给粪堆供氧进行好氧发酵，不用翻抛，一般4周后发酵成功。此法运行成本低、发酵周期长、堆沤粪肥质量不稳定，在农村分散性、集约化养牛场可以应用。

（2）条垛式堆肥　将牛粪便、堆肥辅料、菌种按照适当的比例混合均匀，将混合物料在土质或水泥地面上堆制成长度不限、高度1.0～1.5m的长条形堆垛，2～3d翻垛一次进行好氧发酵，温度超过70℃时增加翻垛次数。该法投资小，但占地面积大，粪堆发酵和腐熟慢，周期30d以上，翻垛不及时会因厌氧发酵产生大量臭气。适用于中小规模养牛场粪便处理。

（3）槽式堆肥　在密闭式发酵车间内，将按比例混合好的牛堆料混合物放在长槽式发酵槽中，借助翻抛机的往复运动不断搅拌，实现粪堆的好氧发酵和快速腐熟。一般槽高5～8m，深1.2～1.5m，长60～90m，每天翻抛1～2次，发酵15d左右即可。槽式堆肥处理粪便量大、发酵周期短，但成本较高，适用于大型规模化养牛场粪便处理。

值得注意的是，无论是厌氧发酵堆肥还是好氧发酵处理，都要根据排放去向或利用方式执行相应的标准规范。对配套粪污处理所使用土地充足的养殖场户，经无害化处理后进行还田利用的要求及限量，应符合《畜禽粪便无害化处理技术规范》（GB/T 36195）、《畜禽粪便还田技术规范》（GB/T 25246）。

（二）污水减排技术

1. 直接还田利用

采用水泡粪收集猪粪的养殖场，贮粪池内的污水、尿液通过物理沉淀和自然发酵，沉淀出的水供周边农田、果园浇地，池底沉淀出的粪污可作为有机肥直接使用肥田，也可以和固体粪便一起使用。操作方法简单，投资小，但对粪污处理不彻底，劳动强度大，需要较多的农田消纳。集约化小型猪场可使用。

2. 厌氧发酵

采用筛分收集的污水、尿液直接进入厌氧池发酵。发酵后，沼气直接被利用，沼液还田，滴灌、渗灌或叶面施肥，沼渣可还田也可用于制造有机肥。这种污水减排方法实现了“养—沼—种”的循环利用，投资小，运行费用低，但需要有与饲养规模配套、容积足够大的贮粪池贮存沼液。适合常年气温较高地区的中小规模化猪场使用。

3. 厌氧 – 好氧处理

污水、尿液先经厌氧发酵，处理后的污、尿液再经好氧及自然处理系统处理，符合国家和地方排放标准后，即可达标排放或作为农田灌溉用水使用。该法处理效果好，可应用于各个地区的各种养殖场；但所用设备多、投资大，小规模养殖场难以承受。

（三）粪便沼气处理后沼渣和沼液的利用

沼气工程是以养殖场粪污为原料，以生产沼气和处理畜禽粪污为目的，实现畜禽养殖业生态良性循环的一项工程技术。这项技术的主体是通过厌氧发酵降低粪污中有机质，并获取干净能源沼气，并直接用于生活用能。在处理粪污、制备沼气的过程中，会同时生产出沼渣和沼液，要科学利用。

1. 沼渣的利用

畜禽粪污在发酵生产沼气后的剩余固形物就是沼渣。其中包括未完全分解的畜禽粪便、微生物菌体及辅料，含有丰富的腐殖酸、蛋白质、氮、钾等有机和无机营养成分，可改良土壤。

（1）用作肥料，改良土壤　沼渣中含有丰富的有机质和腐殖质，施入土壤后，有利于微生物活动，改善土壤团粒结构和理化性质，可松土、培土、改土。更重要的是，沼渣中没有硝酸盐，是公认的生产有机蔬菜、无公害绿色农产品的优质肥料。用沼渣做基肥，可改善土壤肥力，防止养分流失；可直接开沟挖穴，用作追肥；还可与碳酸氢铵、过磷酸钙堆沤，提高肥效。

（2）配制营养土　多种花卉、蔬菜、特种农作物在育苗时都要用到营养土，其营养要求条件高，自然土壤难以达到要求，而使用腐熟度好、质地细腻的沼渣与肥沃的大田土按 1∶3 比例掺拌配制而成的土壤，能很好地满足这些植物育苗对营养土的要求，而且还能预防枯萎病、立枯病和多种地下害虫等病虫害，起到壮苗作用。

（3）做人工基质栽培食用菌　畜禽粪便在正常生产沼气后剩下的沼渣，不仅含有丰富的植物生长所需要的营养，而且质地松软、酸碱度适中，是栽培食用菌的优质基质。正常生产沼气后，挖取滞留在沼气池内 3 个月以上、没有粪臭味的沼渣（注意不要挖取池底的沼渣，以免带入寄生虫卵），每500kg沼渣中加入粉碎的稻草或麦秸150kg、棉籽壳1.5kg、石膏6kg、石灰2.5kg，掺拌均匀后，直接栽培蘑菇。

（4）牛场垫料　正常生产沼气后，沼渣晒干，直接当作牛床、运动场的铺设垫料，可增加牛的舒适度。

2. 沼液的利用

沼液是经过畜禽粪污经厌氧发酵后的残留的液体，含有大量的氮、磷、钾等无机营养成分和氨基酸、维生素、水解酶等有机物，属高浓度有机废水，需经一定处理后方可利用，如果直接排放会造成二次环境污染。

（1）沼液肥用　沼液是很好的液体肥料，大田作物、蔬菜、果树、牧草等的种植均可用沼液进行浇灌、滴灌、渗灌和叶面喷施。作为液态速效肥料，给农作物、果树等追施也具有不错的效果。

（2）沼液浸种　沼液中含有很多生物活性物质和某些植物激素，可刺激、活化植物种子内部营养，促进细胞分裂，并能消除种子自身携带的病原体和细菌。使用沼液浸种，发芽整齐、苗壮，长势旺，抗逆性强。

（3）叶面喷施　畜禽粪污在沼气池内经长时间的厌氧发酵，或产生大量铜、铁、锌、锰等微量元素以及多种生物活性物质，而这些微生物厌氧发酵的产物都能被植株快速吸收，为作物提供营养，并抑制或杀死某些有害病菌和虫卵，具有很好的植保效果。

第二部分

肉羊优质高效养殖技术

第一章　肉羊高效繁殖技术

第一节　羊的生殖生理

一、性成熟和体成熟

羊生长发育到一定的年龄，生殖器官已基本发育完全，具备了繁殖的能力，这个时期叫作性成熟。具体表现就是公羊开始具有正常的性行为，母羊开始出现正常的发情并排出卵子。羊到了性成熟时期才具备生殖能力。但是性成熟时并不意味着可以配种，这一时期山羊为 3 ～ 5 月龄，公母羊还没有达到体成熟，如果早配种，一方面阻碍了其本身的生长发育，另一方面生育能力较低，严重影响了后代的体质和生产性能。

羊性成熟后，羊本身的正常发育仍在继续进行，经过一段时间之后，才能达到体成熟，才具备了成年羊所应有的形态和结构。一般在 5 ～ 8 月龄就达到了体成熟，作为良种后代的波尔山羊与本地羊杂交一代，性成熟和体成熟都很迟，6 月龄左右出现性行为，体成熟在 10 月龄左右，为此在羊的体成熟时就应该适时配种，以提高羊的生产力和养羊的经济效益。

二、发情与发情周期

母羊达到性成熟年龄时，卵巢出现周期性排卵现象，随着每次排卵，生殖器官也发生了周期性的系列变化，周而复始地循环，直至性衰退。我们通常把母羊有性行为的初期称发情，把 2 次排卵之间的时间，整个机体和生殖器官发生的复杂生理过程，称发情周期。绵羊的发情周期是 14 ～ 29d，平均为 17d，山羊的发情周期为 18 ～ 21d，平均为 20d。根据母羊发情生理上的变化，将发情周期分为以下四段。

1. 发情前期

卵巢内的黄体萎缩，新卵泡开始发育，但还小，此时母羊没有性欲表现。阴道检查，子宫颈口不完全开张，几乎无分泌物。

2. 发情期

也是母羊发情鉴定、适时配种的一个主要时期。母羊开始出现强烈的性兴奋，卵巢上卵泡发育加快直至成熟、排卵。阴道检查；阴唇肿胀、充血潮红，腺体分泌加强，子宫颈口完全开张，充满黏液，其颜色清而亮，并从阴道排出。此时母羊表现为极度兴奋，情绪不安，不断地哞叫、爬墙、顶门或站立不停地摆动尾巴，手压臀部摆尾更凶，吃草、喝水、反刍明显减少，喜欢接近公羊，接受爬跨，同时也爬跨其他羊只。总之，母羊的发情表现可归纳为四句话：食欲不振精神欢，公羊爬跨不动弹，叫唤摆尾外阴红，分泌黏液稀变黏。以上表现随着卵子的排出，由弱到强，由强到弱，此时输精员应掌握好时期，及时、适时地进行配种。绵羊发情持续期一般 30 ～ 40h，山羊 24 ～ 28h。

3. 发情后期

这时排卵后的卵泡内黄体开始形成，发情期间生殖道发生的一系列变化逐渐消失，恢复原状，性欲明显减退。阴道口检查：子宫颈口收缩，周围黏液呈黄色且量少。

4. 休情期

发情过后到下一情期到来之前的一段时间，母羊精神状态正常。

三、妊娠期

羊的妊娠期是 147 ～ 153d，平均 150d。正常情况下，每羊配种怀孕后，食欲增加，增膘较快，比较温顺，1 个月后阴户干燥收缩。然后计算好预产期，以便提前做好接羔的准备工作。

预产期的推算：配种月份加 5，日期减 4 或 2（妊娠期经过 2 月）。母羊自发情接受输精或交配后，精卵结合形成胚胎开始到发育成熟的胎儿出生为止，胚胎在母体内发育的整个时期为妊娠期。妊娠期间，母羊的全身状态特别是生殖器官相应地发生一些生理变化。母羊的妊娠期长短因品种、营养及单双羔因素有所变化、一般山羊妊娠期略长于绵羊。山羊妊娠期正常范围为 142 ～ 161d，平均为 152d；绵羊妊娠期正常范围为 146 ～ 157d，平均为 150d。

（一）妊娠母羊的体况变化

①食欲妊娠母羊新陈代谢旺盛，食欲增强，消化能力提高。

②体重因胎儿的生长和母体自身重量的增加，怀孕母羊体重明显上升。

③体况怀孕前期因代谢旺盛、妊娠母羊营养状况改善，表现毛色光润、膘肥体壮；怀孕后期则因胎儿急剧生长消耗母体营养，如饲养管理较差时，妊娠母畜则表现瘦弱。

（二）妊娠母羊生殖器官的变化

①卵巢母羊怀孕后，黄体在卵巢中持续存在，促使发情周期中断。

②子宫妊娠母羊子宫逐渐膨大生长和扩展，以适应胎儿的生长发育。

③外生殖器怀孕初期阴门紧闭，阴唇收缩，阴道黏膜颜色苍白。随妊娠的进展，阴唇表现水肿，其水肿程度逐渐增加。

④妊娠期母羊体内生殖激素的变化母羊怀孕后，首先是内分泌系统协调孕激素的平衡，以维持正常的妊娠。妊娠期间，几种主要孕激素的变化和功能如下。

a. 孕酮　是卵泡在促黄体素作用下导致排卵，在破裂卵泡处生成黄体，而后受生乳素的刺激释放的一种生殖激素，又称黄体酮。孕酮与雌激素协同发挥作用，是维持妊娠所必需的。

b. 雌激素　由卵巢释放，继而进入血液。通过血液中雌激素和孕酮的浓度来控制脑下垂体前叶分泌促卵泡激素和促黄体素的水平，控制发情和排卵。雌激素也是维持妊娠所必需的。

四、羊的繁殖生理特点

（一）初配年龄

性成熟是指羔羊出生后，随日龄增长，性器官已发育成熟，公羔有性行为，母羔有发情表现，此时令其配种即能受孕并产生后代。小尾寒羊的性成熟年龄为 5 ～ 7 月龄。小尾寒羊达到性成熟年龄并不等于身体各部分发育成熟，如果此时进行配种产羔，对交配公、母羊的发育和后代品质都有不良影响。因此，第一次配种繁殖年龄什么时候比较合适，应根据交配公母羊的发育状况决定。如果饲养管理条件好，羊只生长发育和健康状况不错，配种时母羊体重达到成年母羊秋季最高体重的 70% 以上时，进行配种繁殖效果比较理想。

（二）发情与排卵

发情为母羊在性成熟以后所表现出来的一种周期性的生理变化现象。母羊发情后，有以下一些表现特征。

1. 性欲

性欲是母羊愿意接受公羊交配的一种表现。母羊发情时，一般不拒绝公羊接近或爬跨，或主动接近公羊并接受公羊的爬跨交配。在发情初期，性欲表现不很明显，以后逐渐显著。排卵以后，性欲逐渐减弱，到性欲结束后，母羊则拒绝公羊接近或爬跨。

2. 性兴奋

母羊发情时，精神状况发生变化，表现为兴奋不安，鸣叫、摇尾，行为表现异常，采食下降。

3. 生殖道变化

外阴部充血肿大，柔软而松弛，阴道黏膜充血发红，子宫颈也充血，发情初期有少量分泌物，中期黏液较多，后期分泌物黏稠。小尾寒羊发情持续期为 30h。

4. 排卵

排卵是指从卵泡中排出卵子，一般都在发情后期。排卵时间在发情开始后 12 ～ 26h 内。小尾寒羊在一个发情期中一般排卵 1 ～ 4 个，多的可达 10 个。

（三）配种季节

多数羊种发情的季节在春秋两季，也有常年发情的。小尾寒羊是全年发情，一年可产 2 胎或 2 年 3 胎。公羊没有明显的配种季节，但精液的产生及其特征的季节变化是很明显的。公羊的精液质量，一般是秋季最好，而春夏两季质量往往下降。

一年中具体配种时间的确定，应根据计划的产羔次数和产羔时间而定。若要 1—2 月产羔，就要上年的 8—9 月配种；若要 3—4 月产羔，就应上年的 10—11 月配种。

适宜的配种季节：春季的 4 月末至 5 月、秋季的 10 月末至 11 月是最适宜的配种季节，这样产羔的时间分别为 9 月末和 10 月以及翌年的 2 月末及 3 月，既避开了炎热的季节配种，又不在严冬季节产羔；既提高了受胎率，又能提高成活率。

第二节　羊的配种时机与方法

一、配种时机

母羊发情持续期 2d 左右，但个体间差异较大。初次发情时间较短，随着年龄的增加而增加，但老母羊又变短，范围为 8 ～ 60h。排卵一般是在发情结束前后的几小时。成熟的卵在输卵管中存活的时间为 4 ～ 8h。公羊的精子在母羊的生殖道内受精作用最旺盛的时间为 24h 左右。为了使精子和卵子得到充分结合的机会，最好在排卵前数小时内交配，比较适宜的时机是发情中期，但是实际上很难做到，因此发情期内多次交配。由于发情周期是在 10 ～ 29d，如果一个月内（一般 17d 左右）不再发情，基本确定已受胎，受胎羊除极个别外不再发情。

二、配种方法

（一）本交

本交也叫自然交配，是指在繁殖季节，将公羊和母羊混群饲养，实行自然交配。公母的比例在 1:（30 ～ 40）。本交节省人力，受胎率高，但是要养殖一定数量的公羊，增加养殖成本。优质公羊的利用率低，没办法进行选配，不知道后代的血缘。同时由于公母混群饲养造成公羊精力消耗大，不利于公羊管理。另外自由交配不能推算预产期，给繁殖管理带来一定的困难。

（二）人工辅助交配

用人工辅助的办法进行交配，是提高受胎率的很好办法。这种方法不仅提高了成功率，也可确定预产期。这种交配方法，在发情征状不明显的情况下不易掌握交配时间，解决的办法有三条：一是注意观察母羊的发情表现，特别是察看外阴唇是否有黏膜红肿，如确有发情的母羊可进行交配：二是在舍饲和放牧过程中，有母羊接近公羊或公羊追逐母羊等表现时及时交配；三是在公母羊分群饲养的情况下，早晚和放牧前后，有意把公羊放出进行试情，如有发情羊及时交配。

（三）人工授精

人工授精是将公羊的精液用假阴道采出后，经过稀释再输入母羊的生殖道内，使母羊受胎的一种方法。

人工授精的方法有以下几个优点：一是增加了公羊交配母羊的数量，进而提高了优良种公羊的利用率，一般情况下，每只公羊每年只能配母羊 40 ～ 70 只，而采用人工授精时，每只公羊每年可配母羊 700 ～ 1500 只；二是可以提高母羊的受胎率；三是通过检查公羊的精液，可以避免精液品质不良而造成的不育；四是可以节省饲养种公羊的费用；五是可以避免在交配时，由因母羊直接接触可能传播的各种疾病。

人工授精以人为的方法采集公羊的精液，经过精子品质检查和处理，再通过器械将精液注入母羊生殖道内，达到授精的目的。人工授精不仅大大提高了公羊利用率，而且非常适合生产和品种的选育和培育。其过程和操作规范如下。

1. 采精

采精为人工授精的第一个步骤。用于公羊采精的假阴道与牛相比除大小不同外，其他都相似。羊的假阴道比较小，采精温度和采精技术与牛相同，但公羊向前一冲的动作不像公牛来势那样猛，但爬跨迅速，采精员应敏捷配合公羊的动作。公羊每次射出精子数为 20 亿～ 30 亿个，因此，在配种季节（9—10 月），可适当增加采精次数。

2. 精液的稀释

常用的稀释液有以下几种。①牛奶或羊奶稀释液。新鲜牛奶或羊奶用数层纱布过滤，煮沸消毒 10 ～ 15min，冷却至室温，除去奶皮即可。这种稀释液容易配制，使用方便，效果良好。一般稀释 2 ～ 4 倍。② 0.89% 氯化钠（生理盐水）稀释液。这种稀释简便易行，但只能即时输精用，不能做保存和运输用，稀释倍数为 1 ～ 2 倍。精液采出后应尽快稀释，稀释液必须是新鲜的，其温度和精液温度保持一致，在 20 ～ 25℃室温和无菌条件下进行操作。稀释液应沿集精杯瓶壁缓缓注入，用细玻璃棒轻轻搅匀。稀释精液时，要注意防止精子受到冲击、温度骤变和其他有害因素的影响。

精液稀释的倍数应根据精子密度决定，通常是在显微镜检查下为“密”的精液才能稀释，稀释后的精液每次输精量（0.1mL）应保证有效精子数在 7500 万个以上，密度不高的精液不能稀释。稀释后的精液输精前应再次进行品质检查。

3. 冻精的解冻

建议羊冻精解冻温度在 35 ～ 38℃，这个温度范围可以保证快速解冻，但要防止水温过热。在解冻之后，须采取措施防止精液冷却到低于 30℃，直到输精完毕。山羊精液对冷休克比牛精液要敏感得多，冷休克导致精子更易渗漏，出现“渗漏”膜弯曲或卷尾而造成不可逆转的损害。

4. 输精程序

①将器械集中到现场。紧靠操作区工作台并将器械放置于台上，检查开膣器有无裂缝或缺口。

②保定母羊。一种方法是让母羊站在架子内，输精员在母羊左边，左膝置于母羊后的躯肋下，提起母羊后腿将其放在左大腿上。这样两只手便可自由地操作，但可能不太舒服。另一种效果相同的方法，是用一大捆干草代替人的腿，提起架子中母羊的后腿，将干草捆放在其身下。草捆应尽量放在后面一些，这样，当它跨在草捆上时臀部的位置才较为合适。这两种方法都因对母羊腹部挤压，而有造成生殖道压缩的弊病。法国人广泛采用一种既能克服这个弊端，又容易找到子宫颈的技术，即人背靠墙站立，面对着母羊，用大腿夹住母羊颈部，抓起母羊大腿，使其背线对着人的胸部，用前腿站立，以背靠墙的姿势不用多大气力就可抓稳羊，母羊一般不会反抗。

③准备插入开膣器。用消毒药液擦净母羊的外阴部和尾巴，给开膣器末端和外阴部涂上无菌润滑油。

④插入开膣器。按照母羊尻部的倾斜度，缓慢地将开膣器插入母羊体内，使其达到阴道末端。

⑤确定子宫颈位置。可用小手电筒照明进行观察。子宫颈位于阴道底部，稍向外突出，看起来呈深红色阴影或小孔，就像极小的唇状物。如有黏液妨碍观察，应用吸管吸去。

⑥观察子宫颈和黏液。如果子宫颈紧闭而干燥，说明母羊尚未发情。黏液如果是清澈的，应延期授精，取出开膣器。

⑦解冻精液并准备好输精器具。如使用细管，可用双手迅速摩擦使输精枪变热。将细管枪上的活塞拉回 12.7 ～ 17.8cm，插入细管，棉花封口端朝向前，切下细管尖使切口整齐。套上细管套并扭紧“0”环。

⑧重复步骤①～⑤，把输精器尖端插入子宫颈外口。

⑨缓慢地旋转移动，把输精器插入子宫颈。

插入深度。将第二根同长度的吸管或吸管套插到子宫颈口，测量两根吸管的长度差异，子宫颈通常为 3cm 左右长，如插入深度比这个大，则应退回到子宫颈内。要缓慢、稳稳地注入精液，至少需要 5s。移出开膣器，然后取出授精器，按摩一会儿阴蒂。

5. 人工授精技术及注意事项

①人工授精所需的器械和药品。在人工授精前，凡是采精、输精及与精液接触的一切器械、用具都必须彻底清洗、充分消毒后存放在瓷盘内，用消毒过的纱布盖好待用。

a. 消毒方法：火焰消毒，主要是对金属器皿；煮沸和蒸汽消毒，主要对润滑剂、稀释液等。

b. 采精用品：假阴道外壳、内胎、气嘴、胶塞、集精杯、白凡士林、采精架等。

c. 化验用品；显微镜、pH 试纸、盖玻片、载玻片等。

d. 稀释用品；0.9% 氯化钠溶液、柠檬酸三钠、庆大霉素等。

e. 输精用品；玻璃或金属输精器、保温箱、开膣器、电筒等。

视野中有 60% 精子直线运动的记作“0.6”，有 70% 直线运动的计作“0.7”，羊的鲜精活力一般在 0.6 ～ 0.8。pH 值正常的在 6.4 ～ 6.6。畸形率是畸形精子占全体精子的百分比，畸形精子的形态有大头、小头、双头，中段膨大、纤细，曲折，双层，卷尾，断尾等。

精液的稀释。稀释液有：a. 鲜牛奶煮沸 15min 去掉上面的一层油膜；b.0.9% 氯化钠溶液；c.2.9% 的柠檬酸钠溶液。羊的鲜精稀释一般在 2 ～ 3 倍，但用 0.9% 氯化钠溶液稀释不可超过 2 倍。稀释后马上输精。稀释后精液量为 2 ～ 4 套升，可授精 20 ～ 40 只母羊。

②输精操作。

a. 输精方法和部位：采用阴道开膣器法（或内窥镜法）。先将阴道开膣器（或内窥镜）均匀涂抹好消毒过的润滑剂，再用它慢慢插入阴道并打开，将装有精液的输精枪枪头插入开张的羊子宫颈 1 ～ 2cm 深，缓慢推动推杆，使精液缓慢通过子宫颈进入子宫。输精结束后使羊仍保持倒立姿势 3 ～ 5min 即可。

b. 输精时间：适时输精是保证受胎率高的重要因素。合适的时输精时间应选择在接近母羊排卵前的 0 ～ 12h 内，即出现发情征兆的 12h 左右。一般上午母羊发情，晚上输精；晚上发情。第二天上午输精。

c. 输精次数：在同样精液质量和排卵前同一时间内输精的情况下，只要掌握母羊排卵规律，适时输精，一个情期输精两次和输精一次受胎率差异不显著。所以，一个情期一次适时输精、即可怀孕受胎，这样可节省人力、物力，又可减少对母羊子宫的刺激。

d. 输精标准：建议每头羊输 0.25 ～ 0.5mL 精液，其有效精子数≥ 3500 万个。

③绵羊人工授精应注意的问题。羊的人工授精是一项细致的技术性工作，

如操作不当，会导致精子质量下降，从而引起受配率降低。

a. 清洁卫生：采精时，假阴道的消毒很重要，要保证其无菌操作，先用冷开水洗净晾干后，用95%的酒精消毒，至酒精挥发无味时，再用0.9%的生理盐水擦拭晾干备用。集精瓶的消毒亦用同样的方法。公羊腹部（即阴茎伸出处）的毛必须剪干净，防止羊毛掉入精液内：包皮洗净消毒。环境要求卫生，不允许有尘土飞扬的现象，防止污物、尘埃进入精液而降低精液质量。所有与精子接触的器械绝对禁止带水。发现有水时，可用生理盐水冲洗2次以上再用。输精枪用后应及时用清水冲洗，并用蒸馏水冲1～2次；需连续使用同一支输精枪时，每输完一只羊，应用酒精消毒，并用生理盐水冲洗2次后再用。

b. 采精过程中要注意的问题：假阴道内的温度应在45℃左右，不宜太高或太低；手握阴茎的力度要合适，松紧有度。太轻易滑掉、太重则压迫阴茎而不射精。假阴道应置于水平斜向上30°～45°的角度，绝不能向下倾斜，否则射精不多或不射精，要求位置正确，技术到位。整个过程应镇静自若，细心慢慢地进行。在采精的过程中，不允许大声喧闹，不允许太多的人围观，评头论足，使绵羊感受环境压抑而不进入工作状态。绝不允许吸烟，因为烟雾对精子有杀害作用。不能烦躁，对公羊拳打脚踢、棍棒交加。

c. 合理利用公羊：对公羊要补足精料，加强营养。公羊的采精一般限制在每天1次，如果一天采2次则应隔天再采，每周采精不超过5次。如果次数过多，会造成公羊身体力衰，精子活力降低，甚至造成不射精的现象。采精期间，必须给公羊加精料以补充营养，精料每天1～1.5kg。这期间，公羊应加强运动，让其有充沛的体力。

d. 配种母羊管理：配种应做好记录，按输精先后组群、准确判断母羊发情是保证受胎率的关键，建议最好用试情公羊法作发情鉴定。在温度较低的季节输精时，输精枪在装精液时温度不宜过低，以防止精子冷休克。

第三节　羊的选育方法

一、选种

（一）选种的目的

选种也叫选择，就是选好的种羊。按照自定的标准从群体中选择优秀的个体。“一粒种子可以改变世界”“公羊好好一坡，母羊好好一窝”，都是在反映公羊在羊群中的重要地位。选择了好的公羊不仅能生产优良的后代，也会给养羊带来好的经济效益。选种就是把优良基因不断地延续，改变原有群体的缺点，进而培育出生产能力强的群体。选种是养羊业重要的环节。

（二）选种方法

公羊的选种方法一般有四种。

1. 个体表型选种

就是根据羊的个体品质和性能来选择，主要通过看、查、测等方法。“看”主要是看羊的外部特征，要选择体型匀称、体况健康、没有缺陷、被毛颜色符合品种的特征、母羊乳房正常、公羊没有单睾和隐睾等。“查”是查羊的档案和历史资料，主要了解羊的年龄、初生重、繁殖能力、生产能力（产毛、产奶、日增重等）。“测”是测定羊的体重、身体各部的数量指标、毛的长度等。

2. 系谱选种

系谱记载了祖先的各项性能、血统等。选择时要重点看生产性能和性状的遗传稳定性和趋势，是代代增强还是减退，尤其是看上三代基因的稳定性。要选择遗传稳定、优点代代增加的个体。系谱也是将来选配的依据，因此在引进种羊的时候，要索取系谱资料。

3. 个体半同胞选种

就是通过查看被选羊同父异母的半同胞的表现性状来选种。由于优秀的公羊为了加大利用率，采用人工授精的较多，因此种羊的半同胞数量增加，很容易获取资料，同时这些数据更有代表性和比较性，是实用而且方便的选种方法。

4. 后代测定品质选种

是通过对被选羊的后代测定来对种羊进行选种，这个方法适合成龄羊，是最直接的选种方法，也是考证遗传稳定性的最直接的方法。

二、选配

选配就是对公羊母羊配偶个体进行选择。选配是根据生产的需要，获得优良的后代或者为了培育优良品种。选配是选种的继续，选种是选配的前提，选配是巩固选种的效果，选配是选种最终的目的。

（一）选配的原则

①要有明确的选配目的，如为了提高产肉量、改善肉的品质、提高产毛量、提高繁殖力等。

②选择亲和力好的公、母羊交配，如果通过原来的选配达到了预期的目的，获得了预期的效果，那么再次配种就应维持原来的方案，如若未能达到预期目的，也未获得预期效果，就证明原先相互交配的公、母羊亲和力不好，再次配种就必须改变方案。

③公羊的品质一定要高过母羊。

④母羊有某个缺陷，一定要选择在这方面优点突出的公羊选配。不使有相同或相反缺点的公、母羊交配。

⑤公羊母羊的血缘越远越好，不随意近交，特别是在直接从事商品肉羊生产的过程中一定要避免近交。

⑥过幼和过老的公母羊之间不配。

⑦搞好品质选配，因为只有这样，才既能使优秀公羊良好的品质得以巩固并提高，也能使欠佳母羊的不良品质在所生后代身上得到显著的改善。

⑧做好选配记录，发现选配中出现问题及时解决。

（二）选配的方法

1. 品质选配

公羊的品质一定是优秀的，但是母羊的品质差异很大，为了巩固或者发展某个优点，就选择这方面优点突出的母羊选配，也叫同质选配。如果要弥补或者纠正母羊的某些缺点，就选择在这个方面更加突出的公羊选配。这种选配方法也叫异质选配。

2. 亲缘选配

亲缘选配是指具有一定血缘关系的公母羊之间的选配方式。亲缘选配在生产和育种中经常遇到，有时候也是为了提纯某种性状的必要手段，但是亲缘选配可能会影响后代的生产性能。一般把选配双方到共同祖先的代数的总和不超过 6 代者，称为近交；超过 6 代的为远交。在亲缘选配过程中要及时淘汰品质差的后代，或者不留作种用。

3. 良种繁育体系建设

我国羊除了地方品种资源以外，改良羊按育种阶段基本上可以分为两类：一类是改良阶段，继续引入部分外来品种血统，或正在进行横交固定；另一类是育成阶段，品种已基本定型，进一步作品种内的纯繁提高。目前，我国大型羊场多数是自繁自养，很少在商品生产中形成杂种优势。

根据现阶段羊在生产现状及合作育种的优点，良种繁育体系应包括核心种羊场、种羊繁殖场和种羊生产场，并应考虑肉羊人工授精网的建立，扩大优秀种羊的使用面。良种繁育体系建设本着根据品种、羊数量分布及需要量大小设立。繁殖体系中经后裔测验、极少数优秀的母羊可进入核心种羊场。

为了改变这一情况，在育种技术上，可以考虑用血统较远而生产方向一致的系或品种进行杂交，以产生杂种优势。也可以搞地区性的联合育种，有计划地建系，例如每个育种场建立一个或两个系，做场间或系间杂交。

育种场的主要任务是：①根据个体或家庭成绩做纯种（系）选育；②根据系间正反交的结果作后裔测定；③为繁殖场提供杂种母羊和纯种公羊，或直接提供纯种公羊和母羊、由繁殖场作杂交。

繁殖场的任务是：①繁殖扩群，为商品场或专业户提供杂种母羊；②向育种场提供公羊后裔测定的结果。

商品场的任务是提供符合收购要求的产品。这一杂交繁育体系，无论是毛用、肉用、皮用、绒用的绵（山）羊都可参考使用，只要商品场的最终产品能符合市场需要。

4. 纯种繁育

纯种繁育是指在同一个品种内公母羊之间繁殖和选育的过程。其目的是获得品质优良、遗传性能稳定的品种或者品系。种羊的体形外貌、生产性能等指标符合标准，才可以进入核心群，这样可使优良基因在核心群富集，生产性能不断提高。为了加快育种进度，可以采用人工授精和超数排卵及胚胎移植等现代繁育新技术，建成金字塔形的繁育体系，使核心群内有常年保持生产性能处于领先水平的优良种公羊。核心群确立以后，进行封闭，开始进行选配，把不符合培育特点的后代及时淘汰，直到遗传性状稳定以后，才能确定为品系。

5. 地方优良品种保种问题

我国是世界上山羊品种资源最为丰富的国家，一批山羊地方品种品质优良又各具特色，如南江黄羊、马头山羊均是较好的品种。黄淮山羊所生产的“汉口路”板皮是服装革的重要原料。波尔山羊仅适宜改良部分以产肉为主且生长性能较差的品种，不能无目的盲目杂交，以免毁掉宝贵的种质资源。开展杂交改良以前，应先为地方品种划定保护区，建立核心群。

河南奶山羊属于优良的品种，是河南省引进萨能奶山羊与地方品种经过长期杂交选育而形成的品种。奶山羊在过去几十年的奶业发展中起着不可低估的作用，在未来的奶业发展中还将会受到重视。河南省又是我国奶山羊发展的适宜区。因此，要重视奶山羊的保种和选育，切不能为了眼前利益大批地杂交奶山羊。

河南省鲁山县的牛腿山羊，属于个体大、产肉性能好的肉皮兼用山羊，适应于在山区饲养。但是，该品种的分布范围有限，数量不多。在此，建议不要随便引进（输入）外来品种进行杂交。

在山羊品种的中心产区，要做好品种资源的保护工作。划定保护区域，在保护区内，全面开展山羊的纯种繁育，不得进行品种间杂交；禁止引进、饲养其他任何品种的种羊，禁止利用区外其他品种的公羊对区内的山羊进行自然交配或人工授精。建立健全以种羊场为龙头、乡镇示范场为骨干、种羊饲养户为依托的良种繁育体系。要制定选育标准、选育方案。

同时，地方山羊品种普遍选育程度不高；主要以产肉为主，肉皮兼用，但产肉性能欠佳；多数品种在品种内个体间体重及生产性能的差异都较大。一些地方品种还存在性能退化、纯种个体数量急剧减少、胡乱杂交等诸多问题。解决肉羊生产中的良种问题，一是引进，二是培育。由于世界上肉绵羊发展较肉山羊发展早和发展速度快，因此肉绵羊育种的许多经验可供借鉴。

第四节　羊的妊娠与产羔技术

初次配种以后各个年龄阶段的羊统称为成年母羊。成年母羊担负着妊娠、泌乳等各项繁殖任务，应常年保持良好的饲养管理条件，以实现多胎、多产、多活、多壮的目的。一年中母羊的饲养管理，可分为配种前期、妊娠期和妊娠后期三个阶段。母羊的饲养管理重点在怀孕期和哺乳期，其中怀孕后期和哺乳前期尤为重要。

一、配种前期的饲养管理

配种前一个月让母羊处于生长状态，不宜过肥，配种前 3 周服用维生素 A、维生素 D 和维生素 E。对哺乳期母羊，要供给适量舔盐，每天还需补饲少量玉米。配种后 2 ～ 3 周放入试情公羊，配种前 1 ～ 2 个月接种地方性流产疫苗。在配种前 1 个月（前后 6 个月），应对母羊，特别是体况不佳的母羊加强饲养，适当增加精料。在产后 7 个月，应对母羊再次安排配种。

二、妊娠期的饲养管理

前期（妊娠前 90d）胎儿发育较慢，母羊所需营养并无显著增加，可以维持空怀时的饲料量。此期的任务是要继续保持配种时的良好膘情，早期保胎。日粮可由 50% 青绿草或青干草、40% 青贮或微贮、10% 精料组成。加强管理，不能喂发霉变质、冰冻有霜的饲料，不饮冰碴儿水，不让羊受惊，以防发生早期隐性流产。此期的管理应围绕保胎来考虑，要细心周到，喂饲料饮水时防止拥挤和滑倒，不打、不惊吓。增加母羊户外活动时间，干草或鲜草用草架投给。产前 1 个月，应把母羊从群中分隔开，单放一圈，以便更好地照顾。产前 1 周左右，夜间应将母羊放于待产圈中饲养和护理。每天饲喂 3 ～ 4 次，先喂粗饲料，后喂精饲料；先喂适口性差的饲料，后喂适口性好的饲料。饲槽内吃剩的饲料，特别是青贮饲料，下次饲喂时一定要清除干净，以免污染，引起羊的肠道病而造成流产。严禁喂发霉、腐败、变质饲料，不饮冰冻水。饮水次数不少于 2 ～ 3 次 /d，最好是经常保持槽内有水让其自由饮用。总之，良好的管理是保羔的最好措施。

三、妊娠后期的饲养管理

妊娠后期（91 ～ 150d）胎儿发育很快，母羊自身也需贮备大量的养分，为产后泌乳做准备，因此，须供给充足的营养。若此期母羊营养不足，会造成羔羊初生体重轻、抵抗力弱。怀孕后期须补饲体积小、营养价值较高的优质干草和精料，一般情况下放牧后每日补饲干草 1 ～ 2kg。

在产前 10 天左右多喂一些多汁料和精料，以促进乳腺分泌，年产两胎的母羊应全年补饲精料，日喂量按体重的 0.8% 喂给，产双羔和产三羔的母羊每只每日再增加一定的精料，分早、晚补给，不喂发霉、腐败、受霜冻的饲草饲料，不让羊饮冰水、污水。要坚持运动、以防难产。但不可剧烈运动，以防流产。禁止打羊、吓羊，提防角斗、防止拥挤，不跨沟坎。保胎是此期管理的重点。放牧时要选择平坦开阔的牧场，出牧、归牧、饮水、补饲都要慢而稳，避免拥挤和急驱猛赶，防止母羊滑跌。不要给母羊服用大量的泻剂和子宫收缩药，以防母羊流产。增加母羊户外活动的时间，保持适量运动。发现母羊有临产征兆，立即将其转入产房。对已进入分娩栏的母羊，应精心护理。

四、产后母羊和新生羔羊的护理

①母羊产后整个机体，特别是生殖器官发生着剧烈的变化，机体的抵抗力降低。为使母羊尽快复原，应给予适当的护理。在产后1h左右给母羊饮1～1.5L的温水，3d之内喂给质量好、易消化的饲料，减少精料喂量，以后逐渐转变为饲喂正常饲料。注意母羊恶露排出的情况。一般在4～6h排净恶露。检查母羊的乳房有无异常或硬块。

②羔羊产出后，迅速将口、鼻、耳中的黏液擦拭干净，让母羊舔净羔羊身上的黏液。如果羔羊发生窒息，可将两后肢提起，使头向下，轻拍胸壁。进行人工呼吸，将羔羊仰起，伸展前肢、同时用手掌轻压两肋和胸部。注意羔羊的保温。在寒冷地区或放牧地区出生的羔羊，应迅速擦干羔羊身体，用接羔袋背回接羔室放入母子栏内。尽快帮助羔羊吃上初乳。母羊产后4～7d为初乳分泌期。第一天内的初乳中脂肪及蛋白质含量最高，翌日急速下降。初乳中维生素含量较高，特别是维生素A。初乳中含有高于常乳的镁、钾、钠等盐类，羔羊吃后有缓泻通便的作用。初乳中球蛋白含有较高的免疫物质。可见初乳营养完善，容易被羔羊吸收利用，增强其抵抗力。如果新生羔羊体弱或找不到乳头时或母羊不认羔羊时，要设法帮助母子相认，人工辅助配奶、直到羔羊能够自己吃上奶。对缺奶羔羊和双羔要另找保姆羊。对有病羔羊要尽快发现、及时治疗，给予特别护理。

③对于母羊和生后3d以内的羔羊，母子不认的羊，应延长在室内母子栏内的饲养时间，直到羔羊健壮时再转群。为便于管理，母子同群的羊可在母子同一体侧编上相同的临时号码。

第五节　提高羊繁殖力的技术措施

提高繁殖率是饲养管理中的重要环节，也是提高养羊效益的关键，采取技术让多发情，缩短繁殖周期，掌握一胎多羔技术，才能获取最大的产出。在提高养羊繁殖效率上应遵循以下原则。

一、种羊合理利用原则

适时配种，而不是早期配种，最大限度地提高优秀种羊的利用率。

二、经济核算原则

不论采用哪一项技术，均要根据企业或羊场的经济承受能力和可能取得的效益而定。在技术方法、药品使用等方面均要进行经济核算。

三、综合原则

就是通盘考虑提高繁殖效率的技术问题，从饲养管理、提高羔羊成活率和羔羊培育等方面综合考虑，以取得更大的经济利益为目标。具体措施如下。

1. 加强选育、选配

（1）种公羊选择　从繁殖力高的母羊后代中选择培育公羊要求体形外貌标准、健壮，睾丸发育良好，雄性特征明显，并通过精液质量检查、后裔鉴定等措施发现和剔除不符合要求的公羊。

（2）母羊选择　从多胎母羊后代中选择优秀个体，并注意其泌乳、哺乳性能，也可根据家系选留多胎母羊。选择多羔母羊留种。

双羔或多羔具有遗传性，在选留种公母羊时，其上代公母羊最好是从一胎双羔以上的后备羊群中所选出的。这些具有良好遗传基础的公母羊留作种用，能在饲养中充分发挥其遗传潜能，提高母羊一胎多羔的概率。

2. 加强种羊营养

加强种羊营养是提高繁殖率的重要措施。充足的营养使种羊有健康的体况和适度的膘情、公羊保持旺盛的性欲，配种时精液中精子数量多、活力强、受精能力高；母羊可以常年发情，配种妊娠后体质健壮胎儿发育良好，产后奶水充足，羔羊出生体重大，成活率也高，同时母羊产多羔的概率就会增加。因此，养羊无论放牧或舍饲，都必须喂给充足的混合精料。种公羊在非配种期要求每只日喂混合粗料 0.5 ～ 0.6kg，配种期每只日喂混合精料 0.8 ～ 1.0kg、粗饲料 1.7 ～ 1.8kg；母羊每日喂混合精料 0.3 ～ 0.4kg，妊娠母羊随妊娠天数的增加（尤其后期），还应逐渐增加精料给量。精饲料中必须含有足量的蛋白质、能量、维生素、微量元素和其他矿物质，并保证充足的饮水。青绿饲料对种羊尤其重要，因为青绿饲料可以弥补精粗饲料中营养的不足，对提高公羊的精子密度和活力，促进母羊体内卵子的发育成熟和多排卵，增加产多羔的概率，促进妊娠母羊体内胎儿的发育和成长，保证产出羔羊初生重大、成活率高都具有重要作用。

3. 提高羊群中青壮年母羊的比例

羊群中幼龄初配母羊和老、弱母羊繁殖力均不如壮年母羊。据统计，初产羊产羔少，母羊一生中以3～4岁时繁殖力最强，繁殖年限一般为8年。因此，为提高羊群的整体水平、合理调整羊群结构，应有计划地补充青年母羊、适当增加3～4岁母羊在羊群中的比例，及时发现并淘汰老、弱或繁殖力低下的母羊。

4. 做好母羊发情鉴定

（1）外部观察法　直接观察母羊的行为、征状和生殖器官的变化来判断其是否发情，这是鉴定母羊是否发情最基本、最常用的方法。

（2）阴道检查法　将羊用开器插入母羊阴道，检查生殖器官的变化，如阴道黏膜的颜色潮红充血、黏液增多、子宫颈松弛等可以判定母羊已发情。

（3）公羊试情法　用公羊对母羊进行试情，根据母羊对公羊行为的反应，结合外部观察来判定母羊是否发情。试情公羊要求性欲旺盛、营养良好、健康无病，一般每100只母羊配备试情公羊2～3只。试情公羊需做输精管切断手术或戴试情布。试情布一般宽35cm、长40cm，在四角扎上带子，系在试情公羊腹部。然后把试情公羊放入母羊群，如果母羊已发情便会接受试情公羊的爬跨。

（4）“公羊瓶”试情法　公山羊的角基部与耳根之间，分泌一种性诱激素，可用毛巾用力揩拭后放入玻璃瓶中，这个玻璃瓶就是所谓的“公羊瓶”。试验者手持“公羊瓶”，利用毛巾上的性诱激素气味将发情母羊引诱出来。

通过发情鉴定，及时发现发情母羊和判定发情程度，并在母羊排卵受孕的最佳时期输精或交配，可提高羊群的配怀率。

5. 实行两次配种

母羊发情时，可实行双重配种或两次配种输精，可以提高母羊的准胎率，增加产双羔的概率，由于母羊发情时间短（一般30h左右），排出的卵子生存时间也较短，而且有的母羊卵子成熟时间不一致，因此对母羊的一次交配或输精准胎的概率较低，且难以使较多的卵子参与受精。采用两次配种方法，可使母羊生殖道内经常保持具有受精能力的精子存在，增加受精机会。生产上常采用的方法是：对确认发情的母羊，在12h及24h后各配种输精一次，一般两次输精间隔10～12h，可有效提高母羊的受胎率。

6. 羔羊早期断奶

羔羊适时提早断奶，缩短母羊哺乳时间可促使母羊提早发情，实现一年多产。早期断奶羔羊需要人为训练羔羊的采食能力，在羔羊10～15日龄时喂一些鲜嫩的青草、菜叶或细软易消化的干草、叶片，以刺激羔羊消化道消化机能的早期形成，及早向羔羊自主采食方向的过渡。为使羔羊尽早吃料，开始时可将玉米和豆面混合煮粥喂食或拌入水中让羔羊饮食，也可将炒过的精料盛在盆内，让羔羊自己去舔食，一般羔羊到20～30d即可正常采食。羔羊应在4月龄左右即可断奶，一年产两次羔羊的断奶可提早，但发育较差和计划留种用的羔羊可适当延长断奶时间。羊断奶前要加强饲喂管理，一般采取一次断奶法，对代哺式人工哺乳仔羊在10d后逐渐断奶，断奶羊仍要精心饲养。

7. 多产羔技术

用一种能促进卵巢滤泡成熟和多排卵的物质，以一定剂量注射到母羊体内，通过激素调节，强化母羊性机能活动，促进母羊卵子的发育和成熟，从而排出较多卵子参与受精，达到一胎多羔的目的。据试验，注射孕马血清促性腺激素或注射双羔素、双胎素，对诱导母羊产多羔，都有一定的效果。

8. 其他繁殖技术控制

（1）发情控制

①激素处理：先对羔羊实行早期断奶，再用激素处理母羊10d左右，停药后注射孕马血清促性腺激素（RMSG），即可引起发情和排卵。

②阴道海绵法：将浸有孕激素的海绵置于子宫颈口处、处理10～14d，停药后注射孕马血清促性腺激素400～500U，经30h左右即可开始发情，发情当天和翌日各输精一次。

③前列腺激素法：将前列腺素在发情结束数日后向子宫内灌入或肌注，能在2～3d内引起母羊发情。

（2）超数排卵　在母羊发情到来前4d，肌内或皮下注射孕马血清促性腺激素600～1100U，出现发情后即行配种，并在当日肌内或静脉注射人绒毛膜促性激素（HCG）500～750U，即可排出卵子。

（3）诱产双胎、多胎

①补饲催情法：在配种前一个月进行。

②采用双羔素或双胎素：有水剂和油剂两种，水剂制品于母羊配种前5周和前2周颈部皮下注射一次（1mL/只）；油剂制品于配种前2周臀部肌内注射一次（2mL/只）。

9. 繁殖计划的组织实施和技术落实

羊场制订繁殖计划，是养羊生产的一部分，也是最重要、最容易忽视的环节，包括以下内容。

①搞清适配母羊和参配公羊情况，合理安排配种时间。

②确定配种方式，采用本交还是人工授精等。

③制订选配方案或计划，将繁殖与育种及生产计划相结合。

④确定采用的繁殖技术（胚胎移植、频密繁殖、人工授精、同期发情等）。

⑤技术人员的安排与落实。

配种是养羊生产的开始，也是实施选育计划的开始，配种计划和选育方案只有通过配种才能得以实现。所以企业对于配种任务的落实应加以足够重视，严格按技术人员制订的选配计划执行。笔者见到部分企业对于选配计划并不重视，制订选配计划只是个形式，有的没有选配计划。由于缺乏长远考虑，将不合格的种公羊也用于配种，有些配种后不做记录或记录不严谨，这样生产的种羊质量很难保证，也必将制约育种和企业的长远发展。

10. 羊的正常繁殖生理指标

为了提高绵羊、山羊的繁殖率、出栏率和商品率，并有计划地安排好羊的产羔时期，以适应养羊业特别是肉羊产业迅猛发展的市场需要，直接生产者和技术指导人员不能不对羊的正常繁殖生理方面的主要指标有所系统了解。现就生产中常遇的有关知识介绍如下，供参考。

①性成熟多为 5 ～ 7 月龄，早者 4 ～ 5 月龄（个别早熟山羊品种 3 个多月即发情）。

②体成熟母羊 1.5 岁左右，公羊 2 岁左右。早熟品种提前。

③发情周期绵羊多为 16 ～ 17d（大范围 14 ～ 22d），山羊多为 19 ～ 21d（大范围 18 ～ 24d）。

④发情持续期绵羊 30 ～ 36h（大范围 27 ～ 50h），山羊 39 ～ 40h。

⑤排卵时间发情开始后 12 ～ 30h。

⑥卵子排出后保持受精能力时间 15 ～ 24h。

⑦精子到达母羊输卵管时间 5 ～ 6h。

⑧精子在母羊生殖道存活时间都多为 24 ～ 48h，最长 72h。

⑨最适宜配种时间排卵前 5h 左右（即发情开始半天内）。

⑩妊娠（怀孕）期平均 150d（范围 145 ～ 154d）。

⑪哺乳期一般 3.5 ～ 4 个月，可依生产需要和羔羊生长发育快慢而定。

⑫多胎性山羊一般多于绵羊。

⑬发情季节因气候、营养条件和品种而异，分全年和季节性发情。一般营养条件较好的温暖地区多为全年发情；营养条件较差且不均衡的偏冷地区多为季节性发情。

⑭产羔季节以产冬羔（12 月至翌年元月）最好，其次为春羔（2—3 月为早春羔，4—5 月为晚春羔）和秋羔（8—10 月）。

⑮产后第一次发情时间绵羊多在产后第 25 ～ 46 天，最早者在第 12 天左右；山羊多在产后 10 ～ 14d，而奶山羊较迟（第 30 ～ 45 天）。

⑯繁殖利用年限多为 6 ～ 8 年，以 2.5 ～ 5 岁繁殖利用性能最好。个别优良种公羊可利用到 10 岁左右。

第二章　肉羊优质高效饲养管理技术

第一节　一般管理技术

一、正确捉羊与倒羊

捉羊是管理上常见的工作。常见抓羊者，抓住羊体的某一部分强拉硬扯，使羊的皮肉受到刺激，羊毛生长受影响，甚至使羊体受到损伤。

正确捉羊的方法有很多，可以根据自己的实际情况选择使用。如用一只手迅速抓住羊的小腿末端（小腿末端较细，便于手握而不伤及皮肉），然后用另一只手抱住羊的颈部或托住下颌；右手捉住羊后腱部，然后左手握住另一腱部，因为腱部的皮肤松弛，不会使羊受伤，人也省力，容易捕捉；尽量抓羊腰背处的皮毛，直接抓腿时防扭伤。抓羊时，不可将羊按倒在地使其翻身，因羊肠细而长，这样易造成羊肠扭转使羊死亡。抓住羊后，人骑在羊背上，用腿夹住羊的前肢固定好，便可喂药、打针、做各种检查了。

引导羊前进时，如拉住颈部和耳朵时，羊感到疼痛，用力挣扎，不易前进。正确的方法是一只手在颌下轻托，以便左右其方向，另一只手在坐骨部位向前推动，羊即前进。

放倒羊的时候，人应站在羊的一侧，一只手绕过羊颈下方，紧贴羊另一侧的前肢上部，另一只手绕过后肢紧握住对侧后肢飞节上部，轻托后肢，使羊卧倒。

二、编号

进行肉羊改良育种、检疫、测重、鉴定等工作，都需要掌握羊的个体情况，为便于管理，需要给羊编号。

编号多用耳标法。耳标分为金属耳标和塑料耳标两种，形状有圆形、长条形、凸字形等。使用金属耳标时，先用钢字钉将编号打在耳标上，习惯上编号的第一个字母代表年份的最后一位数，第二、三位数代表月份，后面跟个体号，“0”的多少由羊群规模大小而宜。种羊场的编号一般采用公单母双进行编号。例如：20600018，“206”代表该羊是2002年6月生的，后面的“00018”为个体顺序号，双数表示此羊为母羊。耳标一般佩戴在左耳上。在小型肉羊场，因为规模小，所产羔羊不多，也可选用五位数对羔羊进行编号：第一个字母代表品种，第二、三位数代表年份的最后两位数，后面直接跟个体号，公羔标单号，母羔标双号，“0”的多少由羊群规模大小来定。如T9002，T代表所养的肉羊品种是道赛特，“90”代表是1990年，“02”代表该羔羊的个体号是02号，并且是母羔。

打耳标时，先用碘酊消毒，然后在靠近耳根软骨部避开血管处，用打孔钳打上耳标。塑料耳标目前使用很普遍，可以直接将耳标打在羊的耳朵上，成本低，而且以红、黄、蓝等不同颜色代表羊的等级，适用性更强。

三、去势

去势一般在羔羊生后1～2周内进行，天气寒冷或羔羊虚弱，去势时间可适当推迟。去势法有结扎法和刀切法。结扎法是在公羔生后3～7d进行，用橡皮筋结扎阴囊，隔绝血液向睾丸流通，经过15d后，结扎以下的部位脱落。这种方法不出血，也可防止感染破伤风。刀切法是由一人固定公羔的四肢，腹部向外显露出阴囊，另一人用左手将睾丸挤紧握住，右手在阴囊下1/3处纵切一切口，将睾丸挤出，拉断血管和精索，伤口用碘酒消毒。

四、去角

肉羊公母羊一般均有角，有角羊只不仅在角斗时易引起损伤，而且饲养及管理都不方便，少数性情恶劣的公羊，还会攻击饲养员，造成人身伤害。因此，采用人工方法去角十分重要。羔羊一般在生后7～10d去角，对羊的损伤小。人工哺乳的羔羊，最好在学会吃奶后进行。有角的羔羊出生后，角蕾部呈漩涡状，触摸时有一较硬的凸起。去角时，先将角蕾部分的毛剪掉，剪的面积要稍大些（直径约3cm）。去角的方法主要如下。

（一）烧烙法

将烙铁于炭火中烧至暗红（也可用功率为300W左右的电烙铁）后，对保定好的羔羊的角基部进行烧烙，烧烙的次数可多一些，但每次烧烙的时间不超过 1s，当表层皮肤破坏，并伤及角质组织后可结束，对术部应进行消毒。在条件较差的地区，也可用 2 ～ 3 根 40cm 长的锯条代替烙铁使用。

（二）化学去角法

即用棒状苛性碱（氢氧化钠）在角基部摩擦，破坏其皮肤和角质组织。术前应在角基部周围涂抹一圈医用凡士林，防止碱液损伤其他部分的皮肤。操作时先重、后轻，将表皮擦至有血液浸出即可。摩擦面积要稍大于角基部。术后应将羔羊后肢适当捆住（松紧程度以羊能站立和缓慢行走即可）。由母羊哺乳的羔羊，在半天以内应与母羊隔离；哺乳时，也应尽量避免羔羊将碱液污染到母羊的乳房上而造成损伤。去角后，可给伤口撒上少量的消炎粉。

五、修蹄

肉羊由于长期舍饲，往往蹄形不正，过长的蹄匣，使羊行走困难，影响采食。长期不修还会引起蹄腐病，四肢变形等疾病，特别是种公羊，还直接影响配种。

修蹄最好在夏秋季节进行，因为此时雨水多，牧场潮湿，羊蹄匣柔软，有利于削剪和剪后羊只的活动。操作时，先将羊只固定好，清除蹄底污物，用修蹄刀把过长的蹄匣削掉。蹄子周围的角质修得与蹄底基本平齐，并且把蹄子修成椭圆形，但不要修剪过度，以免损伤蹄肉，造成流血或引起感染。

六、羔羊断尾

一些长瘦尾型的羊，为了保护臀部羊毛免受粪便污染和便于人工授精，应在羔羊出生一周后将尾巴在距尾根 4 ～ 5cm 处去掉，所留尾巴的长度以母羊尾巴能遮住阴部为宜。通常羔羊断尾和编号同时进行，可减少抓羊次数，降低劳动强度。

（一）结扎法

就是用橡皮筋或专用橡皮圈，套紧在尾巴的适当位置上（第三、四尾椎间），断绝血液流通，使下端尾巴因缺血而萎缩、干枯，经 7 ～ 10d 而自行脱落。此方法优点是不受断尾时条件限制，不需专用工具，不出血、无感染，操作简单，速度快，安全可靠，效果好。

（二）热断法

用带有半月形的木板压住尾巴，将特制的断尾铲热后用力将尾巴铲掉。此方法需要有火源和特制的断尾工具及两人以上的配合，操作不太方便，且有时会形成烫伤，伤口愈合慢，故不多采用。

七、剪毛

春季在清明前后，秋季在白露前剪毛。

剪毛应注意以下六点。

①剪毛应在天气较温暖且稳定时进行，特别是春季更应如此，剪毛后要有圈舍，以防寒流袭击而造成羊群伤亡。

②剪毛前 12 ～ 24h 内不应饮水、补饲，空腹剪毛比较安全。

③不管是手动剪毛还是电动剪毛，剪毛动作要轻、要快，特别是对于妊娠母羊要小心，对妊娠后期的母羊不剪毛为好，以防造成流产。

④不要剪重剪毛（回刀毛、重茬毛），剪毛应紧贴皮肤，留毛茬 0.3 ～ 0.5cm，即使留毛茬过高，也不要重剪第二次，因第二次剪下的毛过短，失去纺织价值。

⑤剪毛场所要干净，防止杂物混入毛内。

⑥剪毛时，对剪破的皮肤伤口要用碘酒涂擦消毒。在发生破伤风的疫区，每年都应注意注射破抗疫苗，以防发生破伤风。

八、药浴

药浴是用杀虫剂药液对羊只体表进行洗浴。山羊每年夏天进行药浴，目的是防治肉羊体表寄生虫、虱、螨等。常用药有敌杀死、敌百虫、螨净、除癞灵等及其他杀虫剂。

（一）盆浴

盆浴的器具可用浴缸、木桶、水缸等，先按要求配制好浴液（水温在 30℃左右）。药浴时，最好由两人操作，一人抓住羊的两前肢，另一人抓住羊的两后肢，让羊腹部向上。除头部外，将羊体在药液中浸泡 2 ～ 3min；然后，将头部急速浸 2 ～ 3 次，每次 1 ～ 2s 即可。

（二）池浴

此方法需在特设的药浴池里进行。最常用的药浴池为水泥建筑的沟形池，进口处为一广场，羊群药浴前集中在这里等候。由广场通过一狭道至浴池，使羊缓缓进入。浴池进口做成斜坡，羊由此滑入，慢慢通过浴池。池深1m多，长10m，池底宽30～60cm，上宽60～100cm，羊只能通过而不能转身即可。药浴时，人站在浴池两边，用压扶杆控制羊，勿使其漂浮或沉没。羊群浴后应在出口处（出口处为一倾向浴池的斜面）稍作停留，使羊身上流下的药液可回流到池中。

（三）淋浴

在特设的淋浴场进行，优点是容浴量大、速度快、比较安全。淋浴前先清洗好淋浴场，并检查确保机械运转正常即可试淋。淋浴时，把羊群赶入淋浴场，开动水泵喷淋。经3min左右，全部羊只都淋透全身后关闭水泵。将淋过的羊赶入滤液栏中，经3～5min放出。池浴和淋浴适用于有条件的羊场和大的专业户；盆浴则适于养羊少，羊群不大的养羊户使用。

羊只药浴时应注意以下几点。

①药浴应选择晴朗无大风的天气，药浴前8h停止放牧或喂料，药浴前2～3h给羊饮足水，以免药浴时吞饮药液。

②先浴健康的羊，后浴有皮肤病的羊。

③药浴完，羊离开滴流台或滤液栏后，应放入凉棚或宽敞的羊舍内，免受日光照射，过6～8h可以喂饮或放牧。

④妊娠2个月以上的母羊不进行药浴，可在产后一次性皮下注射阿维速克长效注射液进行防治，安全、方便、疗效高，杀螨驱虫效果显著，保护期长达110d以上。也可采用其他阿维菌素或伊维菌素药物防治。

⑤工作人员应戴好口罩和橡皮手套，以防中毒。

⑥对病羊或有外伤的羊，以及妊娠2个月以上的母羊，可暂时不药浴。

⑦药浴后让羊只在回流台停留5min左右，将身上余药滴回药池。然后赶到阴凉处休息1～2h，并在附近放牧。

⑧当天晚上，应派人值班，对出现有个别中毒症状的羊只及时救治。

九、驱虫

羊的寄生虫病较常见，患病羊往往食欲降低，生长缓慢，消瘦，毛皮质量下降，抵抗力减弱，重者甚至死亡，给养羊业带来严重的经济损失。为了防止体内寄生虫病的蔓延，每年春秋两季要进行驱虫。驱虫后 1 ～ 3d 内，要安置羊群在指定羊舍和牧地放牧，防止寄生虫及其虫卵污染羊舍和干净牧地。3 ～ 4d 即可转移到一般羊舍和草场。

常用的驱虫药物有四咪唑、驱虫净、丙硫咪唑、伊维菌素、阿维菌素等。丙硫咪唑是一种广谱、低毒、高效的驱虫药，每千克体重的剂量为 15mg，对线虫、吸虫、绦虫等都有较好的治疗效果。为防止寄生虫病的发生，平时应加强对羊群的饲养管理。注意草料卫生，饮水清洁，避免在低洼或有死水的牧地放牧。同时结合改善牧地排水，用化学及生物学方法消灭中间宿主。多数寄生虫卵随粪便排出，故对粪便要发酵处理。

第二节　种公羊的饲养管理

种公羊数量少，种用价值高，俗话说：“公羊好好一坡，母羊好好一窝。”对种公羊必须精心饲养管理，要求常年保持中上等膘情，健壮的体质、充沛的精力、旺盛的精液品质，可保证和提高种羊的利用率。

一、种公羊的营养特点

种公羊的营养应维持在较高的水平，以使其常年精力充沛，维持中等以上的膘情。配种季节前后，应加强种公羊的营养，保持上等体况，使其性欲旺盛，配种能力强，精液品质好，充分发挥作用。种公羊精液中含高质量的蛋白质，绝大部分必须直接来自饲料，因此种公羊日粮中应有足量的优质蛋白质。另外，还要注意脂肪、维生素 A、维生素 E 及钙、磷等矿物质的补充，因为它们与精子活力和精液品质有关。秋冬季节种公羊性欲比较旺盛，精液品质好；春夏季节种公羊性欲减弱，食欲逐渐增强，这个阶段应有意识地加强种公羊的饲养，使其体况恢复，精力充沛。8 月下旬日照变短，种公羊性欲旺盛，若营养不良，则很难完成秋季配种任务。配种期种公羊性欲强烈，食欲下降，很难补充身体消耗，只有尽早加强饲养，才能保证配种季节种公羊的性欲旺盛，精液品质好，圆满地完成配种任务。

要求喂给种公羊的草料营养价值高，品质好，容易消化，适口性好。种公羊的草料应因地制宜，就地取材，力求多样化。

二、种公羊的饲养

（一）非配种期的饲养

种公羊非配种期的饲养以恢复和保持其良好的种用体况为目的。配种结束后，种公羊的体况都有不同程度的下降。为使种公羊体况很快恢复，在配种刚结束的1～2个月，种公羊的日粮应与配种期基本一致，但对日粮的组成可做适当调整，加大优质青干草或青绿多汁饲料的比例，并根据体况的恢复情况，逐渐转为饲喂非配种期日粮。在我国，绵、山羊品种的繁殖季节大多集中在9—12月（秋季），非配种期较长。在冬季，种公羊的饲养保持较高的营养水平，既有利于其体况恢复，又能保证其安全越冬度春。要做到精粗料合理搭配，补喂适量青绿多汁饲料（或青贮料）。在精料中应补充一定的矿物质微量元素，混合精料的用量不低于0.5kg，优质干草2～3kg，种公羊在春、夏季有条件的地区应以放牧为主，每天补喂少量的混合精料和干草。

（二）配种期的饲养

种公羊在配种期内要消耗大量的养分和体力，因配种任务或采精次数不同，不同种公羊个体对营养的需要量相差很大。一般对于体重80～90kg的种公羊每天饲料定额如下：混合精料1.2～1.4kg，苜蓿干草或野干草2kg，胡萝卜0.5～1.5kg，食盐15～20g。每天分2～3次给草料，饮水3～4次。每天放牧或运动约6h。对于配种任务繁重的优秀种公羊，每天应补饲1.5～2.0kg的混合精料，以保持其良好的精液品质。配种期种公羊的饲养管理要做到认真、细致，要经常观察羊的采食、饮水、运动及粪、尿排泄等情况。

在配种前1.5～2个月，逐渐调整种公羊的日粮，增加混合精料的比例，同时进行采精训练和精液品质检查。开始时每周采精检查1次，以后增至每周2次，并根据种公羊的体况和精液品质来调节日粮或增加运动。对精液稀薄的种公羊，应增加日粮中蛋白质饲料的比例；当精子活力差时，应加强种公羊的放牧和运动。采精次数要根据种公羊的年龄、体况和种用价值来确定。

在我国农区的大部分地区，羊的繁殖季节有的可表现为春、夏季，有的可全年发情配种。因此，对种公羊全年均衡饲养较为重要，除搞好放牧、运动外，每天应补饲0.5～1.0kg混合精料和一定的优质干草。对舍饲饲养的公羊每天应喂给混合精料 1.2 ～ 1.5kg，青干草 2kg 左右，并注意矿物质和维生素的补充。

三、种公羊的管理

在管理上，种公羊要与母羊分群饲养，以避免系谱不清、乱交滥配、近亲繁殖等现象的发生，使种公羊保持良好的体质、旺盛的性欲以及正常的采精配种能力。如长期拴系或配种季节长期不配种，会出现自淫、性情暴躁、顶人等恶癖，管理时应予以预防。

种公羊每天要保证充足的运动量，常年放牧条件下，应选择优良的天然牧场或人工草场放牧种公羊；舍饲羊场，在提供优质全价日粮的基础上，每天安排 4 ～ 6h 的放牧运动，每天游走不少于 2km 或运动 6h，并注意供给充足饮水。此外，种公羊配种采精要适度，一般 1 只公羊可承担 30 ～ 50 只母羊的配种任务。种公羊配种前 1 ～ 1.5 个月开始采精，同时检查精液品质。开始一周采精 1 次，以后增加到一周 2 次，到配种时每天可采 1 ～ 2 次，不要连续采精。对 1.5 岁的种公羊，一天内采精不宜超过 1 ～ 2 次，2.5 岁种公羊每天可采精 3 ～ 4 次。采精次数多的，期间要休息，公羊在采精前不宜吃得过饱。

第三节　种母羊的饲养管理

一、种母羊的营养特点

根据生理状态，母羊一般处于空怀期、妊娠期或泌乳期。空怀期母羊所需的营养最少，不增重只需要维持营养。妊娠期的前 3 个月胎儿的生长发育较慢，需要的营养物质稍多于空怀期。妊娠期的后 2 个月，由于身体内分泌机能发生变化，胎儿的生长发育加快，羔羊初生重的 80% ～ 90% 都是在母羊妊娠后期增加的，因此营养需要也随之增加。泌乳期要为羔羊提供乳汁，以满足哺乳期羔羊生长发育的营养需要，应在维持营养需要的基础上根据产奶量高低和产羔数多少给母羊增加一定量的营养物质，以保证羔羊正常的生长发育。

二、种母羊的饲养管理

种母羊是羊群发展的基础，母羊数量多，个体差异大。为保证母羊正常发情、受胎，实现母羊多胎、多产，羔羊全活、全壮，不仅要根据母羊群体营养状况合理调整日粮，而且对少数体况较差的母羊，应单独组群饲养。对妊娠母羊和带仔母羊，要着重搞好妊娠后期和哺乳前期的饲养和管理。舍饲母羊日粮中饲草和精料比以 7∶3 为宜，以防止过肥。体况好的母羊，在空怀期，只给一般质量的青干草，保持体况，钙的摄食量应适当限制，不宜喂给钙含量过高的饲料，以免诱发产褥热。如以青贮玉米作为基础日粮，则每天应喂给 60kg 体重的母羊 3 ～ 4kg 青贮玉米，过多会造成母羊过肥。妊娠前期可在空怀期的基础上增加少量的精料，每只每天的精料喂量约为 0.4kg；妊娠后期至泌乳期每只每天的精料喂量约为 0.6kg，精料中的蛋白质水平一般为 15% ～ 18%。

（一）空怀母羊

空怀期饲养的重点是，迅速恢复种母羊的体况，抓膘复壮，为下一个配种期做准备。饲养以青粗饲料为主，延长饲喂时间，每天喂 3 次，并适当补饲精料。空怀母羊这个时期已停止泌乳，但为了维持正常的消化、呼吸、循环以及维持体况等生命活动，必须从饲料中吸收满足最低营养需要量的营养物质。空怀母羊需要的风干饲料为体重的 2.4% ～ 2.6%。同时，应抓紧放牧，使母羊尽快复壮，力争满膘迎接配种。为保证母羊在配种季节发情整齐，缩短配种期、增加排卵数和提高受胎率，在配种前 2 ～ 3 周，除保证青饲料的供给、适当喂盐、满足饮水外，还要对空怀母羊进行短期补饲，每只每天喂混合精料 0.2 ～ 0.4kg，这样做有明显的催情效果。

（二）怀孕期母羊

1. 怀孕前期

在怀孕期的前 3 个月内胎儿发育较慢，母羊所需养分不太多。对放牧羊群，除放牧外，视牧场情况做少量补饲。要求母羊保持良好的膘情。管理上要避免吃霜草或霉烂饲料，不使羊受惊猛跑，不饮冰碴水。

2. 怀孕后期

在怀孕后期的 2 个月中，胎儿生长很快，羔羊 90% 的初生重在此期间完成生长。只有母羊的营养状况良好，才能保证胚胎充分发育、羔羊的初生重大、体格健壮，母羊乳汁多、恋羔性强，最终保证羔羊以后发育良好。如在此期间营养供应不足，就会产生一系列不良后果，仅靠放牧一般难以满足母羊的营养需要。

对怀孕后期的母羊，要根据膘情好坏、年龄大小、产期远近，对羊群作个别调整。产前8周精料比例提高20%，产前6周精料比例提高25%～30%；不要饲喂体积过大和含水量过高的饲料，产前1周要减少精料用量，避免胎儿过大引起难产。供给优质干草和精料，要注意蛋白质、钙、磷的补充。能量水平不宜过高，不要把母羊养得过肥，以免对胎儿造成不良影响。

对那些体况差的母羊，要将其安排在草好、水足，有防暑、防寒设备的地方，放牧时间尽量延长，保证每天吃草时间不少于8h，以利增膘保膘，冬季饮水的温度不要过低，尽量减少热量的消耗，增强抗寒能力。对个别瘦弱的母羊，早、晚要加草添料，或者留圈饲养，使群内母羊的膘情大体趋于一致。这种母羊群的产羔管理比较容易，而且羔羊健壮、整齐。对舍饲的母羊，要备足草料，夏季羊舍应有防暑降温及通风设施，冬季羊舍应利于保暖。另外，还应有适当运动场所供母羊活动。

要注意保胎，出牧、归牧、饮水、补饲都要慢而稳，防止拥挤、滑跌，严防跳崖、跨沟，最好在较平坦的牧场上放牧，羊舍要保持温暖、干燥、通风良好。

3. 分娩前后

分娩前后是母羊生产的关键时期，应给予优质干草舍饲，多喂些优质、易消化的多汁饲料，保持充足饮水。产前3～5d，对接羔棚舍、运动场、饲草架、饲槽、分娩栏要及时修理和清扫，并进行消毒。母羊进入产房后，圈舍要保持干燥，光线充足，能挡风御寒。母羊在产后1～7d应加强管理，一般应舍饲或在较近的优质草场上放牧。产后1周内，母仔合群饲养，保证羔羊吃到充足初乳。产后母羊应注意保暖防潮，预防感冒。产后1h左右应给母羊饮温水，第一次饮水不宜过多，切勿让产后母羊喝冷水。产后哺乳母羊不能和妊娠羊同群管理和放牧，否则会影响产后哺乳母羊恋羔性，不利于羔羊的生长。这时应该单独组群放牧或分群舍饲，以免相互影响。

（三）泌乳母羊

产后母羊的泌乳量逐渐增加，产后4～6周达到高峰，14～16周开始下降。在泌乳前期，母羊通过迅速利用体贮来维持产乳，对能量和蛋白质的需要量很高。泌乳前期是羔羊生长最快的时期，羔羊生后2周也是次级毛囊继续发育的重要时期，在饲养管理上要设法提高母羊产奶量。在产后 4 ～ 6 周应增加母羊的精料补饲量，多喂多汁饲料。放牧时间由短到长，距离由近到远，保持圈舍清洁、干燥。在泌乳后期的 2 个月中，母羊的泌乳能力逐渐下降。即使增加补饲量，母羊也难以达到泌乳前期的产奶量。羔羊在此时已开始采食青草和饲料，对母乳的依赖程度减小。从 3 月龄起，母乳只能满足羔羊营养需要的 5% ～ 10%。此时，对母羊可取消补充饲料，转为完全放牧。在羔羊断奶的前 1 周，要减少母羊的多汁料、青贮饲料和精料喂量，以防发生乳房炎。

第四节　羔羊的饲养管理

从初生到断奶（一般到 2 ～ 4 月龄断奶）的小羊称为羔羊。羔羊生长发育快、可塑性大，但羔羊体质较弱，缺乏免疫抗体，体温调节机能差，易发病，因此，合理地对羔羊进行科学饲养管理，既可促使羔羊发挥其遗传性能，又能加强羔羊对外界条件的同化和适应能力，有利于个体发育，提高生产力和羔羊成活率。长期生产实践中，人们总结出“一专”到底（固定专人管理羔羊）、保证“四足”（奶、草、水、料充足）、做到“两早”（早补料、早运动）、加强“三关”（哺乳期、离乳期及第一个越冬期）的行之有效的饲养管理措施。

一、羔羊的饲养

（一）尽早吃好、吃饱初乳

母羊产后 3 ～ 5d 分泌的乳，奶质黏稠，营养丰富，称为初乳，初乳容易被羔羊消化吸收，是任何食物或人工乳都不能代替的食料，初乳含镁盐较多，镁离子有轻泻作用，能促进胎粪排出，防止便秘：初乳含较多的抗体、溶菌酶，还含有一种叫 K 抗原凝集素的物质，几乎能抵抗各品系大肠杆菌的侵袭。初生羔羊在出生后 30min 以前应该保证吃到初乳，吃不到自己母亲初乳的羔羊，最好能吃上其他母羊的初乳，否则较难成活。初生羔羊，健壮者能自己吸吮乳，用不着人工辅助；弱者或初产母羊、保姆性的母羊，需要人工辅助。即把母羊保定住，把羔羊推到乳房跟前，羔羊就会吸乳。辅助几次，它就会自己找母羊吃奶了。对于缺奶羔羊，最好为其找保姆羊，就是把羔羊寄养给死了羔或奶特别好的单羔母羊喂养。开始需要人工帮助羔羊吃奶，先把保姆羊的奶汁或尿液抹在羔羊的头部和后躯，以混淆保姆羊的嗅觉，直到保姆羊奶羔为止。

（二）安排好吃奶时间

分娩后 3 ～ 7d 的母羊可以外出放牧，羔羊留家。如果母羊早晨出牧，傍晚时归牧，会使羔羊严重饥饿。母羊归牧时，羔羊往往狂奔迎风吃热奶，羔羊饥饱不均，易发病。哺乳期可以这样安排：母、仔舍饲 15 ～ 20d，然后白天羔羊在羊舍饲养，母羊出牧，中午回来奶一次羔。这样加上出牧前和归牧后的奶羔，等于一天奶 3 次羔。

（三）加强对缺奶羔羊的补饲和放牧

1. 补饲

对多羔母羊或泌乳量少的母羊的羔羊，由于母乳不能满足其营养的需要，应适当补饲。一般宜用牛奶或人工乳，在补饲时应严格掌握温度、喂量、次数，时间及卫生消毒。

一般从出生后 15 ～ 20d 起训练羔羊吃草、吃料。这时，羔羊瘤胃微生物区系尚未形成，不能大量利用粗饲料，所以强调补饲高质量的蛋白质和纤维少、干净脆嫩的干草。把草捆成把子，挂在羊圈的栏杆上，让羔羊玩食。精料要磨碎，必要时炒香并混合适量的食盐，以提高羔羊食欲。为了避免母羊抢吃，应为羔羊设补料栏。一般 15 日龄的羔羊每天补混合料 50 ～ 75g，1 ～ 2 月龄 100g，2 ～ 3 月龄 200g，3 ～ 4 月龄 250g，一个哺乳期（4 个月）每只羔羊需要补精料 10 ～ 15kg。混合料以黑豆、黄豆、豆饼、玉米等为宜，干草以苜蓿干草、青野干草、花生蔓、甘薯蔓、豆秸、树叶等为宜。多汁料，而且应定时定量喂给，否则不易上膘。羔羊补饲应该先喂精料，后喂粗饲料切成丝状，再和精料混合饲喂。

2. 放牧

羔羊出生后 15 ～ 30d 即可单独外出放牧。放牧应结合牧地青草生长状况、牧地远近程度以及羔羊体质的强弱酌情考虑。一般首先在优良草地和近处放牧，随着羔羊日龄的增长，逐渐延长放牧时间和距离。目前，我国有两种羔羊放牧形式。

第一种是母、仔合群放牧。母羊出牧时把羔羊带上，昼夜不离。这种方法适合于规模较小的羊群，且牧地较近，羔羊健壮，单羔者居多。优点是羔羊可以随时哺乳，放牧员可随时观察母、仔的活动状况。缺点是羔羊一般跟不上母羊，疲于奔跑；母羊恋羔，见羔羊卧地走不动了，它也就不肯走远了，往往放牧时吃不饱。

第二种是母、仔分群放牧。羔羊单独组群放牧，可以任意调节放牧中的行进速度，羔羊不易疲劳，能安心吃草。但放牧地要远离母羊，以免母羊和羔羊相互咩叫，影响吃草，甚至出现混群。母、仔分群放牧往往造成羔羊哺乳间隔时间过长，一顿饱，一顿饥，同时也不利于建立母、仔感情。母羊归牧时往往急于奔跑、寻羔，要加以控制，然后母、仔合群。这时放牧员应检查母性不强的羊，这样的母羊乱奶羔、不奶羔，甚至不找羔，也要注意羔羊偷奶吃、不吃奶等现象。发现以上情况，应及时纠正，特别是帮助孤羔（或母羊）找到自己的母亲（或羔羊）。当大部分羔羊吃完奶后，可从羔羊分布和活动状况看出羔羊是否吃饱。吃饱的羔羊活蹦乱跳，精神百倍，或者静静地入睡。未吃饱的羔羊或是到处乱转，企图偷奶，或是不断围绕母羊做出想吃奶的动作。一般母、仔单独放牧，在羔羊以哺乳为主。

（四）无奶羔的人工喂养及人工乳的配制

人工喂养就是用牛奶、羊奶、奶粉或其他流动液体食物喂养缺奶的羔羊。用牛奶、羊奶喂羊，要尽量用新鲜奶。鲜奶味道及营养成分均好，病菌及杂质较少。用奶粉喂羔羊应该先用少量冷开水或温开水，把奶粉溶开，然后再加热水，使总加水量达到奶粉量的 5 ～ 7 倍。羔羊越小，胃越小、奶粉兑水的量应该越少。有条件的羊场应再加点植物油、鱼肝油、胡萝卜汁及多种维生素、多种微量元素、蛋白质等。其他流动液体食物是指豆浆、小米汤、自制粮食、代乳粉或市售婴幼儿米粉，这些食物在饲喂以前应加少量的食盐，有条件的可添加鱼肝油、胡萝卜汁和蛋黄等。

1. 人工喂养

人工喂养的训练方法是把配制好的人工奶放在小奶盆内（盆高 8 ～ 10cm），用清洁手指代替接触奶盆水面训练羔羊吸吮，一般经 2 ～ 3d 的训练，羔羊即会自行在奶盆内采食。人工喂养的关键技术是要搞好“定人、定温、定量、定时和讲究卫生”几个环节，只有这样，才能把羔羊喂活、喂强壮。不论哪个环节出差错，都可能导致差羊生病，特别是胃肠道疾病。即使不发病，羔羊的生长发育也会受到不同程度的影响。因此，从一定意义上讲，人工喂养是下策。

（1）定人　人工喂养中的“定人”，就是从始至终固定一专人喂养。这样可以使喂养人员熟悉羔羊的生活习性，掌握喂奶温度、喂量以及羔羊食欲的变化、健康与否等。

（2）定温　“定温”是指要掌握好羔羊所食人工乳的温度、一般冬季喂1月龄内的羔羊，人工乳的温度应控制在35～41℃，夏季温度可略低些。随着羔羊日龄的增长，人工乳的温度可以降低些。没有温度计时，可以把奶瓶贴在脸上或眼皮上，感到不烫也不凉时就可以喂羔了。人工乳温度过高，不仅伤害羔羊，而且羔羊容易发生便秘：人工乳温度过低，羔羊往往容易发生消化不良、拉稀或胀气等。

（3）定量　“定量”是指每次喂量，掌握在“七成饱”的程度，切忌喂得过量。具体给量是按羔羊体重或体格大小来定，一般全天给奶量相当于初生重的1/5。喂给粥或汤时，应根据浓稠度进行定量。

全天喂量应略低于喂奶量标准，特别是最初喂粥的2～3d，先少给，待慢慢适应后再加量。羔羊健康、食欲良好时，每隔7～8d喂量比前期增加1/4～1/3；如果消化不良，应减少喂量，增大饮水量，并采取治疗措施。

（4）定时　“定时”是指固定喂料时间，尽可能不变动。初生羔羊每天应喂6次，每隔3～5h喂1次，夜间可延长间隔时间或减少饲喂次数。10d以后每天喂4～5次，到羔羊吃草或吃料时，可减少到3～4次。

2. 人工乳配制

条件好的羊场或养羊户，可自行配制人工乳，喂给7～45日龄的羔羊。

二、羔羊寄养和分批哺乳

1. 羔羊寄养

母羊一胎多产羔羊（或母羊产后意外死亡），可将羔羊分一部分给产羔数少的母羊代养。为确保寄养成功，一般要求两只母羊的分娩日期相差在5d之内，两窝羔羊的个体体重差距不大。羔羊寄养宜在夜间进行，寄养前将两窝羔羊身上同时喷洒药水或酒精等，或涂抹受寄养母羊的奶汁、尿液。

2. 分批哺乳

哺乳羔羊超过母羊奶头数的，可将羔羊分成两组，轮流哺乳，将羔羊按大小、强弱分组。分批哺乳时，必须加强哺乳母羊的饲养管理，保证母羊中等偏上的营养水平，使母羊有充足的奶水。并做好对哺乳羔羊的早期补草引料工作，尽可能减轻母羊的哺乳负担，保证全窝羔羊均衡生长。

三、羔羊的管理

（一）保持适宜的环境条件

初生羔羊，特别是瘦弱母羊所生羔羊体质较弱，生活力差，调节体温的能力尚低，对疾病的抵抗力弱，保持良好的环境有利于羔羊的生长发育。羔羊周围的环境应该保持清洁、干燥，空气应新鲜又无贼风。羊舍内最好铺一些干净的垫草，室温保持在 5 ～ 10℃，不要有较大的变化。刚出生的羔羊，如果体质较弱，应安排在较温暖的羊舍或热炕上，但温度不能超过体温，等到羔羊能够吃奶、精神好转时，可逐渐降低室温直到羊舍的常温。喂羔羊奶的人员，在喂奶之前应洗净双手。平时不要接触病羊，要尽量减少或避免致病因素，出现病羊应及时隔离，由单人分管。迫不得已病羔、健康羔都由同一人管理时，应先哺喂健康羔，换上衣服再哺喂病羔。喂完病羔应马上清洗、消毒手臂，脱下的衣服单独放置，并用开水冲洗进行消毒。羔羊的胃肠功能还不健全，消化机能尚待完善，最容易“病从口入”，因此羔羊所食的奶类、豆浆、粥类以及水源、草料等都应注意卫生。例如，奶类在喂前应加热到 62 ～ 64℃，经 30min，或 80 ～ 85℃瞬间，可以杀死大部分病菌。粥类、米汤等在喂前必须煮沸，羔羊的奶瓶应保持清洁卫生，健康羔与病羔的奶瓶应分开用，喂完奶后随即消毒。

（二）加强运动

运动能增加食欲，增强体质，促进生长和减少疾病，从而为提高羔羊肉用性能奠定基础。随着羔羊日龄的增长，应将其赶到运动场附近的牧地上放牧，加强运动。

（三）搞好圈舍消毒

应严格执行消毒隔离制度。羔羊出生 7 ～ 10d，羔羊痢疾增多，主要原因是圈舍肮脏，潮湿拥挤，污染严重。这一时期要深入检查，包括食欲、精神状态及粪便，做到有病及时治疗。对羊舍及周围环境要严格消毒，隔离病羔，及时处理死羔及其污染物，控制传染源。

（四）断奶

发育正常的羔羊 2 ～ 3 月龄即可断奶。羔羊断奶多采用一次性断奶法，即将母、仔分开，不再合群。断奶后母羊移走，羔羊继续留在原羊舍饲养，尽量给羔羊保持原来的环境。断奶后，根据羔羊的性别、强弱、体格大小等因素，加强饲养，力求不因断奶影响羔羊的生长发育。羔羊断奶后的适应期为 5 ～ 7d，应饲喂优质新鲜的牧草和豆科干草，并逐渐增加精料，适应期结束精料增加到 40% 以上。断奶后开始每天饲喂 5 ～ 6 次，经过 3 ～ 7d 每天饲喂 3 ～ 4 次，以后可改为自由采食。

第五节　育成羊的饲养管理

育成羊是指羔羊从断奶后到第一次配种的公、母羊，多在 3 ～ 18 月龄，其特点是生长发育较快，营养物质需要量大，如果此期营养不良，就会显著地影响到生长发育，从而形成个头小、体重轻、四肢高、胸窄、躯干浅的体型。同时还会使体型变弱、被毛稀疏且品质不良、性成熟和体成熟推迟、不能按时配种，而且会影响一生的生产性能，甚至失去种用价值。可以说育成羊是羊群的未来，其培育质量如何是羊群面貌能否尽快转变的关键。

一、育成羊的生长发育特点

（一）生长发育速度快

育成羊全身各系统均处于旺盛生长发育阶段，与骨骼生长发育关系密切的部位仍然继续增长，如体高、体长、胸宽、胸深增长迅速，头、腿、骨骼、肌肉发育也很快，体型发生明显的变化。

（二）瘤胃的发育更为迅速

6 月龄的育成羊，瘤胃容积增大，占胃总容积的 75% 以上，接近成年羊的容积比。

（三）生殖器官的变化

一般育成母羊 6 月龄以后即可表现正常的发情，卵巢上出现成熟卵泡，达到性成熟。育成公羊具有产生正常精子的能力。育成羊 8 月龄左右接近体成熟，可以配种。育成羊开始配种的体重应达到成年羊体重的 65% ～ 70%。

二、育成羊的饲养

（一）适当的精料水平

育成羊阶段仍需注意精料量，有优良豆科干草时，日粮中精料的粗蛋白质含量提高到15%或16%，混合精料中的能量水平应占总日粮能量的70%左右。混合精料日喂量以0.4kg/d为好，同时还要注意矿物质如钙、磷和食盐的补充。育成公羊的生长发育比育成母羊快，所以精料需要量多于育成母羊。

（二）合理的饲喂方法与饲养方式

饲料类型对育成羊的体型和生长发育影响很大，优良的干草、充足的运动是培育育成羊的关键。给育成羊饲喂大量优质干草，不仅有利于消化器官的充分发育，而且可使育成羊体格高大，乳房发育明显，产奶多。充足的阳光照射和充分的运动可使其体壮胸宽，心肺发达，食欲旺盛。

三、育成羊的管理

（一）合理分群

断乳以后，羔羊按性别、大小、强弱分群，加强补饲，按饲养标准采取不同的饲养方案，按月抽测体重，根据增重情况调整饲养方案。羔羊在断奶组群放牧后，仍需继续补喂精料，补饲量要根据牧草情况决定。

（二）选种

选择合适的育成羊留作种用是羊群质量提高的基础和重要手段，生产中经常在育成期对羊只进行挑选，把品种特性优良的、高产的、种用价值高的公羊和母羊选出来留作繁殖用，不符合要求的或使用不完的公羊则转为商品生产使用。生产中常用的选种方法是根据羊本身的体形外貌、生产成绩进行选择，辅以系谱审查和后代测定。

（三）适时配种

一般育成母羊在满8～10月龄，体重达到40kg或达到成年体重的65%以上时配种。育成母羊的发情不如成年母羊明显和规律，因此要加强发情鉴定，以免漏配。育成公羊须在12月龄以后，体重达60kg以上时再参加配种。

第六节　育肥羊的饲养管理

从羔羊断奶至上市出栏的阶段是育肥期。近几十年来国外对肉类的要求都由成畜肉转向幼畜肉。肥羔由于瘦肉多、脂肪少、肉质鲜嫩、易消化吸收、膻味少等优点而很受欢迎，所以育肥羊常采用羔羊育肥方法。

一、影响肉羊育肥效果的因素

（一）品种与类型

不同品种肉羊增重的遗传潜力不一样。在相同的饲养管理条件下，优良品种可以获得较好的育肥效果。最适宜育肥的肉羊品种应具备早熟性好、体重大、生长速度快、繁殖率高、肉用性能好、抗病性强等特征。肉用绵、山羊品种（如杜泊羊、萨福克羊、夏洛来羊、波尔山羊及其改良羊）的育肥效果通常好于本地绵、山羊品种。杂种羊的生长速度、饲料利用率往往超过双亲品种。因此，杂种羊的育肥效果较好。小型早熟羊比大型晚熟羊、肉用羊比乳用羊及其他类型的羊，较早地结束生长期，及早进入育肥阶段。饲养这类羊不仅能提高出栏率，节约饲养成本，而且还能获得较高的屠宰率、净肉率和良好的肉品品质。

（二）年龄与性别

肉羊在 8 月龄前生长速度较快，尤其是断奶前和 5 ～ 6 月龄时生长速度最快。10 月龄以后生长逐渐减缓。因此，当年羔羊当年屠宰比较经济。如果继续饲养，生长速度明显减缓，而且胴体脂肪比例上升，肉质下降，养殖效益越来越差。

羊的性别也影响其育肥效果。一般来说，羔羊育肥速度最快的是公羊，其次是羯羊，最后为母羊。阉割影响羊的生长速度，但可使脂肪沉积率增强。母羊（尤其是成年母羊）易长脂肪。

（三）饲养管理

饲养管理是影响育肥效果的重要因素。良好的饲养管理条件不仅可以增加产肉量，还可以改善肉质。

1. 营养水平

同一品种羊在不同营养水平条件下饲养，其日增重会有一定差异。高营养水平的肉羊育肥，日增重可达300g/d以上；而低营养水平条件下的羊，日增重可能还不到100g/d。

2. 饲料类型

以饲喂青粗饲料为主的肉羊与以谷物等精料为主的肉羊相比，不仅肉羊日增重不一样，而且胴体品质也有较大差异。前者胴体肌肉所占比例高于后者，而脂肪比例则远低于后者。

（四）季节

羊最适生长的温度为25～26℃，最适季节为春、秋季。天气太热或太冷都不利于羔羊育肥。气温高于30℃时，绵、山羊自身代谢太高，其生长速度可达到最佳状态。但对短毛型绵羊来说，如果夏季所处的环境温度不合适，饲料报酬低。

（五）疾病

疾病影响肉羊的育肥效果。

二、肉羊育肥的一般饲养管理方法

（一）育肥进度和强度的确定

根据羊的品种类型、年龄、体格大小、体况等，制定育肥的进度和强度。绵羊羔羊育肥，一般细毛羔羊在8～8.5月龄结束，半细毛羔羊在7～7.5月龄结束，肉用羔羊6～7月龄结束。采用强度育肥6月龄羔羊，一般要求体重不小于32～35kg。采用强度育肥，可获得较好的增重效果，育肥期短；若采用放牧育肥，则需延长育肥期。

（二）选择合适的饲养标准和育肥日粮

由于育肥羊的品种类型、年龄、活重、膘情、健康状况不同，所以首先要根据育肥羊状况及计划日增重指标，确定合适的育肥日粮标准。例如同为体重30kg的羔羊，由于其父本品种不同，则需要提供不同的能量和蛋白质水平。小型品种的羊育肥需要稍低量的蛋白质和较高的增重净能，大型品种的羔羊则与此相反。早断奶和断奶的羔羊也需要提供不同的营养水平。刚断奶的4月龄羔羊应比7月龄羔羊的饲养水平高些。比如两类羔羊的育肥始重同为30kg，刚断奶的4月龄羔羊需要较多的精料和蛋白质，才能取得最大的日增重。

育肥日粮的组成应就地取材，同时搭配上要多样化。精料用量可以占到日粮的45%～60%。一般来讲，能量饲料是决定日粮成本的主要饲料，应以就地生产、就地取材为原则，配制日粮时应先计算粗饲料的能量水平满足日粮能量的程度，不足部分再由精料补充调整，日粮中蛋白质不足时，要首先考虑饼、粕类植物性高蛋白饲料，正常断乳羔羊和成年羊育肥日粮中也可添加适量的非蛋白氮饲料。

（三）育肥羊舍的准备

育肥羊舍应该通风良好、地面干燥、卫生清洁、夏挡强光、冬挡风雪。圈舍地面上可铺少许垫草。羊舍面积按每只羔羊0.75～0.95m^2、大羊1.1～1.5m^2，保证育肥羊的运动、歇卧。饲槽长度应与羊数量相称，每只羊平均饲槽长度大羊为40～50cm、羔羊为23～30cm；若为自动饲槽，长度可缩小为大羊10～15cm，羔羊2.5～5cm，避免由于饲槽长度不足，造成羊吃食拥挤，进食量不均，从而影响育肥效果。

（四）育肥羊进舍时的管理

育肥羊育肥前，自繁的羔羊要早龄补饲，以加快羔羊生长速度，缩小单、双羔及出生稍晚羔羊的体重差异，为以后提高育肥效果，尤其是缩短育肥期打好基础。育肥羊到达育肥舍当天，给予充足饮水和喂给少量干草，减少惊扰，让其安静休息。休息过后，应进行健康检查、驱虫、药浴、防疫注射和修蹄等，并将其按年龄、性别、体格大小、体质强弱状况等组群。对于育肥公羊，可根据其品种、年龄决定是否去势。早熟品种8月龄、晚熟品种10月龄以上的公羊和成年公羊应去势，这样做有利于育肥并且所产羊肉不产生膻味。但是6～8月龄以下的公羊不必去势。不去势的公羔在断乳前的平均日增重比阉羔高18.6g；断乳至160日龄左右出栏的平均日增重比阉羔高77.18g；从达到上市标准的日龄看，不去势公羔比阉羔少15d，但平均出栏重反而比阉羔高2.27kg，羊肉的味道没有差别。显然公羔不去势比阉羔更为有利。育肥开始后，要注意针对各组羊的体况、健康状况及增重计划，调整日粮和饲养方法。最初2～3周要勤观察羊只表现，及时挑出伤、病、弱羊，给予治疗和改善环境。

（五）育肥期的饲喂及饮水

一般每天饲喂两次，每次投料量以羊 30 ～ 45min 内能吃完为准。量不够要添，量过多要清扫。饲料一旦出现发霉或变质不宜再喂。饲料变换时要有个过渡时期，绝不可在 1 ～ 2d 内改喂新换饲料。精饲料间的变换，应采用新旧搭配，逐渐加大新饲料比例，3 ～ 5d 内全部换完，粗饲料换成精饲料，应以精料增加先少后多，逐渐增加的方法，10d 左右换完。用作育肥羊日粮的饲料可以草、料分开喂给，也可精、粗饲料混合喂给。由精、粗饲料混合而成的日粮，品质一致，并不易挑拣，故饲喂效果较好，这种日粮可以做成粉粒状或颗粒状、粉粒饲料中的粗饲料要适当粉碎，粒径 1 ～ 1.5cm，饲喂时应适当拌湿。颗粒饲料制作粒径大小为：羔羊 1 ～ 1.3cm，大羊 1.8 ～ 2.0cm。羊采食颗粒饲料，可增大采食量，日增重提高 25%，减少饲料浪费，但易出现反刍次数减少而吃垫草或啃树桩等现象，胃壁增厚，但不影响育肥效果。

育肥羊必须保证有足够的清洁饮水。多饮水有助于减少消化道疾病、肠毒血症和尿结石的发生率，同时可获得较高的增重，每只羊每天的饮水量随气温而变化，通常在气温 12℃时为 1.0kg，15 ～ 20℃时为 1.2kg，20℃以上时为 1.5kg。饮水夏季要防晒，冬季要防冻，雪水或冰水应禁止饮用。定期清洗消毒饮水设备。

育肥期间不应在羊体内埋植或者在饲料中添加镇静剂、激素类等违禁药物。肉羊育肥后期使用药物治疗时，应根据所用药物执行休药期。

三、肉羊育肥的方式

（一）放牧育肥

放牧育肥是最经济、应用最为普遍的一种育肥方法。放牧育肥是利用天然草场、人工草场或秋茬地放牧，羊采食的青绿饲料种类多，易获得全价营养，能满足羊生长发育的需要和达到放牧抓膘的目的。由于放牧增加了羊的运动量，并能接受阳光中紫外线照射和各种气候的锻炼，有利于羊的生长发育和健康。优点是成本低和经济效益相对较高，缺点是常常要受到气候和草场等多种不稳定因素变化的干扰和影响，造成育肥效果不稳定和不理想。

把待育肥的羊，按年龄、体格大小、性别、体况分群，进行放牧育肥的准备，育肥前，先将不作种用的公羔及淘汰公羊去势，同时要驱虫、药浴和修蹄。育肥期一般在 8—10 月进行，此时牧草生长盛，开始开花结籽，营养丰富，气候适宜，羊只抓膘，育肥效果好。

羊可增重 20% ～ 40%，羔羊体重可成倍增长。一般放牧抓膘 60 ～ 120d，有条件的给予精料作为适当补饲，放牧育肥期的长短因羊类型不同而异。羯羊在夏场结束，淘汰母羊在秋场结束，中下膘情羊群和当年羔羊在放牧期之后适当补饲达到上市标准后结束。总之，放牧育肥不宜在春场和夏场初期结束。

（二）舍饲育肥

舍饲育肥是根据羊育肥前的状态，按照饲养标准和饲料营养价值配制羊的饲喂日粮，并完全在舍内喂、饮的一种育肥方式。与放牧育肥相比，在相同月龄屠宰的羔羊，活重可高 10%，胴体重高 20%，故舍饲育肥效果好，能提前上市。在市场需求的情况下，舍饲育肥可确保育肥羊在 30 ～ 60d 的育肥期内迅速达到上市标准，育肥期短。此方式适于饲草饲料丰富的农区。现代舍饲育肥主要用于羔羊生产，人工控制羊舍小气候，采用全价配合饲料，让羊自由采食、饮水，是我国农区充分、合理、科学有效地利用退耕种草优势及农作物秸秆和农副产品加工下脚料的一条好途径，是优化农业产业结构、增加农民收入的有效措施。

舍饲育肥羊的来源应以羔羊为主，其次来源于放牧育肥的羊群。如在雨季来临或旱年牧草生长不良时放牧育肥羊可转入舍饲育肥；当年羔羊放牧育肥一段时期，估计入冬前达不到上市标准的部分羊，也可转入舍饲育肥。

舍饲育肥羊日粮中精料可以占到日粮的 45% ～ 60%，随着精料比例的增高，育肥强度增大。加大精料喂量时，必须预防过食精料引起的肠毒血症和钙磷比例失调引起的尿结石症等。防止肠毒血症，主要靠注射疫苗；防止尿结石，在以各类饲料和棉籽饼为主的日粮中可将钙含量提高到 0.5% 的水平或加 0.25% 氯化铵，避免日粮中钙磷比例失调。

育肥圈舍要保持干燥、通风、安静和卫生，育肥期不宜过长，达到上市要求即可，舍饲育肥通常为 75 ～ 100d，时间过短，育肥增重效果不显著；时间过长，饲料转化率低，育肥经济效益不理想。在良好的饲料条件下，育肥期一般可增重 10 ～ 15kg。

（三）混合育肥

混合育肥有两种情况：一是在秋末冬初，牧草枯萎后，对放牧育肥后膘情仍不理想的羊，补饲精料、延长育肥时间，进行短期强化肥育 30 ～ 40d，使其达到屠宰标准，提高胴体重和羊肉质量；二是由于草场质量或放牧条件差，仅靠放牧不能满足快速增长的营养需要，在放牧的同时，给育肥羊补饲一定数量的混合精料和优质青干草。混合育肥较放牧育肥可缩短羊肉生产周期，增加肉羊出栏量和出肉量。前一种方式适用于生长强度较小及增重强度较慢的羔羊和周岁羊，育肥耗用时间较长，不符合现代肉羊短期快速育肥的要求；后一种方式适用于生长强度较大和增重速度较快的羔羊，同样可以按要求实现强度直线育肥。

如果仅补草，应安排在归牧后；如果草、料都补，则可在出牧前补料，归牧后补草。精料每日每只喂量 250 ～ 500g，粗料不限，自由采食，每日饮水 2 ～ 3 次。使日粮满足育肥羊的饲养标准要求，每千克日粮中含干物质 0.87kg，消化能 13.5MJ，粗蛋白质 12% ～ 14%，可消化蛋白质 106g。混合育肥可使育肥羊在整个育肥期内的增重比单纯依靠放牧育肥提高 50% 左右，而且所生产羊肉的味道也较好。因此，只要有一定的补饲条件，还是采用混合育肥方式效果更好。

上述三种育肥方式比较，舍饲育肥增重效果一般高于混合育肥和放牧育肥。从单只羊经济效益分析，混合育肥、放牧育肥的经济效益高于舍饲育肥，但从大规模集约化羔羊育肥角度讲，舍饲育肥的生产效率及经济效益比混合育肥和放牧育肥高。

四、肉羊育肥技术

（一）羔羊育肥技术

1. 羔羊早期育肥技术

包括 1.5 月龄羔羊断奶全精料育肥和哺乳羔羊育肥两种方法。羔羊早期育肥时，为了预防羔羊疾病，常用一些添加剂，但要使用允许使用的肉羊饲料添加剂，并在出栏前按规定停药期停药，不使用国家禁用的饲料添加剂和饲料药物添加剂。

（1）*45 日龄羔羊断奶全精料育肥*　羔羊早期（3 月龄以前）的主要特点是生长发育快，胴体组成部分的重量增加大于非胴体部分（如头、蹄、毛、内脏等），脂肪沉积少。消化系统的特点是瘤胃发育不完全，消化方式与单胃家畜相似。羔羊所吸吮乳汁不经瘤胃作用而由食道沟直接流入真胃被消化利用，补饲固体饲料，特别是整粒玉米通过瘤胃破碎后进入真胃，然后转化成葡萄糖被吸收，饲料利用率高。而发育完全的瘤胃，微生物活动增强，对摄入的玉米经发酵后转化成挥发性脂肪酸，这些脂肪酸只有部分被吸收，饲料转化率明显低于胃发育不全时。因此，采用 45 日龄早期断奶全精料育肥能获得较高屠宰率、饲料报酬率和日增重。1.5 月龄羔羊体重在 10.5kg 时断奶，育肥 50d，平均日增重 280g/d，育肥终重达 25 ～ 30kg，料重比为 3∶1。

日粮配制可选用任何一种谷物饲料，但效果最好的是玉米等高能量饲料。谷物饲料不须破碎，其效果优于破碎谷粒，主要表现在饲料转化率高和胃肠疾病少。使用配合饲料则优于单喂某一种谷物饲料。较佳饲料配合比例为：整粒玉米 83%、黄豆饼 15%、石灰石粉 1.4%、食盐 0.5%、维生素和微量元素 0.1%。其中维生素和微量元素的添加量按每千克饲料计算为维生素 A、维生素 D、维生素 E 分别是 500IU、1000IU 和 20IU，硫酸锌 150mg，硫酸锰 80mg，氧化镁 200mg，硫酸钴 5mg，碘酸钾 1mg。改用其他油饼类饲料代替黄豆饼时，日粮中钙磷比例可能失调，应注意防治尿结石。

饲喂方式采用自由采食、自由饮水。饲料投给最好采用自动饲槽，以防止羔羊四肢踩入槽内，造成饲料污染而降低饲料摄入量和扩大球虫病与其他病菌的传播；饲槽离地面高度应随羔羊日龄增长而提高，以饲槽内饲料不堆积或不溢出为宜。如发现某些羔羊啃食圈墙时，应在运动场内添设盐槽，槽内放入食盐或食盐加等量的石灰石粉，让羔羊自由采食。饮水器或水槽内始终保持清洁的饮水。

管理技术上应注意以下四个方面：第一，羔羊断奶前半月龄实行补饲；第二，断奶前补饲的饲料应与断奶育肥饲料相同；玉米粒在刚补饲时稍加破碎，待习惯后则喂以整粒，羔羊在采食整粒玉米的初期、有吐出玉米粒的现象，反刍次数也较少，随着羔羊日龄增加，吐玉米粒现象逐渐消失，反刍次数增加，此属正常现象，不影响育肥效果；第三，羔羊育肥期间常见的传染病是肠毒血症和出血性败血症，肠毒血症疫苗可在产羔前给母羊注射或断奶前给羔羊注射，一般情况下，也可以在育肥开始前注射快疫、猝狙和肠毒血症三联苗；第四，育肥期一般为 50 ～ 60d，其长短主要取决于育肥终体重，而终体重又与品种类型和育肥初重有关。如大型品种羔羊 3 月龄育肥终重可达到 35kg 以上；一般细毛羔羊和非肉用品种育肥 50d 可达到 25 ～ 30kg 以上（断奶重小于 12kg 时，育肥终重 25kg 左右；断奶重在 13 ～ 15kg 时，育肥终重达 30kg 以上）。

（2）哺乳羔羊育肥　哺乳羔羊育肥也同样着眼于羔羊 3 月龄出栏上市，但不提前断奶，只是隔栏补饲水平提高，到时从大群中挑出达到屠宰体重的羔羊（25 ～ 27kg）出栏上市，达不到者断奶后仍可转入一般羊群继续饲养。其目的是利用母羊的全年繁殖，安排秋季和冬季产羔，保证节日（元旦、春节等）应时待需的羔羊肉。

哺乳羔羊育肥基本上以舍饲为主，从羔羊中挑选体格大、早期性能好的公羔作为育肥对象。为了提高育肥效果，母子应同时加强饲喂，要求母羊母性好、泌乳多，哺乳期间每日喂给足量的优质豆和干草，另加 0.5kg 精料。羔羊要求及早开食，每天喂 2 次，饲料以谷粒饲料为主，搭配适当黄豆饼，配方同 1.5 月龄早期断奶育肥羔羊，每次喂量以 20min 内吃完为宜。另给上等苜蓿干草，由羔羊自由采食，干草品质差时，每只羔羊日粮中应添加 50 ～ 100g 蛋白质饲料。到了 3 月龄，活重达到标准者出栏上市。

2. 断乳羔羊育肥技术

断乳羔羊育肥是羊肉生产的主要形式，因为断乳羔羊除部分被选留到后备群外，大部分需出售处理。一般情况下，体重小或体况差的进行适度育肥，体重大或体况好的进行强度育肥，均可进一步提高经济效益。各地可根据当地草场状况和羔羊类型选择适宜的育肥方式，采用舍饲育肥或混合育肥后期的圈舍育肥，通常在入圈舍育肥之前先利用一个时期的较好牧草地或农田茬子地，使羔羊逐渐适应饲料转换过程，同时也可降低育肥饲料成本。

（1）饲养哺乳羔羊　健壮羔羊是育肥的基础，因此，羔羊出生后要及时吃足初乳、对多胎羔羊和母羊死亡的羔羊要实行人工哺喂，配方为：面粉 50%、糖 24%、油脂 20%、磷酸氢钠 2%、食盐 1%、豆粉 3%。可用瓶喂或盆喂、饲喂要定时、定温、定质和定量。7 日龄开始用嫩青草诱食。15 日龄加强补饲，配方为：干草粉 30%、麦秸 44%、精料 25%、食盐 1%。30 日龄后以放牧为主，补足精料。加强运动，强化管理。羔羊 3 ～ 4 月龄断乳即可育肥。羊对精料质量反应很敏感，应不喂发霉或发酵的饲料。

（2）断奶时间　断乳时间可根据开食情况掌握，应在其可食 70 ～ 90g 精料时断乳，为了减少羔羊转群时的应激反应，在羔羊转出之前应先集中暂停给水给草，空腹一夜，第二天装车运出，运出时速度要快，尽量少延误时间，到育肥地后的当天不要喂饲，只饮水和给少量干草让羊安静休息，避免惊扰，然后再进行称重、注射四联苗和灌驱虫药等。

（3）育肥前准备　羔羊出生后 1 ～ 3 周内均可断尾，但以 2 ～ 7d 最理想。选择晴天的早晨进行，可采用胶筋、烧烙或快刀等断尾方法，创面用 5% 碘酒消毒。去势可与断尾同时进行，采用手术或胶筋等方法：驱虫健胃。按羊每 5kg 体重用虫星粉剂 5g 或虫克星胶囊 0.2 粒，口服或拌料喂服，或用左旋咪唑或苯丙咪唑驱虫。驱虫后 3d 每次用健胃散 25g，酵母片 5 ～ 10 片，拌料饲喂，连用 2 次。

（4）预饲过渡期管理　育肥开始后，不论采用何种肥育方式都要有预饲过渡期。预饲过渡期在适度育肥时为两个阶段：第一阶段 1 ～ 3d，只喂干草，让其适应新环境；第二阶段 7 ～ 10d，给予 70% 干草、25% 玉米粒、4% 豆饼、1% 食盐。强度育肥羔羊预饲过渡期大致分为三个阶段：第一阶段 1 ～ 3d，只喂干草，让羔羊适应新环境；第二阶段 7 ～ 10d，参考日粮为玉米粒 25%、干草 64%、糖蜜 5%、豆饼 5%、食盐 1%；第三阶段 10 ～ 14d，参考日粮为玉米粮 39%、干草 50%、糖蜜 5%、豆饼 5%、食盐 1%，以上日粮日喂 2 次，投料以能在 40min 内食完为好。另外，还可根据各地不同资源自行调整。

（5）育肥期管理

①舍饲育肥。舍饲育肥不但可以提高育肥速度和出栏率，而且可保证市场羊肉的均衡供应。适用于无放牧场所、农作物副产品较多、饲料条件较好的地区。春、夏、秋季在有遮阴棚的院内或围栏内、秋末至春初寒冷季节在暖舍或塑料棚内喂养。舍饲育肥为密集式，包括饲喂场地、通道，每只羊应占 1.2m^2 的面积，冬暖夏凉、空气新鲜、地面干爽，有充足的精、粗饲料储备，最好有专用的饲料地。

每天饲喂 3 次，夜间加喂 1 次。夏秋饮井水，冬春饮温水。饲喂顺序是：先草后料，先料后水。早饱，晚适中，饲草搭配多样化，禁喂发霉变质饲料。干草要切短。羊减食每只喂干酵母 4 ～ 6 片。

配方 1：玉米粉、草粉、豆饼各 21.5%，玉米 17%，花生饼 10.3%，麦麸 6.9%，食盐 0.7%，尿素 0.3%，添加剂 0.3%。前 20d 每只羊日喂精料 350g，以后 20d 每只 400g，再 20d 每只 450g，粗料不限量，适量青料。

配方 2：玉米 66%、豆饼 22%、麦麸 8%、食盐 1.5%、尿素 1%，添加含硒微量元素和维生素 AD_3。混合精料与草料配合饲喂，其比例为 60∶40。一般羊 4 ～ 5 月龄时每天喂精料 0.8 ～ 0.9kg，5 ～ 6 月龄时喂 1.2 ～ 1.4kg，6 ～ 7 月龄时喂 1.6kg。

②放牧加补饲育肥。在草场条件不够理想的地区，多采用这种育肥方式。首先要延长放牧时间，尽量使羊只吃饱、饮足。归牧后再补给混合精料。以放牧为主、补饲为辅，降低饲养成本，充分利用草场。

参考配方 1：玉米粉 26%、麦麸 7%、棉籽饼 7%、酒糟 48%、草粉 10%、食盐 1%、尿素 0.6%、添加剂 0.4%。混合均匀后，羊每天傍晚补饲 300g 左右。

参考配方 2：玉米 70%，豆饼 28%，食盐 2%。日补饲 0.3 ～ 0.5kg，上午补给总量的 30%，晚间补给 70%。饲喂方法为，加粗饲料（草粉、地瓜秧、花生粉）15%，混匀拌湿，槽饲。

遇到雨雪天气不能出牧时，粗饲料以秸秆微贮为主。在枯草期除补饲秸秆微贮外，还要在混合精料中另加 5% ～ 10% 的麦麸及适量的微量元素和维

生素 AD_3 粉。有条件的还要喂些胡萝卜、南瓜等多汁饲料。入冬气温低于4℃时，夜间应进入保温圈、棚内。

（6）增重剂的使用　可以使用如下增重剂：育肥复合饲料添加剂，每只羊每天 2.5 ～ 3.3g 混合饲喂，适于生长期和育肥期；尿素，在日粮中添加 1.5% ～ 2% 饲喂，忌溶于水中或单独饲喂，防止中毒，中毒者可用 20% ～ 30% 糖水或 0.5% 食醋解救。

（7）精心管理　要求羊舍地势干燥，向阳避风，建成塑料大棚暖圈，高度 1.5m 左右，每只羊占地面积 0.8 ～ $1.2m^2$。保持圈舍冬暖夏凉，通风流畅；勤扫羊舍，地面洁净；育肥前要对圈舍、墙壁、地面及舍外环境等严格消毒。大小羊要分圈饲养，易于管理育肥。定期给羊注射炭疽、快疫、羊瘟、羊肠毒血症等四联疫苗免疫。经常刷拭羊体，保持皮肤洁净。随时观察羊体健康状况，发现异常及时隔离诊断治疗。

（二）成年羊育肥技术

1. 选羊

成年羊育肥一般采用淘汰的老、弱、乏、瘦以及失去繁殖机能的羊进行育肥，还有少量去势公羊进行育肥。选羊要选购个体高大，精神、无病、灵活、毛色光亮、牙齿好的羊进行育肥，并且膘情中等、价格适中。淘汰膘情很好、极差或有病的羊。

2. 驱虫、健胃

寄生虫不但能消耗羊的大量营养，而且还分泌毒素，破坏羊只消化、呼吸和循环系统的生理功能，对羊只的危害是严重的，所以在羊育肥之前应首先进行驱虫，用高效驱虫药左旋咪唑每千克体重 8mg 兑水溶化，配制成 5% 的水溶液做肌内注射，能驱除羊体内多种圆虫和线虫，同时用硫双二氯酚按每千克体重 80mg，加少许面粉兑水 250mL 喂料前空腹灌服，能驱除羊肝片吸虫和绦虫，这就避免了羊只额外的体内损失，对进行快速育肥和减少饲草料损耗都将十分重要。羊只健胃一般采用人工盐和大黄苏打进行，驱虫、健胃在反刍动物当中意义很大，当然要注意用药剂量，否则造自成无效或中毒死亡。

3. 饲喂

精料配方 1：玉米粉 50%、胡麻饼 30%、糠 9%、麸皮 10%、盐 1%。

精料配方 2：玉米 55%，油饼 35%，麸皮 8%，盐、尿素溶于水各 1%。冬季可结合胡萝卜、甜菜渣来饲喂。将购进羊按大小分圈进行驱虫，健胃后，减少其活动量，一般日喂精料 0.7kg 左右，育肥 50d 即可出栏。平均日增重达到 250g 左右。

4. 管理

（1）分群 挑选出来的羊应按体重大小和体质状况分群，一般把相近情况的羊放在同一群育肥，避免因强弱争食造成较大的个体差异。

（2）入圈前的准备 对待育肥羊只注射肠毒血症三联苗和驱虫。同时在圈内设置足够的水槽和料槽，并进行环境（羊舍及运动场）的清洁与消毒。

（3）选择最优配方配制日粮 选好日粮配方后严格按比例称量配制日粮。为提高育肥效益，应充分利用天然牧草、秸秆、树叶、农副产品及各种下脚料，扩大饲料来源。合理利用尿素及各种添加剂（如育肥素、玉米赤霉醇等）。资料显示，成年羊日粮中，尿素可占到2%，矿物质和维生素可占到3%。

（4）安排合理的饲喂制度 成年羊只日粮的日喂量依配方不同而有差异，一般为2.5～2.7kg。每天投料两次，日喂量的分配与调整以饲槽内基本不剩为标准。喂颗粒饲料时，最好采用自动饲槽投料，雨天不宜在敞圈饲喂，午后应适当喂些青干草（每只0.25kg），以利于反刍。

第三章　肉羊营养与饲料

第一节　肉羊的营养需要

肉羊所需的营养物质包括蛋白质、碳水化合物、脂肪、矿物质、维生素和水，这 6 类营养物质除水分外，其余皆需从草料中获取。

一、蛋白质

蛋白质是由氨基酸组成的含氮化合物，是羊体各种细胞的主要构成物质，是组织生长和修复的重要原料。羊和单胃动物相比，对蛋白质品质要求不甚严格，除正在生长发育的幼羊和母羊繁殖期间外，平时对日粮中必需氨基酸的需求不太突出。作为反刍家畜，能将食入的纤维素在瘤胃微生物的作用下分解转变为各种营养物质，并能合成必需氨基酸，因此，在放牧吃青草时，一般不缺乏必需氨基酸，枯草期的冬、春季节，饲草料中蛋白质的含量低，可能会缺乏氨基酸，应注意给羊补充蛋白质饲料。

二、碳水化合物

饲料中的碳水化合物是供羊维持和生产的主要能源物质，由粗纤维和无氮浸出组成。羊得不到足够的碳水化合物时，就要运用体内的脂肪甚至蛋白质来供应热能，这时羊就会消瘦，不能正常生产和繁殖。相反，当碳水化合物过剩时，就形成脂肪蓄积于体内，羊就长得肥胖。

虽然粗纤维的营养价值很低，但对羊却很重要。羊对纤维素的消化能力比其他家畜强，这也是羊在荒漠、半荒漠、灌木丛生的山区等环境中可以很好生存生产的主要原因。肉羊日粮中粗纤维的最适宜水平为 20% 左右。

三、脂肪

饲料中的脂肪也是供给羊热能的一个来源，它的产热量是同量蛋白质和碳水化合物的2.25倍。脂肪是山羊体组织的重要成分。山羊的日粮中一般不缺乏脂肪。

四、矿物质

羊的生长发育过程中，钙、磷的需要量较大，特别需要指出的是，硫是构成山羊绒毛不可缺少的营养素，足够的硫对于提高绒毛产品和质量具有重要的作用。缺硫时，可发生流涎过多，虚弱，食欲不振，消瘦，绒毛枯黄等现象。

五、维生素

维生素对羊体的健康、生长发育和繁殖有重要作用。饲草中缺乏维生素会引起疾病，如缺乏维生素A，会阻碍羊的生长，使羊的繁殖率降低，母羊不孕或流产，常发夜盲症。缺乏维生素D影响对钙、磷的吸收，引起佝偻病。羊瘤胃内的微生物可合成维生素B_1、维生素B_2、维生素B_{12}和维生素K，因此，饲养中不必考虑此类维生素的补充。通常在饲养标准中只标出了维生素A、维生素D和维生素E的需要量，单位是IU。只要喂给足够数量的青干草、青贮或青绿饲料，羊所需要的各种维生素均能得到满足。

六、水

水对人、畜都是不可缺少的重要营养物质。为羊提供充足、卫生的饮水，是羊只保健的重要环节。是各种营养物质的溶剂。营养物质的消化、吸收、运输、排泄以及体内各种生理生化过程、调节体温、维持组织器官机能和形态的必要物质。

第二节　肉羊饲料的选择和使用

一、肉羊常用的饲草

（一）紫花苜蓿

苜蓿适应性强，种植面积较广，产量高，品质好，适口性好称为牧草之王。苜蓿干草中含粗蛋白质在 18% 左右，苜蓿为多年生植物，每年能收割 2 ～ 4 次，每亩[①] 可产鲜草 3000 ～ 5000kg。

（二）红豆草

红豆草具有产草量高、适口性好、抗寒耐旱和营养价值高的特点。红豆草为多年生牧草，寿命为 7 ～ 8 年，第 3 年产量最高，每亩的产量为 3666.8kg，粗蛋白质的含量为 14.45% ～ 24.75%，无氮浸出物的含量为 37.58% ～ 46.01%，钙含量在 1.63% ～ 2.36%。

（三）紫云英

又名红花草，产量高，蛋白质含量丰富，且富含各种矿物质元素和维生素，鲜嫩多汁，适口性好。鲜草的产量一般为每亩产 1500 ～ 2500kg，现蕾期牧草的干物质中的粗蛋白质的含量很高，可达 31.76%；粗纤维的含量较低只有 11.82%。

（四）无芒雀麦

无芒雀麦又名雀麦、无芒麦、禾萱草，为世界最重要的禾本科牧草之一。具有适应性广、生命力强，适口性好、饲用价值高的特点，每亩可产青草 3000kg。粗蛋白质的含量为 20.4%，抽穗期的粗蛋白质含量为 14%。

（五）普那菊苣

原产于新西兰，具有生长速度快，产量高，每亩可产鲜草 6000 ～ 10000kg。

---

① 1 亩约为 667m^2，全书同。

开花初期含粗蛋白质为14.73%，适口性好，羊非常喜欢吃。

（六）黑麦草

黑麦草生长快，分蘖多，繁殖力强，适口性好，营养价值高，是羊较好的饲草。每亩总产量为4000～5000kg，在土壤条件好的牧地可产鲜草7500kg以上，粗蛋白质的含量为15.3%，粗纤维的含量为24.6%。

（七）羊草

羊草又名碱草，具有适应性强、饲用价值高、容易栽培、抗寒耐旱耐盐碱、耐践踏特点。每亩可产干草250～300kg，最高的可达500kg（鲜草1700～2000kg），粗蛋白质的含量为13.53%～18.53%，无氮浸出物为22.64%～44.49%。

（八）秸秆和秕壳

各种农作物收获过种子后，剩余的秸秆、茎蔓等。有玉米秸、麦秸、稻草、谷草、大豆秧、黑豆秸，营养价值较低。经过粉碎、碱化、氨化和微贮等处理后，营养价值会有较大的提高。

（九）多汁饲料

多汁饲料包括块根、块茎、瓜类、蔬菜、青贮等。水分含量高，其次为碳水化合物。干物质含量很少，蛋白质少，钙微、磷少，钾多、胡萝卜素多。粗纤维含量低，适口性好，消化率高。

二、肉羊常用的精饲料

精饲料是富含无氮浸出物与消化总养分、粗纤维低于18%的饲料。这类饲料含蛋白质有高有低，包括谷实、油饼与磨坊工业副产品。精饲料可分为碳源饲料与氮源饲料，即能量饲料和蛋白质饲料。

（一）谷实类饲料

能量饲料是主要利用其能量的一些饲料。其蛋白质含量低于20%，含粗纤维低于18%，能量饲料的主体是谷物饲料。有些蛋白质补充料含有较高的能量，也是能量饲料的范畴，但由于其主要的营养特点是蛋白质的含量高，用于饲料中的蛋白质补充，故划分在蛋白质饲料类。

谷实类饲料是精饲料的主体，含大量的碳水化合物（淀粉含量高），粗纤维的含量少，适口性好，粗蛋白质的含量一般不到10%，淀粉占70%左右，粗脂肪、粗纤维及灰分各占3%左右，水分一般占13%左右，由于淀粉含量高，故将谷实类饲料又称为能量饲料，能量饲料是配合饲料中最基本的和最重要的饲料，也是用量最大的饲料，谷实类饲料是羊在所采食的饲料（包括草）中虽占的比例不大，但却是羊最主要的精料补充饲料。谷实类饲料的饲用方法一般是稍加粉碎即可，不宜过细，以免影响羊的反刍。最常用和最经济的谷实类饲料有以下几种。

1. 玉米

玉米是谷实类饲料中的代表性饲料，是所有精饲料中应用最多的饲料。玉米产量高，适口性好，营养价值也高，玉米干物质中粗蛋白质的含量在7%左右，粗纤维的含量仅为1.2%，无氮浸出物高达73.9%；消化能也高，大约为15MJ/kg。但玉米所含的蛋氨酸、胱氨酸、钙、磷、维生素较少，在饲料的配合中应和其他饲料配合，使日粮营养达到平衡。

2. 高粱

高粱是重要的精饲料，营养价值和玉米相似。主要成分为淀粉，粗纤维少，可消化养分高，粗蛋白质的含量为7%～8%，但质量差，含有单宁，有苦味，适口性差，不易消化，高粱中含钙少，含磷多，粗纤维含量也少；烟酸含量多，并含有鞣酸，有止泄作用，饲喂量大时容易引起便秘。

3. 大麦

大麦是一种优质的精饲料，其饲用价值比玉米稍佳，适口性好，饲料中的粗蛋白质含量为12%，无氮浸出物占66.9%，氨基酸的含量和玉米差不多，钙、磷的含量比玉米高，胡萝卜素和维生素D不足，硫胺素多，核黄素少，烟酸的含量丰富。

4. 燕麦

燕麦是一种很有价值的饲料，适口性好，籽实中含有较丰富的蛋白质，粗蛋白质的含量在10%左右，粗脂肪的含量超过4.5%，比小麦和大麦多一倍以上，燕麦的主要成分为淀粉。但燕麦的粗纤维含量高，在10%以上，营养价值高于玉米。燕麦含钙少，含磷多；胡萝卜素、维生素D、烟酸含量比其他的麦类少。

（二）糠麸类饲料

糠麸类饲料是谷实类饲料经制粉、碾米加工的主要副产品，同原料相比无氮浸出物较低，其他各种营养成分的含量普遍高于原料的营养成分，特别是粗蛋白质、矿物质元素和维生素含量较高，是很好的羊饲料来源之一。常用的糠麸类饲料有麦麸、米糠、稻糠、玉米糠。

麦麸是糠麸类饲料中用量最大的饲料，广泛用于各种畜禽的配合日粮中，麦麸具有适口性好，质地膨松、营养价值高、使用范围广的特点和轻泄作用。饲料中的粗蛋白质的含量在 11% ～ 16%，含磷多，含钙少，维生素的含量也较丰富。麦麸具有轻泄作用。在夏季可多喂些麸皮，可起到清热泻火的作用，由于麦麸中的含磷量多，采食过多会引起尿道结石，特别是公羊表现比较明显，公羔表现更为突出，麦麸在饲料中的比例一般应控制在 10% ～ 15%，公羔的用量应少些。

稻糠是水稻的加工副产品，包括砻糠和米糠。砻糠是粉碎的稻壳，米糠是去壳稻粒的加工副产品，是大米精制时产生的果皮、种皮、外胚乳和糊粉层等的混合物。砻糠的体积较大，质地粗硬，不宜消化，营养价值低于米糠，由于稻糠带芒，作为羊的饲料是带芒的稻壳容易粘附在羊的胃壁上，形成一层稻壳膜，影响羊的正常消化，甚至致病、消瘦、死亡，故饲喂稻糠时一定要粉碎细致。米糠的营养价值高，新鲜米糠适口性也好，在羊的日粮中可占到 15% 左右。

（三）饼粕类饲料

粗蛋白质在 20% 以上的饲料归为蛋白质饲料。饼粕类饲料是富含油的籽实经加工榨取植物油后的加工副产品，蛋白质的含量较高，是蛋白质饲料的主体。通常含较多的蛋白质（30% ～ 45%），适口性较好，能量也高，品质优良，是羊瘤胃中微生物蛋白质的氮的前身。羊可以利用瘤胃中的微生物将饲料中的非蛋白氮合成菌体蛋白，所以在羊的一般日粮中蛋白质的需求量不大。但蛋白质饲料仍是羊饲料中必不可少的饲料成分之一，特别是对于羔羊的生长发育期、母羊的妊娠期的营养需求显得特别重要。这些饲料主要有以下几种。

1. 豆饼、豆粕

豆饼、豆粕是我国最常用的一种植物性蛋白质饲料营养价值高，价格又较鱼粉及其他动物性蛋白质饲料低，是畜禽较为经济和营养较为合理的蛋白质饲料，一般来说豆粕较豆饼的营养价值高，含粗蛋白质较豆饼高 8% ～ 9%。大豆饼（粕）较黑豆饼（粕）的饲喂效果好。在豆饼（粕）的饲料中含有一些有害物质和因子，如抗胰蛋白酶、尿素酶、血球凝集素、皂角苷、甲状腺诱发因子、抗凝固因子等，其中最主要的是抗胰蛋白酶。饲喂这些饲料时应进行加工处理。最常用的方法是在一定的水分条件下进行加热处理，经加热后这些有害物质将失去活性，但不宜过度加热，以免影响和降低一些氨基酸的活性。

2. 棉籽饼

棉籽饼是棉籽提取后的副产品，一般含粗蛋白质32% ～ 37%，产量仅次于豆饼。是反刍家畜的主要蛋白质饲料来源。棉籽饼的饲用价值与豆饼相比，蛋白质的含量为豆饼的79.6%，消化能也低于豆饼，粗纤维的含量较豆饼高，且含有有毒物质棉酚，在饲喂非反刍畜禽时使用量不可过多，喂量过多时容易引起中毒。但对于牛、羊来说，只要饲喂不过量就不会发生中毒，且饲料的成本较豆饼便宜，故在养羊生产中被广泛应用。

3. 菜籽饼

菜籽饼是菜籽经加工提炼后的加工副产品，是畜禽的蛋白质饲料来源之一。粗蛋白质的含量在20%以上，其营养价值较豆饼低。菜籽饼中含有有毒物质芥子苷或称含硫苷（含量一般在6%以上），各种芥子苷在不同的条件下水解，会形成异硫氰酸酯，严重影响适口性，采食过多会引起中毒。羊对菜籽饼的敏感性较强，饲喂时最好先对菜籽饼进行脱毒处理。

4. 花生饼

花生饼的饲用价值仅次于豆饼，蛋白质和能量都比较高，粗蛋白质的含量为38%，粗纤维的含量为5.8%。带壳花生饼含粗纤维在15%以上，饲用价值较去壳花生饼的营养价值低，但仍是羊的好饲料。花生饼的适口性较好，本身无毒素，但易感染黄曲霉，导致黄曲霉毒素中毒，贮藏时要注意防潮，以免发霉。

5. 向日葵饼

向日葵饼简称葵花饼，是油葵及其他葵花籽榨取油后的副产品。去壳葵花饼的蛋白质含量可达46.1%，不去壳葵花饼粗蛋白质的含量为29.2%。葵花饼不含有毒物质，适口性也好，虽然不去壳的葵花饼的粗纤维含量较高，但对羊来说是营养价值较好和廉价的蛋白质饲料。

6. 胡麻饼

胡麻饼是胡麻种子榨油后的加工副产品，粗蛋白质的含量在36%左右，适口性较豆饼差，较菜籽饼好，也是胡麻产区养羊的主要蛋白质饲料来源之一。胡麻饼饲用时最好和其他的蛋白质饲料混合使用，以补充部分氨基酸的不足。单一饲喂容易使羊的体脂变软。

三、无机盐及其他饲料

无机盐及其他饲料主要有食盐、石灰石、磷酸钙以及各种微量元素。一般用作添加剂。食盐可以单独饲喂，其他与精料混合使用。

第三节 肉羊饲料的加工利用

一、能量饲料的加工

能量饲料干物质的 70% ～ 80% 是由淀粉组成的，所含粗纤维的含量也较低，营养价值较高，是适口性比较好的饲料。常用的能量饲料的方法有以下几种。

（一）粉碎和压扁

粉碎是用机械的方法引起饲料细胞的物理破坏，使饲料被外皮或壳所包围的营养物质暴露出来。如玉米、高粱、小麦、大麦等饲料。

（二）水浸

水浸饲料的作用，一是使坚硬的饲料软化、膨胀，便于采食利用；二是使一些具有粉尘性质的饲料在水分的作用下不能飞扬，减小粉尘对呼吸道的影响和改善饲料的适口性。一般在饲料的饲喂前用少量的水将饲料拌湿放置一段时间，待饲料和水分完全渗透，在饲料的表面上没有游离水时即可饲喂，注意水的用量不宜过多。

（三）液体培养

液体培养的作用是将谷物整粒饲料在水的浸泡作用下发芽，以增加饲料中某些营养物质的含量，提高饲喂效果。谷粒饲料发芽后，可使一部分蛋白质分解成氨基酸、糖分、维生素与各种酶增加，纤维素增加。如大麦发芽前几乎不含胡萝卜素，经浸泡发芽后胡萝卜素的含量可达 93 ～ 100mg/kg，核黄素含量提高 10 倍，蛋氨酸的含量增加 2 倍，赖氨酸的含量增加 3 倍。因此发芽饲料对饲喂公羊、母羊和羔羊有明显的效果。一般将发芽的谷物饲料加到营养贫乏的日粮中会有所裨益的，日粮营养越贫乏，收益越大。

二、蛋白质饲料的加工利用

（一）豆类蛋白质饲料的加工

豆类饲料含有一种叫作抗胰蛋白酶的物质，这种物质在羊的消化道内与消化液中的胰蛋白酶作用，破坏了胰蛋白酶的分子结构，使酶失去生物活性，从而影响饲料中营养物质消化吸收，造成饲料蛋白质的浪费和羊的营养不足。这种抗胰蛋白酶在遇热时就变性而失去活性，因此在生产中常用蒸煮和焙炒的方法来破坏大豆中的抗胰蛋白酶，不仅提高了大豆的消化率和营养价值，而且增加了大豆蛋白质中有效的蛋氨酸和胱氨酸，提高了蛋白质的生物学价值。但有的资料表明，对于反刍家畜，由于瘤胃微生物的作用，不用加热处理。

（二）豆饼饲料的加工

豆饼根据生产的工艺不同可分为熟豆饼和生豆饼，熟豆饼经粉碎后可按日粮的比例直接加入饲料中饲喂，不必进行其他处理，生豆饼由于含有抗胰蛋白酶，在粉碎后需经蒸煮或焙炒后饲喂。豆饼粉碎的细度应比玉米要细，便于配合饲料和防止羊的挑食。

（三）棉籽饼的加工

棉籽饼含有丰富的可消化粗蛋白质、必需氨基酸，基本上和大豆粕的营养相当，还含有较多的可消化碳水化合物，是能量和蛋白质含量都较高的蛋白质饲料。但是棉籽饼中含有较多的粗纤维，还有一定量的有毒物质，所以在饲喂猪、家禽等单胃动物时受到一定的限制，而主要作为羊、牛等反刍家畜的蛋白质饲料。棉籽饼中的有毒物质是棉酚，这是一种复杂的多酚类化合物，饲喂过量时容易引起中毒，所以在饲喂前一定要进行脱毒处理，常用的处理方法有水煮法和硫酸亚铁水溶液浸泡法。

（四）菜籽饼的加工

菜籽饼是油菜产区的菜籽油的加工副产品，应用受两个不利的因素影响，一是菜籽饼含有苦味，适口性较差；二是菜籽饼含有含硫葡萄糖苷，这种物质在酶的作用下，裂解生成多种有毒物质，饲喂和处理不当就会发生饲料中毒。这些有毒的物质是致甲状腺肿大的噻唑烷硫酮（OET）、异硫氰酸酯

（ITC）、芥籽苷等。因此对菜籽饼的脱毒处理显得十分重要。菜籽饼的脱毒处理常用的方法有两种：土埋法和氨、碱处理法。

三、薯类及块茎块根类饲料的加工利用

这类饲料的营养较为丰富，适口性也较好，是羊冬季不可多得的饲料之一。加工较为简单，先将饲料上的泥土洗干净，用机械或手工的方法切成片状、丝状或小块状即可。

四、青饲料的加工利用

青饲料的加工主要是指刈割后的饲料加工，一般常用的加工方法为刈割后切碎后直接喂羊或将青饲料晒干后供冬季饲用。

饲喂青饲料时应注意以下几个问题。

①青饲料不宜放置过久，要现割现喂。放置过久的青饲料发热霉烂或变味，容易造成氢氰酸中毒和饲料的浪费。

②嫩玉米苗、嫩高粱苗中含有氢氰酸，无论是放牧还是刈割饲喂都有发生中毒的危险，不要鲜喂，要让水分蒸发掉一部分后才可以饲喂，并要少喂。

五、优质干草的调制

调制优质干草须尽量减少青草中营养成分，尤其是粗蛋白质、胡萝卜素等的损失。调制优质干草必须做到以下几点。

（一）适期刈割

牧草和青刈作物的产量和品质随生长发育的进行而变化。幼嫩时期，叶量丰富，粗蛋白质、胡萝卜素等含量多，营养价值高，但产草量低；随着生长和产量的增加，茎秆部分的比例增大，粗纤维含量逐渐增加，木质化程度提高，可消化营养物质的含量明显减少，饲草品质下降。一般禾本科牧草以抽穗到初花期、豆科牧草以现蕾期到初花期刈割为宜。

（二）快速干燥

刈割后的新鲜牧草或饲料作物在细胞死亡以前仍不断地进行呼吸作用，消耗体内的养分。因此，缩短干草的调制时间，可以减少植物呼吸作用的消耗。天然晒制干草应选择少雨干燥的季节进行。于晴天将收割的青草摊晒在

高燥的地方干燥，也可采用草架干燥和常温鼓风干燥。如草的茎秆较粗时，为缩短晾晒时间，还可采用机械压裂等方法将草的茎秆压扁，加速水分的散失。在晒制过程中要经常翻动，以促进干燥和防上下干湿不匀。

1. 地面干燥法

采用地面干燥法随地区气候条件的不同干燥过程及时间也不一样。在湿润地区，牧草刈割后就地干燥 6 ～ 7h，到含水量为 40% ～ 50% 时开始用耧草机耧成松散的草垄，一般草垄间距 25 ～ 30cm，第一耧草耙的干草 10 ～ 20kg，草垄高 30 ～ 35cm，宽 40 ～ 45cm。晒制 4 ～ 5h，当含水量在 35% ～ 40% 时用集草器集成小堆，牧草在草堆中干燥 1.5 ～ 2d 就可制成干草（含水量 15% ～ 18%）。

在干旱地区，气温较高，空气干燥，降水稀少，同时，牧草在开花期的含水量仅为 50% ～ 60%，这类地区牧草干燥的任务是，防止光照破坏胡萝卜素，避免机械作用引起叶片、细嫩部分的损失。因此，在干旱地区收草的刈割与耧成草垄两项作业可同时进行，干燥到收草含水量 35% ～ 40% 时，用集草器集成草堆干燥到含水量 15% ～ 18% 时就调制成干草。

2. 草架干燥法

在湿润地区常采用草架干燥法调制干草。方法是把割下来的草在地面干燥半天或一天，使其含水量降至 45% ～ 50%，再将草上架，自下而上逐层堆放，或打成直径 15cm 左右的小捆，草顶端朝里，最底层牧草应高出地面，以便于通风，地表接触吸湿。草架干燥法可大大提高牧草的干燥速度，可保证干草品质，减少各种营养物质的损失。

3. 常温鼓风干燥法

常温鼓风干燥法是把割下来的牧草晾干到含水为 50% 左右时，放在有通风道的草棚内，用鼓风机或电风扇进行常温吹风干燥。

4. 高温快速干燥法

高温快速干燥法主要用作生产干草粉。是将切碎的青草（长约 25mm）快速通过高温干燥机，再用粉碎机粉碎成粉状或直接调制成干草块。

（三）防雨防露

干草晒制过程中雨露淋溶是干草养分损失的重要原因之一。晒制开始前应注意天气的变化动态，积极作好防雨准备。晒制过程中，傍晚要将摊晒的饲草耧成小垄，减少露水引起的反潮。

（四）减少叶片脱落

叶片的可消化养分含量比茎秆高，干草调制过程中叶片又非常容易脱落，所以防止叶片脱落是减少养分损失的一个重要环节。晒制过程中，叶片失水较快而茎秆失水相对缓慢。牧草或饲料作物刈割后将茎秆压扁，有利于茎叶同步干燥，减少叶片脱落。翻草避开烈日的中午也可减少叶片脱落。当干草的水分降到 15% ～ 18% 时即可抓紧进行堆藏，水分过低容易造成叶片脱落。

干草的储存可室内堆放，也可室外堆垛。干草的含水量过高，堆中发热、霉变是储存过程中养分损失的重要原因。一般干草开始储存时的水分含量应控制在 18% 以下，储存期间须防返潮和雨水。室内堆放应定期通风散湿，室外堆垛应选择地势平坦高燥、排水良好、背风的地方，并防雨水渗入垛内。

六、秸秆饲料的加工调制

秸秆饲料是一种潜在的非竞争资源，是我国最丰富的饲料来源之一，分为禾本科作物秸秆、牧草秸秆和其他作物秸秆。稻草、小麦秸、玉米秸是我国三大作物秸秆，秸秆产量已经达到 7 亿 t。目前，仅 20% ～ 30% 作为草食家畜的饲料。充分开发利用此类资源，对建立“节粮型”畜牧业结构具有重要意义。

秸秆因其特殊的化学组成成分，造成了秸秆的营养价值低、消化率低，表现在纤维素类物质含量高、粗蛋白质含量低、消化能低、缺乏维生素、钙磷含量低等，秸秆的消化能只有 7.8 ～ 10.5MJ/kg，只相当于干草的一半；羊对秸秆的消化率为 40% ～ 50%。

（一）秸秆饲料的加工方法

秸秆的粗纤维含量高、粗脂肪和粗蛋白质含量低，从营养学的角度讲，其营养价值极低，但在粗饲料短缺时，经过适当的加工方法，可以提高秸秆的营养价值，改善其适口性。目前可采用物理方法、化学方法或生物方法处理秸秆。

1. 物理加工方法

包括机械加工、热加工、浸泡、制粒等方法。

（1）机械加工　是指利用机械铡草机、揉搓机等将粗饲料铡短、粉碎或揉碎，是秸秆利用最简便而又常用的方法，即将干草和秸秆切短至 2 ～ 3cm，或用粉碎机粉碎，但不宜粉碎得过细，以免引起反刍停滞，降低消化率。加工后便于肉羊咀嚼、提高采食量，并减少饲喂过程中的饲料浪费。

（2）热加工　主要指蒸煮和膨化，目的是软化秸秆，提高适口性和消化率。蒸煮可采用加水蒸煮法和通气蒸煮法。膨化是将秸秆置于密闭的容器内，加热加压，然后突然解除压力，使其暴露在空气中膨胀，从而破坏秸秆中的纤维结构并改变某些化学成分，提高其饲用价值的方法。

（3）浸泡　在 100kg 水中加入食盐 3 ～ 5kg，将切碎的秸秆分批在桶或池内浸泡 24h 左右，目的是软化秸秆，提高其适口性。

（4）制粒　将粉碎后秸秆粉与一定的比例精饲料混合后，用制粒机压制成一定形状和大小的颗粒饲料。这种颗粒饲料具有体积小，运输方便、易于贮存等优点。

2. 化学加工法

利用酸、碱等化学物质对秸秆进行处理，降解秸秆中木质素、纤维素等难以消化的成分，从而提高其营养价值、消化率和改善适口性。

目前，主要采用氨化处理方法，分为窖池式、堆垛和袋装氨化法。

氨化处理要选用清洁、无发霉变质的秸秆，并调整秸秆的含水量至 25% ～ 35%。氨化应尽量避开闷热时期和雨季，当天完成充氨和密封，计算氨的用量一定要准确。

氨源常用尿素和碳酸氢铵，尿素是一种安全的氨化剂，其使用量为风干秸秆的 2% ～ 5%。使用时先将尿素溶于少量的 40℃温水中，再将尿素倒入用于调整秸秆含水量的水中，配成 1∶10 的尿素溶液，然后将尿素溶液均匀地喷洒到秸秆上；使用碳酸氢铵氨化时，将 8kg 碳酸氢铵溶于 40L 水，均匀撒在 100kg 麦秸粉或玉米秸粉中，再装入小型水泥池或大塑料袋中，踏实密封。装满后用塑料薄膜封顶，泥巴封严，池顶上覆麦草。5 ～ 15℃时氨化 28 ～ 56d，15 ～ 25℃时氨化 14 ～ 28d，25 ～ 35℃时氨化 7 ～ 10d。

氨化期间要经常查看，出现破损要及时封堵，切忌进水或漏气。开池取喂时，先对氨化秸秆进行感官鉴定，优质氨化秸秆棕黄色或红褐色，有强烈的氨味，柔软蓬松。

3. 生物学加工法

利用乳酸菌、酵母菌等有益微生物和酶制剂进行处理的方法。它是接种一定量的特有菌种以对秸秆饲料进行发酵和酶解作用，使其粗纤维部分降解转化为可消化利用的营养成分，并软化秸秆，改善其适口性、提高其营养价值和消化利用率。处理时将不含有毒物质的作物秸秆及各种粗大牧草加工成粉，按 2 份秸秆草粉和 1 份豆科草粉比例混合；拌入温水和有益微生物，整理成堆，用塑料布封住周围进行发酵，室温应在 10℃以上。当堆内温度达到

43～45℃，能闻到曲香味时，发酵成功。饲喂时要适当加入食盐，并要求1～2d内喂完。

（二）合理利用加工后的秸秆

机械加工后的秸秆饲料可直接用于饲喂，但要注意与其他饲料配合；浸泡秸秆喂前最好用糠麸或精料调味，每100kg秸秆加入糠麸或精料3～5kg，如果再加入10%～20%的优质豆科或禾本科干草效果更好，但切忌再补饲食盐；氨化秸秆取喂时，应提前1～2d将其取出放氨，初喂时可将氨化秸秆与未氨化秸秆按1∶2的比例混合饲喂，以后逐渐增加，饲喂量可占肉羊日粮的60%左右，但要注意维生素、矿物质和能量的补充，以便取得更好的饲养效果。

实践证明，秸秆饲料经过加工调制后，可改善其适口性、提高营养价值和消化利用率。秸秆切短后直接喂羊，吃净率只有70%，但使用揉搓机将秸秆揉搓成丝条状直接喂羊，吃净率可提高到90%以上。秸秆氨化处理后可使秸秆的粗蛋白质从3%～4%提高到8%以上，消化率提高20%左右，采食量也相应提高20%左右。

七、青贮饲料的制作技术

青贮是储备青绿饲料的一种方法，是将新鲜的青绿饲料填入密闭的青贮塔、青贮窖或其他的密闭容器内，经过微生物的发酵作用而使青贮料发生一系列物理的、化学的、生物的变化，形成一种多汁、耐贮、适口性好、营养价值高、可供全年饲喂的饲料，特别是作为羊冬季和舍饲羊的主要饲料之一。

（一）青贮加工的特点与意义

1. 青贮加工的特点

制作青贮饲料是一项季节性、时间性很强的突击性工作，要求收割、运输、切碎、踩实、密封等操作连续进行，短时间完成。所以青贮前一定要做好各项前期的准备工作，包括青贮坑的挖建、原料装备、人员安排、机械的准备和必要用具、用品的准备等。青饲料经青贮后，保存了青饲料的养分，提高了饲料品质，质地变软，气味芳香，能增进食欲。粗蛋白质中非蛋白氮较多，碳水化合物中糖分减少，乳酸和醋酸增多。在制作青干草过程中，营养物质一般损失20%～30%，而在青贮过程中，损失一般不超过10%。特别是胡萝卜素和粗蛋白质损失极少。如果制作半干青贮料，能更好地保存营养物质和青饲料的营养特征。

2. 青贮加工的意义

（1）有效地保存饲料原有的营养成分　饲料作物在收获期及时进行青贮加工保存，营养成分的损失一般不超过10%。特别青贮加工可以有效地保存饲料中的蛋白质和胡萝卜素；又如甘薯藤、花生蔓等新鲜时藤蔓上叶子要比茎秆的养分高1～2倍，在调制干草时叶子容易脱落，而制作青贮饲料时，富有养分的叶子可全部被保存下来，从而保证了饲料质量。同时，农作物在收获时期，尽管籽实已经成熟，而茎叶细胞仍在代谢之中，其呼吸继续进行，仍然存在大量的可溶性营养物质，通过青贮加工，创造厌氧环境，可抑制呼吸过程，使大量的可溶性养分保存下来，以供动物利用，从而提高其饲用价值。

（2）青贮饲料适口性好，消化率高　青贮饲料经过微生物作用，产生了具有芳香的酸味，适口性好，可刺激草食动物的食欲、消化液的分泌和肠道蠕动，从而增强消化功能。在青贮保存过程中，可使牧草粗硬的茎秆得到软化，可以提高动物的适口性，增加采食量，提高消化利用率。

（3）制作青贮饲料的原材料广泛　玉米秸秆是制作青贮良好的原料，同时其他禾本科作物都可以用来制作良好的青贮饲料，而荞麦、向日葵、菊芋、蒿草等也可以与禾本科混贮生产青贮饲料，因而取材极为广泛。特别是牛、羊不喜食的牧草或作物秸秆，经过青贮发酵后，可以改变形态、质地和气味，变成动物喜食的饲料。在新鲜时有特殊气味和叶片容易脱落的作物秸秆，在制作干草时利用率很低，而把它们调制成青贮饲料，不但可以改变口味，而且可软化秸秆、增加可食部分的数量。制作青贮饲料是广开饲料资源的有效措施。

（4）青贮是保存饲料经济而安全的方法　制作青贮比制作干草占用的空间小。一般每立方米干草垛只能垛70kg左右的干草，而每立方米的青贮窖能保存青贮饲料450～600kg，折合干草100～150kg。在贮藏过程中，青贮料不受风吹、雨淋、日晒等影响，也不会发生火灾等事故，是贮备饲草经济、安全、高效的方法。

（5）制作青贮饲料可减少病虫害传播　青贮饲料的厌氧发酵过程可使原料中所含的病原微生物、虫卵和杂草种子失去活力。减少植物病虫害的传播以及对农田的危害，有利于环境保护。

（6）青贮饲料可以长期保存　制作良好的青贮饲料，只要管理得当，可贮藏多年。因而制作青贮饲料，可以保证肉羊一年四季均衡地吃到优良的多汁饲料。

（7）调制青贮饲料受天气影响较小　在阴雨季节或天气不好时，干草制作困难，而对青贮加工则影响较小。只要按青贮条件要求严格掌握，就可制成优良的青贮饲料。

（二）青贮原理

青贮是储备青绿饲料的一种方法，是将新鲜的青绿饲料填入密闭的青贮塔、青贮窖或其他的密闭容器内，经过微生物的发酵作用而使青贮料发生一系列物理的、化学的、生物的变化，形成一种多汁、耐贮、适口性好、营养价值高、可供全年饲喂的饲料，特别是作为羊冬季和舍饲羊的主要饲料之一。青贮发酵的过程可分为3个阶段：第一阶段是好气活动。饲料植物原料装入窖内后活细胞继续呼吸，消耗青贮料间隙中的氧，产生二氧化碳和水，释放能或热量，同时好气的酵母菌与霉菌大量的生长和繁殖。从原料装入到原料停止呼吸，变为嫌气状态，这段时间要求越短越好，可以迅速地减少霉菌和其他有害细菌对饲料的作用。第二阶段是厌氧菌——主要是乳酸菌和分解蛋白质的细菌以异常的速度繁殖，同时霉菌和酵母菌死亡，饲料中乳酸增加，pH值下降到4.2以下。第三阶段是当酸度达到一定的程度、青贮窖内的蛋白质分解菌和乳酸菌本身也被杀死，青贮料的调制过程即可完成，各种变化基本处于一个相对稳定的环境状态，使饲料可以长时间地保存。

（三）青贮的技术要点

1. 排出空气

乳酸菌是厌氧菌，只有在没有空气的条件下才能进行生长繁殖，如不排除空气，就没有乳酸菌存在的余地，而好气的霉菌、腐败菌会乘机滋生，导致青贮失败。因此在青贮过程中原料要切短（3cm以下）、压实和密封严，排出空气，创造厌氧环境，以控制好气菌的活动，促进乳酸菌发酵。

2. 创造适宜的温度

青贮原料温度在25～35℃时，乳酸菌会大量繁殖，很快便占主导优势，致使其他杂菌都无法活动繁殖，若料温达50℃时，丁酸菌就会生长繁殖，使青贮料出现臭味，以至腐败。因此，除要尽量压实、排出空气外，还要尽可能地缩短铡草装料等制作过程，以减少氧化产热。

3. 掌握好物料的水分含量

适于乳酸菌繁殖的含水量为70%左右，过干不易压实，温度易升高，过湿则酸度大，动物不喜食。70%的含水量，相当于玉米植株下边有3～5片叶子；如果二茬玉米全株青贮，割后可以晾半天，青黄叶比例各半，只要设法压实，即可制作成功；而进行秸秆黄贮，则秸秆含水量一般偏低，需要适当加入水分。判断水分含量的简易方法为：抓一把切碎的原料，用力紧握，指缝有水渗出，但不下滴为宜。

4. 原料的选择

用于青贮饲料的原料很多，如各种青绿状态的饲草、作物秸秆、作物茎蔓等。在农区主要是收获作物后的秸秆和其他无毒的杂草等。最常用的青贮原料是玉米秸秆和专用于青贮的全株玉米。对青贮原料的要求主要是原料要青绿或处于半干的状态，含水量为 65%～75%，不低于 55%。原料要无泥土、无污染。含水量少的作物秸秆不宜作为青贮的原料。我国青贮饲料的原料主要是收获玉米后的玉米秸秆，秸秆收割得越早越好。青贮过晚，玉米秸秆过干，粗纤维含量增加，维生素和饲料的营养价值降低。乳酸菌发酵需要一定的可溶性糖分，原料含糖多的易贮，如玉米秸、瓜秧、青草等，含糖少的难贮，如花生秧、大豆秸等。含糖少的原料，可以和含糖多的原料混合贮，也可以添加 3% ～ 5% 的玉米面或麦麸等单贮。

5. 时间的确定

饲料作物青贮，应在作物籽实的乳熟期到蜡熟期时进行，即兼顾生物产量和动物的消化利用率。玉米秸秆的收贮时间，一看籽实成熟程度，乳熟早，枯熟迟，蜡熟正适时；二是青黄叶比例，黄叶差，青叶好，各占一半就嫌老；三看生长天数，一般中熟品种 110d 就基本成熟，套播玉米在 9 月 10 日左右，麦后直播玉米在 9 月 20 日左右，就应收割青贮。利用农作物秸秆进行黄贮时，要掌握好时机。过早会影响粮食产量；过晚又会使作物秸秆干枯老化、消化利用率降低，特别是可溶性糖分减少，影响青贮的质量。秸秆青贮应在作物籽实成熟后立即进行，而且越早越好。

（四）青贮的制作方法

1. 准备好青贮设备

（1）青贮容器的选择　根据自己的实际情况，选择青贮窖、池，或使用青贮袋等容器。

（2）机械准备　铡草机、收割装运机械，并准备好密封用的塑料布。

2. 原料的收割与储运

一是要适时收割。收割过晚，秸秆粗纤维含量高，维生素和水分少，营养价值也低。二是收割、运输要快，原料的堆放要到位，保证满足青贮的需要。

3. 切碎

羊的青贮饲料切碎的长度为 1 ～ 2cm。切碎前一定要把饲料的根和带土的饲料去掉，将原料清理干净。

4. 装窖

装窖和切碎同时进行，边切边装。装窖注意3点：一是注意原料的水分含量。适宜的水分含量应为65%～75%，水分不足时应加入水。适宜水分的作用是有利于饲料中的微生物的活动；有利于饲料保持一定的柔软度；有利于在水分的作用下使饲料增加密度，减少间隙，减少饲料中空气的含量，便于饲料的保存。二是注意饲料的踩压。在大型青贮饲料的制作时，有条件的可使用履带式拖拉机碾轧，没有条件时组织人力踩压。要一层一层地踩实，每层的厚度为30cm左右。特别是窖的四周一定要多踩几遍。三是装窖的速度要快，最好是当天装满、踩实、封窖。装窖时间过长时，容易造成好氧菌的活动时间延长，饲料容易腐败。

5. 密封严实

（1）青贮窖　当窖装满高出地面50～100cm时，在经过多遍的踩压后，把窖四周的塑料薄膜拉起来盖在露出在地面上的饲料上，封严顶部和四周。然后压上50cm的土层，拍平表面，并在窖的四周挖好排水沟。要确保封闭严实，不漏气、不渗水。封窖后要经常检查窖顶及四周有无裂缝，如有裂缝要及时补好，保证窖内的无氧状态。

（2）地面堆贮　先按设计好的锥形用木板隔挡四周，地面铺10cm厚的湿麦秸，然后将铡短的青贮料装入，并随时踏实。达到要求高度，制作完成后，拆去围板。

（3）袋式青贮　用专用机械将青贮原料切短，喷入（或装入）塑料袋，排尽空气并压紧后扎口即可。如无抽气机，则应装填紧密，加重物压紧。

（4）整修与管护　青贮原料装填完后，应立即封埋，将窖顶做成隆凸圆顶，在四周挖排水沟。封顶后2～3d，在下陷处填土覆盖，使其紧实隆凸。

（五）青贮饲料的品质鉴定

1. 感官鉴定

即通过“看看、闻闻、捏捏”的方法，对青贮料的色、香、味和质地进行辨别以判定其品质好坏。

2. pH值测定

从被测定的青贮料中，取出具有代表性的样品，切短，在搪瓷杯或烧杯中装入半杯，加入蒸馏水或凉开水，使之浸没青贮料，然后用玻璃棒不断地搅拌，使水和青贮料混合均匀，放置15～20s，将水浸物经滤纸过滤。吸收滤得的浸出液2mL，移入白瓷比色盘内，用滴瓶加2～3滴甲基红－溴甲酚绿混合指示剂，用玻璃棒搅拌，观察盘内浸出物颜色的变化。判断出近似的 pH 值，借以评定青贮饲料的品质。

（六）青贮饲料的利用

1. 开窖饲喂

青贮 60d 后，待饲料发酵成熟、乳酸达到一定的数量、具备抗有害细菌和霉菌的能力后才可开窖饲喂。青贮质量好的青贮饲料，应有苹果酸味或酒精香味，颜色为暗绿色，表面无黏液，pH 值在 4 以下。青贮料的饲喂要注意以下四点：一是发现有霉变的饲料要扔掉；二是开窖的面积不宜过大，以防暴露面积过大，好氧细菌开始活动，引起饲料变质；三是要随取随用，以免暴露在外面的饲料变质，取用时不要松动深层的饲料，以防空气进入；四是饲喂量要由少到多，使羊逐渐适应。在生产中有的养殖场（户）不了解青贮的原理和使用的要点，见饲料的表面有点发霉，怕饲料变质坏掉，就赶快把青贮窖上的塑料薄膜去掉并翻动，结果青贮饲料很快腐烂变质，造成了损失。

2. 喂量

青贮饲料的用量，应视动物的种类、年龄、用途和青贮饲料的质量而定。开始饲喂青贮料时，要由少到多，逐渐增加，给动物一个适应过程。习惯后再增加。青贮饲料具有轻泻性，妊娠母羊可适当减少喂量。饲喂青贮饲料后，要将饲槽打扫干净，以免残留物产生异味。

（七）青贮饲料添加剂

为了提高青贮饲料的品质，可在制作青贮饲料的调制过程中，加入青贮饲料添加剂，用来促进有益菌发酵或者抑制有害微生物。常用的青贮饲料添加剂有微生物类、酸类防腐剂以及营养物质等。青贮饲料添加剂的应用，显著地提高了青贮特别是黄贮的效果，明显地改进了黄贮饲料的品质，但同时也增加了成本。因此应在技术人员的指导下，根据实际需要，针对性地采用不同的青贮添加剂及其应用方法，以切实有效地利用青贮添加剂，获得更大的经济效益。

1. 发酵促进剂

（1）微生物添加剂　青贮能否成功，在很大程度上取决于乳酸菌能否迅速而大量地繁殖。一般青绿作物叶片上天然存在着少量乳酸菌。青贮过程中，若自然发酵，也可能会由于有害微生物的作用，使得青贮原料的营养物质损失过多，因此采用在青贮时加入乳酸菌菌种，可以促进乳酸菌尽快繁衍，产生大量乳酸，降低 pH 值，从而抵制有害微生物的活动，减少干物质损失，获得理想的青贮饲料。国外早在20世纪50年代就开展这一领域的研究，不少产品已经产业化。中国农业科学院饲料研究所已引进微生物青贮添加剂生产技术，并进行产业化生产。

（2）*碳水化合物*　有了足够的乳酸菌，还必须创造有利于其繁衍的适宜环境。除了保持密闭环境之外，乳酸菌还需要一定浓度的糖分作为营养。保证充分乳酸发酵的青贮原料其可溶性碳水化合物含量应高于2%（鲜样），如果低于2%，便有必要加入一些可溶性糖，以利发酵。目前，乳酸菌主要用于栽培牧草和饲料作物，因为这些原料具有足够数量的可溶性糖。实践上，乳酸菌往往与少量麸皮等混合制成复合添加剂，既有利于均匀添加，又能起到补充可溶性糖分的作用。这样可以使青贮发酵过程快速、低温、低损失，并能保证青贮饲料的稳定性。

（3）*纤维酶制剂*　对于秸秆类饲料，由于其纤维木质素含量较高，常结合采用多种纤维酶制剂。使用纤维素分解酶不仅可以把纤维物质分解为单糖，为乳酸菌发酵提供能源，而且还能改善饲料消化率，该类型的酶制剂主要包括纤维素酶、半纤维素酶、木聚糖酶、果胶酶等以及葡萄糖氧化酶，后者的目的是尽快消耗青贮容器内的氧气，形成厌氧环境。国外一些公司已经在我国注册和销售这些产品，我国也已经有此类产品的研究。由于不同饲料化学组成不同，酶的作用方式也会产生差异，因而应该针对不同原料，使用专用性的产品。

2. 发酵抑制剂

这是使用最早的一类青贮饲料添加剂，最初使用无机酸（如硫酸和盐酸），后来使用有机酸（如甲酸，丙酸等）和甲醛。加酸后，青贮料迅速下沉，易于压实；作物细胞的呼吸作用很快停止，有害微生物的活动很快得到抑制，减少了发热和营养损失；pH值下降，杂菌繁殖受到抑制。但是，加酸会增加饲料渗液，也增加了牲畜酸中毒的可能性，应当采取相应的补救和防护措施。例如，减少青贮作物的含水量可以防止渗液，添加一些碳酸钙或小苏打可以缓和酸性。

各种酸的适宜加入量推荐如下：①硫酸、盐酸，先用5倍水稀释，每100kg青贮加入5～8L稀释后的硫酸或盐酸；②甲酸，每吨青贮料加甲酸约3kg；③乙酸，可按青贮原料重量的1%左右加入；④丙酸，一般多喷洒在青贮原料的表面，用以防霉，可按每平方米喷洒1L。

3. 防腐剂

防腐剂不能改善发酵过程，但能有效地防止饲料变质。常用的有丙酸、山梨酸、氨、硝酸钠、甲酸钠等。丙酸广泛用于贮藏谷物防腐中的微生物抑制剂，因此作为青贮饲料防腐剂效果也较好。使用方法可按每平方米青贮料加 1L，喷洒在青贮表面。但是，丙酸不能抑制所有与青贮腐败有关的微生物，而且成本也比较高。据报道，有些植物组织（如落叶松针叶）含有植物杀菌素，有较好的防腐效果，又没有毒性。这类防腐剂可因地制宜开发使用。

甲醛（福尔马林）不仅有较好的抑菌防腐作用，还可保护饲料蛋白质在反刍动物瘤胃内免受降解，增加家畜对蛋白质的吸收率，曾被认为是一种有效的青贮饲料添加剂，其推荐用量为 0.3% ～ 1.5%。但是，由于甲醛具有潜在的致癌作用，从动物和人类安全考虑，现在一般不提倡使用。

4. 营养性添加剂

这类添加剂主要用来补充青贮饲料某些营养成分的不足，有些同时又能改善发酵过程。常用的这类添加剂包括尿素、盐类、碳水化合物等。尿素在瘤胃内分解出氨，再由瘤胃中的细菌合成蛋白质。据资料介绍，美国每年用作饲料的尿素超过 100 万 t，相当于 600 万 t 豆饼所提供的氮素，这样大量饼类蛋白就可省下来用于饲喂单胃牲畜。尿素的加入量为青贮饲料的 0.5%。

青贮饲料中加石灰石不但可以补充钙，而且可以缓和饲料的酸度。每吨青贮饲料中碳酸钙的加入量为 4.5 ～ 5kg。丁酸菌对高渗透压非常敏感，而乳酸菌却较迟钝，添加食盐可提高渗透压，增加乳酸含量，减少乙酸和丁酸含量，从而改善青贮饲料质量。添加食盐还能改善饲料的适口性，增加饲料采食量。

可用作青贮饲料添加剂的其他无机盐类以及在青贮饲料中的添加量为：硫酸铜 2.5g/t、硫酸锰 5g/t、硫酸锌 2g/t、氯化钴 1g/t、碘化钾 0.1g/t。

5. 吸附剂

高水分原料青贮，或者使用酸添加剂时，青贮饲料流出物很多，不仅损失营养成分，而且会引起环境污染问题。添加吸附剂可减少流出物。但是，吸附剂的效果取决于原料的物理特性、添加方法、青贮窖的结构以及排水性能等多种因素。常用的吸附材料包括甜菜渣、秸秆、麸皮以及谷物等。

甜菜渣具有良好的水吸附能力，可以片状或颗粒状添加，一般在青贮原料装窖分层添加。添加后不仅可以减少青贮流出物量，还可以增加青贮饲料采食量，改善动物生产性能。秸秆也具有良好的吸水性，添加于青贮饲料，具有减少干物质损失，改善发酵品质，提高营养价值（采食量）等作用，并能提高秸秆本身的利用率。方法一般是分层添加。由于稻草糖分含量很低，发酵性较差，添加量不宜过高。据试验，秸秆添加比例以不超过原料的 10% 为宜。

八、有毒饲料原料的脱毒处理

（一）菜籽饼的脱毒处理

菜籽饼是一种优良的天然植物蛋白源，它的蛋白质含量与氨基酸组成可以与大豆饼相媲美。然而因菜籽饼含有较多的硫代葡萄糖苷和植酸，适口性较差，且能引起中毒，影响了菜籽饼的营养价值和应用范围。菜籽饼经过脱毒，减少毒性后，作为蛋白质原料加入饲料中，可以大大节约粮食，变废为宝，提高饲养业的经济效益。现介绍几种脱毒方法供参考。

1. 水洗法

水洗法在国外已被采用，所用设备简单，技术简单，易操作，脱毒效果较好。但水洗法费水，损失了部分水溶性蛋白质。

其原理是：菜籽饼中的有毒成分溶于水，尤其是在热水中溶解性更好。脱毒方法是：在水泥池或缸底开一小口，装上假底，将菜籽饼置于假底上，加热水或冷水浸泡菜籽饼，反复浸提，然后淋去水，废水可以回收利用。常用连续流动水和淋滴法两种处理方法。

（1）连续流动水处理　用凉水连续不断地流入菜籽饼中，不断淋去水、保持 2h，过滤，弃滤液，再用 2 倍水浸泡 3h，弃滤液，脱毒率可达 94% 以上。

（2）淋滴法处理　在菜籽饼中加等量水，浸泡 4h，然后不断加入水，再不断淋去水。淋滴法既省水，又提高了脱毒率。

2. 铁盐法

将菜籽饼粉碎，按饼重的 0.5% ～ 1% 称取硫酸亚铁，溶于饼重 1/2 的水中，待硫酸亚铁充分溶解后，将饼拌湿，存放 1h。在 106℃下蒸 30min，取出风干。其原理是：菜籽饼中的硫代葡萄糖苷分解产物在处理时与亚铁离子形成螯合物，不被禽畜吸收，从而达到去毒的目的。这样处理菜籽饼作为饲料，不但脱毒完全，也能给饲料补偿一部分铁盐，对猪、鸡生长有利。这种处理方法简便易行，不受环境、设备条件的影响，且氨基酸与蛋白质损失少，适宜农村饲养专业户和饲养生产厂家采用。

3. 碱处理法

用 1% 的 Na_2CO_3 水拌和菜籽饼或 10% 干饼的石灰制成石灰乳拌和菜籽饼，湿度控制在 50% 左右，堆放 1h，然后用 100 ～ 105℃蒸汽蒸 40min。

4. 坑埋法

坑埋法简单、成本低，硫苷脱毒率可达到90%以上，恶唑烷硫酮残毒仅6.0×10^{-5}，脱毒率可达99%以上，蛋白质损失率只有1%左右。具体方法是：在干燥耕地挖宽1.0m，深1.5m，长度依饼的数量而定的土坑。一般每立方米可埋菜籽饼500kg。装坑草帘上盖0.3m厚的土，埋2个月即可使用。其原理是：利用土壤坑，将菜籽饼加等量的水，坑底铺上席子，装满坑后再盖上席子，或饼上自带、空气和水中的多种微生物在缺氧条件下的分解作用，将硫苷分解。饼中有关的酶也复活进行分解，分解产物被土壤缓慢吸附。这种脱毒方法的脱毒率与土壤含水量关系很大，土壤的含水量为5%，脱毒率可达97%以上，土壤含水量为20%时，脱毒率仅70%。

5. 微生物脱毒法

用微生物制剂作为发酵脱毒剂，它的主要组成是酵母菌、乳酸菌、醋酸菌、白地霉、黑曲霉等法混合微生物浅盘固体培养物，脱毒方法是：将菜籽饼粉碎，加入菜籽饼重的0.5%的复合微生物制剂，拌匀，加水调至含量40%，在水泥地板上堆积保湿发酵。8h后品温38℃左右，翻堆1次，再堆积，保温，控制品温35～38℃。每日翻堆1次，发酵第3天，辛辣味大增，4～5d辛辣味逐渐消失，发酵完毕。太阳下晒至含水量为8%，即为脱毒菜籽。

6. 焙炒法

置粉碎的菜籽饼料于锅中，文火焙炒半小时左右，同时不断翻动，至散发出扑鼻香味，然后掺入0.5%的食盐，搅拌力求均匀，即可饲用。

（二）棉籽饼的脱毒处理

由于棉籽饼粕中含有对家畜产生毒副作用的棉酚，若对棉籽饼粕进行脱毒与发酵处理，则可使其成为优良的高蛋白饲料。棉籽饼粕的脱毒方法主要如下。

1. 化学处理法

（1）硫酸亚铁法　将配制好的硫酸亚铁饱和溶液直接均匀地喷洒在经粉碎的棉籽饼上，含水量不超过10%，以便饼粕安全贮存。此外，还可将已加铁剂的饼粕用1%石灰水（比例为1∶1）充分拌匀，置于场地上晒干或烘干后即可。加入石灰水可使脱毒更趋完全。

（2）尿素处理法　尿素加入量为饼粕的0.25%～2.5%，加水量10%～50%，加温至85～110℃，经过20～40min可使棉籽毒性降至微毒。

（3）氨处理法　将棉籽饼和稀氨液（2%～3%）按1∶1比例搅拌均匀后，

浸泡 25min，再将含水原料烘干至含水分 10% 即可。

（4）碱液处理法　配制 2.5% 的 NaOH 液与棉饼充分混合，其用量与饼粕重量比为 0.92∶1，pH 值控制在 10.5。料温达到 72 ～ 75℃，持续搅拌 10 ～ 30min 后，均匀喷洒过氧化氢溶液，其用量与湿饼粕重量比为（0.18 ～ 0.51）∶1，此时饼粕的 pH 值为 7 ～ 8.5，保持温度在 75 ～ 90℃，持续搅拌 10 ～ 30min，最后将料烘干脱水、使饼粕含水量降至 7% 以下，所得料中几乎不含棉酚。

2. 凹凸棒石处理法

凹凸棒石是一种镁铝硅酸盐，含有很多微量和常量元素，除了可以作为一种矿物质添加剂外，还可做棉籽饼脱毒剂；它与棉籽饼一同均匀地添加到饲料中，其用量与棉籽饼用量比例为 15。

（三）蓖麻饼的脱毒处理

蓖麻饼中含丰富的蛋白质，粗蛋白质含量为 33% ～ 35%。蓖麻蛋白组成中，球蛋白占 60%，谷蛋白占 20%，清蛋白占 16%，不含或含少量动物难以吸收的醇溶蛋白，所以动物可消化吸收绝大多数的蓖麻蛋白。蓖麻饼的赖氨酸含量比豆饼（1.98%）低 56.06%，蛋氨酸含量比豆饼（0.45%）高 21.05%，如果二者配合使用，可达到氨基酸互补的作用。虽然蓖麻饼营养价值较高，但由于其含有蓖麻毒蛋白、蓖麻碱、CB-1A 变应原和血球凝集素 4 种有毒物质，未经处理不能直接饲喂动物，所以长期以来蓖麻饼被当作肥料施用于农田。蓖麻饼中毒素的含量随制油方法不同而各异，冷榨饼粕中毒素含量最高。机榨饼中蓖麻毒蛋白和血球凝集素已失去活性，但蓖麻碱和变应原受到破坏的很少。

1. 化学法

化学法有酸水解法、碱处理法、酸碱联合水解法、酸醛法、碱醛法、石灰法、氨处理法等。化学法脱毒工艺是：将水、蓖麻饼、化学试剂按比例加入到耐腐蚀并带有搅拌装置的脱毒罐中，开启搅拌，按照所需温度、压力，通（或不通）蒸汽，维持一定时间即可出料进行离。已分离（或压榨分离），使饼粕中水分低于 9%。

2. 物理法

物理法脱毒工艺是通过加热、加压（或不加压）、水洗等过程，将蓖麻饼中的毒素从饼粕中转移到水溶液中去，然后通过分离、洗涤等过程将饼粕洗净。

3. 微生物发酵法

见菜籽饼。

（四）霉变饲料脱毒处理

霉变饲料含有有毒的霉菌毒素，如黄曲霉毒素、麦角毒素、玉米赤霉烯酮等。

黄曲霉毒素是对畜禽生产危害最严重的毒素。黄曲霉毒素致突变性最强，是一种毒性极强的肝毒素，畜禽食入被黄曲霉毒素污染的饲料，会使肝功能下降，造成胆汁分泌减少，同时胰脏分泌的蛋白酶和脂肪酶活性降低，影响饲料中蛋白质和脂肪的吸收利用；它也是较强的凝血因子抑制剂，可造成组织器官淤血、出血；还可造成免疫系统正常功能的发挥受到干扰，使机体抵抗力下降，疫苗不能正常发挥作用，易发生或继发多种疫病。且严重损伤畜禽肝脏，造成中毒甚至死亡，给畜牧业带来严重的经济损失。同时，黄曲霉毒素还可以转移到动物产品中，在动物内脏、肉、蛋、奶中都有残留，通过食物链，对人体健康也同样造成极大的危害和严重威胁。霉变饲料必须经过脱毒处理后才能使用。处理方法如下。

1. 挑选法

对局部或少量霉烂变质的饲料进行人工的挑选，挑选出来的变质饲料要作抛弃处理。

2. 水洗去毒法

将轻度发霉的饲料粉（如果是饼状饲料，应先粉碎）放在缸里，加入清水（最好是开水），水要能淹没发霉饲料泡开饲料后用木棒搅拌，每搅拌一次需换水一次，如此反复清洗 5 ～ 6 次，便可用来喂养动物。或将发霉饲料放在锅里，加水煮 30min 或蒸 1d 后，去掉水分，再作饲料用。

3. 碳酸钠溶液浸泡

用 5% 的碳酸钠溶液浸泡 2 ～ 4h 再进行干燥。

4. 化学去毒法

采用次氯酸、次氯酸钠、过氧化氢、氨、氢氧化钠等化学制剂，对已发生霉变的饲料进行处理，可将大部分黄曲霉毒素去除掉。

5. 药物去毒法

将发霉饲料粉用 0.1% 的高锰酸钾溶液浸泡 10min，然后用清水冲洗 2 次，或在发霉饲料粉中加入 1% 的硫酸亚铁粉末，充分拌匀，在 95 ～ 100℃条件下蒸煮 30min 即可。

6. 维生素 C 去毒法

维生素 C 可阻断黄曲霉毒素的氧化作用，从而阻止其氧化为活性形式的毒性物质。在饲料中添加一定量的维生素 C，再加上适量的氨基酸，是克服动物黄曲霉毒素中毒的有效方法。

7. 吸附去毒法

使用霉菌毒素吸附剂可有效去除霉变饲料中的毒素。它是通过霉菌毒素吸附剂在畜禽和水生动物体内发挥吸附毒素的功效，以达到脱毒的目的，是常用、简便、安全、有效的脱毒方法。应用中要选用既具有广谱吸附能力又不吸附营养成分，且对动物无负面影响的吸附剂，较好的吸附剂有百安明、霉可脱、霉消安 -1、抗敌霉、霉可吸等。凡经去毒处理的饲料，不宜再久贮，应尽快在短时期内投喂。

第四章　肉羊场的生物安全

第一节　肉羊场卫生管理

一、圈舍的清扫与洗刷

要经常对羊圈舍进行清扫与洗刷。为了避免尘土及微生物飞扬，清扫运动场和羊舍时，先用水或消毒液喷洒，然后再清扫。主要是清除粪便、垫料、剩余饲料、灰尘及墙壁和顶棚上的蜘蛛网、尘土。

喷洒消毒液的用量为 $1L/m^2$，泥土地面、运动场为 $1.5L/m^2$ 左右。消毒顺序一般从离门远端开始，以墙壁、顶棚、地面的顺序喷洒 1 遍，再从内向外将地面重复喷洒 1 次，关闭门窗 2 ～ 3h，然后打开门窗通风换气，再用清水清洗饲槽、水槽及饲养用具等。

二、羊场水的卫生管理

（一）饮用水水质要符合要求

要保证水质符合畜禽饮用水水质标准，以保证干净卫生，防止羊感染寄生虫病或发生中毒等。

（二）保证用水卫生

①场区保持整洁，搞好羊舍内外环境卫生、消灭杂草，每半个月消毒 1 次，每季灭消 1 次。夏秋两季全场每周灭蚊蝇 1 次，注意人畜安全。

②圈舍每天进行清扫，粪便要及时清除，保持圈舍整洁、整齐、卫生。做到无污水、无污物、少臭气。每周至少消毒 1 次。

③圈舍每年至少要有 2 ～ 3 次空圈消毒。其程序为：彻底清扫→清水冲

洗→2% 火碱水喷洒→翌日用清水冲洗干净，并空圈 5 ～ 7d。

④饮水槽和食槽每 2 周用 0.1% 的高锰酸钾水清洗消毒。

⑤定期清洗排水设施。

（三）废水符合排放标准

养殖业是我国农村发展的重要产业。近些年来，随着养殖规模的不断扩大、饲养数量的急剧增加，使得大量的畜禽养殖废水成为污染源，这些养殖场产生的污水如得不到及时处理，必将对环境造成极大危害，造成生态环境恶化、畜禽产品品质下降，并危及人体健康，养殖废水治理技术的滞后将严重制约养殖业的可持续发展。

针对畜禽养殖污染，我国先后发布了《畜禽养殖业污染物排放标准》（GB 18596—2001）、《畜禽养殖业污染防治技术规范》（HJ/T 81—2001）、《规模化畜禽养殖场沼气工程设计规范》（NY/T 1222—2006）、《畜禽养殖污染防治管理办法》（国家环境保护总局令〔2002〕第 9 号）、《畜禽规模养殖污染防治条例》（国务院令〔2013〕第 643 号）等文件。

三、肉羊场饲料的卫生管理

建立和推广有效的卫生管理系统，可有效杜绝有毒有害物质和微生物进入饲料原料或配合饲料生产环节，保证最终产品中各种药物残留和卫生指标均在控制线以下，确保饲料原料和配合饲料产品的安全。

（一）设施设备的卫生管理

饲料饲草加工机械设备和器具的设计要能长期保持防污染，用水的机械、器具要由耐腐蚀材料构成。与饲料饲草等的接触面要具有非吸收性，无毒、平滑。要耐反复清洗、杀菌。接触面使用药剂、润滑剂、涂层要合乎规定。设备布局要防污染，为了便于检查、清扫、清洗，要置于触手可及的地方，必要时可设置检验台，并设检验口。设备、器具维护维修时，事前要作出检查计划及检验器械详单，其计划上要明确记录修理的地方，交换部件负责人，保持检查监督作业及记录。

（二）卫生教育

对从事饲料饲草加工的人员进行认真教育，对患有可能导致饲料被病原微生物污染的疾病人员，不允许从事饲料饲草的加工工作。不要赤手接触制品，必须用外包装。进入生产区域的人要用肥皂及流动的水洗净手。使用完洗手间或打扫完污染物后要洗手。穿工厂规定的工作服、帽子。考虑到鞋可能将异物带入生产区域，要换专用的鞋。为防止进入生产区的人落下携带物，要事先取下保管。生产区内严禁吸烟。

（三）杀虫灭鼠

由专人负责，制订出高效、安全的计划并得到负责人认可方可实施。对使用的化学制品要有详细的清单及使用方法。要设置毒饵投放位置图并记录查看次数，写出实施结果报告书。使用的化学制品必须是规定所允许的，实施后调查害虫、老鼠生态情况，确认效果。如未达到效果，须改进计划并实施。

（四）饲料的消毒

对粗饲料通风干燥，经常翻晒和日光照射消毒；防止青饲料霉烂，最好当日割当日喂。防止精饲料发霉，要经常晾晒。

四、肉羊场空气环境质量管理

（一）肉羊场空气环境质量

对肉羊场场区、舍区要检测氨气、硫化氢、二氧化碳、总悬浮颗粒物、可吸入颗粒浓度，注意空气流通，避免氨气等浓度过高。

（二）场区周围区域环境空气质量

密切观察空气质量指数，避免受工业废气的污染。空气质量监测主要包括总悬浮颗粒物、二氧化硫、氮氧化物、氟化物、铅等。

（三）空气消毒

人、羊的呼吸道及口腔排出的微生物。随着呼出气体、咳嗽、鼻喷形成气胶悬浮于空气中。空气中微生物的种类和数量受地面活动、气象因素、人口密度、地区、室内外、羊的饲养数量等因素影响。一般羊舍被污染的空气中微生物数量较多，特别是在添加粗饲料、更换垫料、清扫、出栏时更多。因此，必须对羊舍的空气进行消毒，尤其注意对病原污染羊舍及羔羊舍的空气进行消毒。

空气消毒最简单的方法是通风，其次是利用紫外线杀菌或甲醛气体熏蒸。

1. 通风换气

通风换气是迅速减少畜禽舍内空气中微生物含量的最简便、最迅速、最有效的措施。它能排出因羊呼吸和蒸发及飞沫、尘埃污染的空气，换以清新的空气。具体实施时、应打开羊舍的门窗、通风口，提高舍内温度，以加大通风换气量，提高换气速度。一般舍内外温差越大，换气速度越快。

2. 紫外线照射

紫外线的杀菌效能，除与波长有关外，还与光源的强度、照射的距离以及照射时间有密切的关系。紫外线照射只能杀死其直接照射部分的细菌，对阴影部分的细菌无杀灭作用，所以紫外线灯架上不应附加灯罩，以利于扩大照射范围。

3. 化学消毒法

常用消毒药液进行喷雾或熏蒸。用于空气消毒的消毒药剂有乳酸、醋酸、过氧乙酸、甲醛、环氧乙烷等。

使用乳酸蒸气消毒时，按 $10mL/m^2$ 的用量加等量水，放在器皿中加热蒸发。醋酸、食醋也可用来对空气进行消毒，用量为 3 ～ $10mL/m^2$，加水 1 ～ 2 倍稀释，加热、蒸发。

使用过氧乙酸消毒的方法有喷雾法和熏蒸法两种，喷雾消毒时，用 0.3% ～ 0.5% 浓度的溶液进行，用量为 $1000mL/m^2$，喷雾后密闭 1 ～ 2h。熏蒸消毒时，用 3% ～ 5% 浓度溶液加热蒸发，密闭 1 ～ 2h，用量为 1 ～ $3g/m^2$。

甲醛气体消毒是空气消毒中最常用的一种方法，一般使用氧化剂和福尔马林溶液，使其产生甲醛气体。常用的氧化剂有高锰酸钾、生石灰等，用量为：福尔马林 $25mL/m^2$、高锰酸钾 $25g/m^2$、水 $12.5mL/m^2$。

五、搞好羊场的驱虫

为了预防羊的寄生虫病，应在发病季节到来之前，用药物给羊群进行预防性驱虫。预防性驱虫的时机，根据寄生虫病季节动态调查确定。例如，某地的肺线虫病主要发生于 11—12 月及翌年的 4—5 月，那就应该在秋末冬初草枯以前（10 月底或 11 月初）和春末夏初羊抢青以前（3—4 月）各进行 1 次药物驱虫；也可将驱虫药小剂量地混在饲料中，在整个冬季补饲期间让羊食用。

预防性驱虫所用的药物有多种，应视病的流行情况选择应用。丙硫咪唑（丙硫苯咪唑）具有高效、低毒、广谱的优点，对羊常见的胃肠道线虫、肺线虫、肝片吸虫和线虫均有效，可同时驱除混合感染的多种寄生虫，是较理想的驱虫药物。使用驱虫药时，要求剂量准确，并且要先做小群驱虫试验；取得经验后再进行全群驱虫。驱虫过程中发现病羊，应进行对症治疗，及时解救出现中毒、副作用的羊。

药浴是防治羊的外寄生虫病，特别是羊螨病的有效措施，可在剪毛后10d左右进行。药浴液可用0.1%～0.2%杀虫脒（氯苯脒）水溶液、1%敌百虫水溶液或速灭菊酯（80～200mg/L）、溴氰菊酯（50～80mg/L）。也可用石硫合剂，其配法为生石灰75kg、硫黄粉末12.5kg，用水拌成糊状，加水150L，边煮边拌，直至煮沸呈浓茶色为止，弃去下面的沉渣，上清液便是母液。在母液内加500L温水、即成药浴液。药浴可在特建的药浴池内进行，或在特设的淋浴场淋浴，也可用人工方法抓羊在大盆（缸）中逐只洗浴。目前还有一种驱虫新药——浇泼剂，驱虫效果很好。

六、药浴杀虫

药浴是用杀虫剂药液对羊只体表进行洗浴。山羊每年夏天进行药浴，目的是防治肉羊体表寄生虫、虱、螨等。常用药有敌杀死、敌百虫、螨净、除癞灵及其他杀虫剂。羊只药浴时要严格按照药物产品说明书进行药液配制。羊只药浴时应注意以下几点。

①药浴应选择晴朗无大风天气，药浴前8h停止放牧或喂料，药浴前2～3h给羊饮足水，以免药浴时吞饮药液。

②先浴健康的羊，后浴有皮肤病的羊。

③药浴完，羊离开滴流台或滤液栏后，应放入凉棚或宽敞的羊舍内，免受日光照射，过6～8h可以喂饮或放牧。

④妊娠2个月以上的母羊不进行药浴，可在产后一次性皮下注射阿维速克长效注射液进行防治，安全、方便、疗效高，杀螨驱虫效果显著，保护期长达110d以上。也可采用其他阿维菌素或伊维菌素药物防治。

⑤工作人员应戴好口罩和橡皮手套，以防中毒。

⑥对病羊或有外伤的羊，以及妊娠2个月以上的母羊，可暂时不药浴。

⑦药浴后让羊只在回流台停留5min左右，将身上余药滴回药池。然后赶到阴凉处休息1～2h，并在附近放牧。

⑧当天晚上应派人值班，对出现个别中毒症状的羊只及时救治。

七、搞好肉羊场的卫生防疫

①场区大门口、生产管理区、生产区，每栋舍入口处设消毒池（盆）。羊场大门口的消毒池，长度不小于汽车轮胎周长的 1.5 ～ 2 倍，宽度应与门的宽度一样，水深 10 ～ 15cm，内放 2% ～ 3% 氢氧化钠溶液或 5% 来苏尔溶液。消毒液 1 周换 1 次。

②生活区、生产管理区应分别配备消毒设施（喷雾器等）。

③每栋羊舍的设备、物品固定使用，羊只不许窜舍，出场后不得返回，应入隔离饲养舍。

④禁止生产区内解剖羊，剖后和病死羊焚烧处理，羊只出场出具检疫证明和健康卡、消毒证明。

⑤禁用强毒疫苗、制订科学的免疫程序。

⑥场区绿化率（草坪）达到 40% 以上。

⑦场区内分净道、污道，互不交叉，净道用于进羊及运送饲料、用具、用品，污道用于运送粪便、废弃物、死淘羊。

第二节　肉羊场消毒管理

规范的养羊场须制定饲养人员、圈舍、带羊消毒，用具、周围环境消毒、发生疫病的消毒、预防性消毒等各种制度及按规范的程序进行消毒。

一、圈舍消毒

一般先用扫帚清扫并用水冲洗干净后，再用消毒液消毒。用消毒液消毒的操作步骤如下。

（一）消毒液选择与用量

常用的消毒药有 10% ～ 20% 的石灰乳、30% 漂白粉、0.5% ～ 1% 菌毒敌（原名农乐，同类产品有农福、农富、菌毒灭等）、0.5% ～ 1% 二氯异氰尿酸钠（以此药为主要成分的商品消毒剂有强力消毒灵、灭菌净等）、0.5% 过氧乙酸等。消毒液的用量，以羊舍内每平方米面积用 1L 药液配制，根据药物用量说明来计算。

（二）消毒方法

将消毒液盛于喷雾器内，喷洒圈舍、地面、墙壁、天花板，然后再开门窗通风，用清水刷洗饲槽、用具等，将消毒药味除去。如羊舍有密闭条件，可关闭门窗，用福尔马林熏蒸消毒 12 ～ 24h，然后开窗 24h。福尔马林的用量是每平方米空间用 12.5 ～ 50mL/m^2，加等量水一起加热蒸发。在没有热源的情况下，可加入等量的高锰酸钾（7 ～ 25g/m^2）、即可反应产生高热蒸气。

（三）空羊舍消毒规程

育肥羊出栏后，先用 0.5% ～ 1% 菌毒杀对羊舍消毒，再清除羊粪。3% 火碱或 30% 漂白粉等交替多次消毒，每次间隔 1d。水喷洒舍内地面，0.5% 的过氧乙酸喷洒墙壁。

二、环境消毒

在大门口设消毒池，使用 2% 火碱或 5% 来苏尔溶液，注意定期更换消毒液。羊舍周围环境每 2 ～ 3 周用 2% 火碱消毒或撒生石灰 1 次，场周围及场内污水池、排粪坑、下水道出口，每月用漂白粉消毒 1 次。每隔 1 ～ 2 周，用 2% ～ 3% 的火碱溶液（氢氧化钠）喷洒消毒道路；用 2% ～ 3% 的火碱，或 3% ～ 5% 的甲醛，或 0.5% 的过氧乙酸喷洒消毒场地。

圈舍地面消毒可用含 2.5% 有效氯的漂白粉溶液、4% 福尔马林或 10% 氢氧化钠溶液。停放过芽孢杆菌所致传染病（如炭疽）病羊尸体的场所，应严格加以消毒。首先用含 2.5% 有效氯的漂白粉溶液喷洒地面，然后将表层土壤掘起 30cm 左右，撒上干漂白粉，并与土混合，将此表土妥善运出掩埋。其他传染病所污染的地面土壤，则可先将地面翻一下，深度约 30cm，在翻地的同时撒上干漂白粉（用量为 0.5kg/m^2），然后以水浸湿、压平。如果放牧地区被某种病原体污染，一般利用阳光来消除病原微生物；如果污染的面积不大，则应使用化学消毒药消毒。

三、用具和垫料消毒

定时对水槽、料槽、饲料车等进行消毒。一般先将用具冲洗干净后，可用 0.1% 新洁尔灭或 0.2% ～ 0.5% 过氧乙酸消毒，然后在密闭的室内进行熏蒸。注射器、针头、金属器械，煮沸消毒 30min 左右。

对于养殖场的垫料，可以通过阳光照射的方法进行。这是一种最经济、最简单的方法，将垫草等放在烈日下，暴晒 2 ～ 3h，能杀灭多种病原微生物。

四、污物消毒

（一）粪便消毒

按照粪便的无害化处理执行。

（二）污水消毒

最常用的方法是将污水引入污水处理池，加入化学药品（如漂白粉或生石灰）进行消毒。消毒药的用量视污水量而定，一般 1L 污水用 2 ～ 5g 漂白粉。

（三）皮毛消毒

皮毛消毒，目前广泛采用环氧乙烷气体消毒法。消毒必须在密闭的专用消毒室或密闭良好的容器（常用聚乙烯或聚氯乙烯薄膜制成的篷布）内进行。此法对细菌、病毒、霉菌均有良好的消毒效果，对皮毛等产品中的炭疽芽孢也有较好的消毒作用。对患炭疽、口蹄疫、布鲁氏菌病、羊痘、坏死杆菌病等的羊皮羊毛均应消毒。应当注意，发生炭疽时，严禁从尸体上剥皮；在储存的原料中即使只发现 1 张患炭疽病的羊皮，也应将整堆与其接触过的羊皮消毒。

（四）病死尸体的处置

病死羊尸体含有大量病原体，只有及时经过无害化处理，才能防止各种疫病的传播与流行。严禁随意丢弃、出售或作为饲料。应根据疾病种类和性质不同，按《畜禽病害肉尸及其产品无害化处理规程》的规定，采用适宜方法处理病羊尸体。

1. 销毁

将病羊尸体用密闭的容器运送到指定地点焚毁或深埋。

2. 焚毁

对危险较大的传染病（如炭疽和气肿疽等）病羊的尸体，应采用焚烧炉焚毁。对焚烧产生的烟气应采取有效的净化措施，防止烟尘、一氧化碳、恶臭等对周围大气环境的污染。

3. 深埋

不具备焚烧条件的养殖场应设置 1 个以上安全填埋井，填埋井应为混凝土结构，深度大于 3m，直径 1m，井口加盖密封。进行填埋时，在每次投入尸体后，应覆盖一层厚度大于 10cm 的熟石灰，井填满后，须用黏土填埋压实并封口。

或者选择干燥、地势较高，距离住宅、道路、水井、河流及羊场或牧场较远的指定地点，挖深坑掩埋尸体，尸体上覆盖一层石灰。尸坑的长和宽径以容纳尸体侧卧为度，深度应在 2m 以上。

4. 化制

将病羊尸体在指定的化制站（厂）加工处理。可以将其投入干化机化制，或将整个尸体投入湿化机化制。

五、人员消毒

饲养管理人员应经常保持个人卫生，定期进行人畜共患病的检疫，并进行免疫接种。养殖场一般谢绝参观，严格控制外来人员，必须进入生产区时，要换厂区工作服和工作鞋，并经过厂区门口消毒池进入。入场要遵守场内防疫制度，按指定路线行走。

场内工作人员备有从里到外至少两套工作服装，一套在场内工作时间用，另一套场外用。进场时，将场外穿的衣物、鞋袜全部在外更衣室脱掉，放入各自衣柜锁好，穿上场内服装、着水鞋，经脚踏放在羊舍门口用 3% 火碱液浸泡着的草垫子。

工作人员外出羊场，脚踏用 3% 火碱液浸泡着的草垫子进入更衣间，换上场外服装，可外出。

送料车等或经场长批准的特殊车辆可进出场。由门卫对整车用 0.5% 过氧乙酸或 0.5% ～ 1% 菌毒杀，进行全方位冲刷喷雾消毒。经盛 3% 火碱液的消毒池入场。驾驶员不得离开驾驶室，若必须离开，则穿上工作服进入，进入后不得脱下工作服。办公区、生活区每天早上进行 1 次喷雾消毒。

六、带羊消毒

定期进行带羊消毒，有利于减少环境中的病原微生物，减少疾病发生。常用的药物有 0.2% ～ 0.3% 过氧乙酸，用药 20 ～ 40mL/m^2，也可用 0.2% 的次氯酸钠溶液或 0.1% 的新洁尔灭溶液。0.5% 以下浓度的过氧乙酸对人畜无害，为了减少对工作人员的刺激，在消毒时可佩戴口罩。一般情况下每周消毒 1 ～ 2 次，春秋疫情常发季节，每周消毒 3 次，在有疫情发生时，每天消毒1次。带羊消毒时可以将3～5种消毒药交替使用。

羊在助产、配种、注射及其他任何对羊接触操作前，应先将有关部位进行消毒擦拭，以减少病原体污染，保证羊只健康。

七、发生传染病时的措施

羊群发生传染病时，应立即采取一系列紧急措施，就地扑灭，以防止疫情扩大。兽医人员要立即向上级部门报告疫情；同时立即将病羊和健康羊隔离，不让它们有任何接触，以防健康羊受到传染；对于发病前与病羊有过接触的羊（虽然在外表上看不出有病，但有被传染的嫌疑，一般称为“可疑感染羊”），不能再同其他健康羊在一起饲养，必须单独圈养，经过20d以上的观察不发病，才能与健康羊合群；如有出现病灶的羊，则按病羊处理。对已隔离的病羊，要及时进行药物治疗；隔离场所禁止人、畜出入和接近，工作人员出入应遵守消毒制度；隔离区内的用具、饲料、粪便等，未经彻底消毒不得运出；没有治疗价值的病羊，由兽医根据国家规定进行严格处理；病羊尸体要焚烧或深埋，不得随意抛弃。对健康羊和可疑感染羊，要进行疫苗紧急接种或用药物进行预防性治疗。感染口蹄疫、羊痘等急性烈性传染病时，应立即报告有关部门，划定疫区，采取严格的隔离封锁措施，并组织力量尽快扑灭。

第三节　肉羊场免疫管理

一、羊常用的疫苗及选择

（一）羊快疫、猝狙、羔羊痢疾、肠毒血症三联四防灭活疫苗、羊快疫、猝狙、羔羊痢疾、肠毒血症四联干粉灭活疫苗

用于预防绵羊或山羊快疫、猝狙、羔羊痢疾和肠毒血症。

羊快疫、猝狙、羔羊痢疾、肠毒血症三联四防灭活疫苗用于预防快疫、羔羊痢疾和猝狙的免疫期为12个月，预防肠毒血症的免疫期为6个月。肌内或皮下注射。不论羊只年龄大小，每只5.0mL。

羊快疫、猝狙、羔羊痢疾、肠毒血症四联干粉灭活疫苗，按瓶签标明的

头份，用前以 20% 氢氧化铝胶生理盐水溶液溶解成 1mL/ 头份，充分摇匀，不论年龄大小，每只羊肌内或皮下注射 1mL。

（二）羊口蹄疫（O 型、A 型）活疫苗、口蹄疫（O 型、亚洲 I 型）二价灭活疫苗

羊口蹄疫（O 型、A 型）活疫苗用于预防羊 O 型、A 型口蹄疫，可用于 4 个月以上的羊，疫苗注射后，14d 产生免疫力，免疫持续期为 4 ～ 6 个月。采用肌内或皮下注射，剂量为 4 ～ 12 个月注射 0.5mL，12 个月以上注射 1mL。疫苗在 2 ～ 6℃保存不超过 5 个月，20 ～ 22℃保存，限期 7d 内用完。

口蹄疫（O 型、亚洲 I 型）二价灭活疫苗用于预防羊 O 型、亚洲 I 型口蹄疫。免疫期为 4 ～ 6 个月。肌内注射，羊每只 1mL。

（三）布鲁氏菌病活疫苗（S2 株）

预防羊布鲁氏菌病。不论羊年龄大小，口服 1 头份；皮下或肌内注射，山羊每只 1/4 头份，绵羊每只 1/2 头份，免疫有效期 3 年。

（四）羊大肠杆菌病灭活疫苗

用于预防羊大肠杆菌病。3 月龄以下羔羊，皮下注射 0.5 ～ 1.0mL，3 月龄至 1 岁的羊，皮下注射 2mL，免疫期 5 个月。

（五）小反刍兽疫弱毒活疫苗

用于预防羊小反刍兽疫。按瓶签标注的头份，用灭菌生理盐水稀释为每毫升含 1 头份，每只羊颈部皮下注射 1mL，免疫期可达 3 年。

（六）羊传染性脓疱皮炎活疫苗、羊口疮弱毒细胞冻干活疫苗

用于预防羊传染性脓疱（羊口疮）。在口腔下唇黏膜划痕接种，每头份 0.2mL；也可颈部或股内侧皮下注射，不论羊只大小，每头份 0.5mL。

（七）山羊传染性胸膜肺炎灭活疫苗（C87-1 株）

用于预防山羊传染性胸膜肺炎。免疫期为 12 个月。皮下或肌内注射。成年羊每只 5mL；6 月龄以下羔羊，每只 3mL。

（八）山羊痘活疫苗

用于预防山羊痘及绵羊痘。注苗后 4 ～ 5d 产生免疫力，免疫期为 1 年。

按瓶签注明头份，用生理盐水（或注射用水）稀释为每头份 0.5mL，不论羊只大小，一律在尾根内侧或股内侧皮内注射 0.5mL。

二、羊场免疫程序的制订

达到一定规模化的羊场，需根据当地传染病流行情况建立一定的免疫程序。各地区可能流行的传染病不止 1 种，因此，羊场往往需用多种疫苗来预防，也需要根据各种疫苗的免疫特性合理地安排免疫接种的次数和时间。目前对于羊还没有统一的免疫程序，只能在实践中根据实际情况，制订一个合理的免疫程序。

三、羊免疫接种的途径及方法

（一）肌内注射法

适用于接种弱毒或灭活疫苗，注射部位在臀部及两侧颈部，一般用 12 号针头。

（二）皮下注射法

适用于接种弱毒或灭活疫苗，注射部位在股内侧、肘后。用大拇指及食指提住皮肤，注射时，确保针头插入皮下，为此进针后摆动针头，如感到针头摆动自如，推压注射器推管，药液极易进入皮下，无阻力感。

（三）皮内注射法

一般适用于羊痘弱毒疫苗等少数疫苗，注射部位在颈外侧和尾部皮肤褶皱壁。左手拇指与食指顺皮肤的皱纹，从两边平行捏起一个皮褶，右手持注射器使针头与注射平面平行刺入。注射药液后在注射部位有一豌豆大小疱，且小疱会随皮肤移动，则证明确实注入皮内。

（四）口服法

口服法是将疫苗均匀地混于饲料或饮水中经口服后获得免疫。免疫前应停饮或停喂半天，以保证饮喂疫苗时每头羊都能摄入一定量的水或一定量的饲料。

四、影响羊免疫效果的因素

（一）遗传因素

机体对接种抗原的免疫应答在一定程度上是受遗传控制的，因此，不同品种甚至同一品种的不同个体的动物，对同一种抗原的免疫反应强弱也有差异。

（二）营养状况

维生素、微量元素、氨基酸的缺乏都会使机体的免疫功能下降。例如，维生素 A 缺乏会导致淋巴器官的萎缩，影响淋巴细胞的分化、增殖、受体表达与活化，导致体内的 T 淋巴细胞数量减少，吞噬细胞的吞噬能力下降。

（三）环境因素

环境因素包括动物生长环境的温度、湿度、通风状况、环境卫生及消毒等。如果环境过冷过热、湿度过大、通风不良都会使机体出现不同程度的应激反应，导致机体对抗原的免疫应答能力下降，接种疫苗后不能取得相应的免疫效果，表现为抗体水平低、细胞免疫应答减弱。环境卫生和消毒工作做得好可减少或杜绝强毒感染的机会，使动物安全度过接种疫苗后的诱导期。只有搞好环境，才能减少动物发病的概率，即使抗体水平不高也能得到有效的保护。如果环境差，存有大量的病原，即使抗体水平较高也会存在发病的可能。

（四）疫苗的质量

疫苗质量是免疫成败的关键因素。弱毒疫苗接种后在体内有一个繁殖过程，因而接种的疫苗中必须含有足够量的有活力的病原，否则会影响免疫效果。灭活苗接种后没有繁殖过程，因而必须有足够的抗原量做保证，才能刺激机体产生坚强的免疫力。保存与运输不当会使疫苗质量下降甚至失效。

（五）疫苗的使用

在疫苗的使用过程中，有很多因素会影响免疫效果，例如疫苗的稀释方法、水质、雾粒大小、接种途径、免疫程序等都是影响免疫效果的重要因素。

（六）病原的血清型与变异

有些疾病的病原含有多个血清型，给免疫防治造成困难。如果疫苗毒株（或菌株）的血清型与引起疾病病原的血清型不同，则难以取得良好的预防效果。因而针对多血清型的疾病应考虑使用多价苗。针对一些易变异的病原，疫苗免疫往往不能取得很好的免疫效果。

（七）疾病对免疫的影响

有些疾病可以引起免疫抑制，从而严重影响疫苗的免疫效果。另外，动物的免疫缺陷病、中毒病等对疫苗的免疫效果都有不同程度的影响。

（八）母源抗体

母源抗体的被动免疫对新生动物是十分重要的，然而对疫苗的接种也产生一定的影响，尤其是弱毒疫苗在免疫动物时，如果动物存在较高水平的母源抗体，会严重影响疫苗的免疫效果。

（九）病原微生物之间的干扰作用

同时免疫两种或多种弱毒疫苗往往会产生干扰现象，给免疫带来一定的影响。

第四节　肉羊场环境管理

羊作为一种恒温动物，主要是通过产热和散热的平衡来保持稳定的体温。任何环境的变化，都会直接影响羊本身和该环境之间的热交换总量，因而，为了保持体热平衡，就必须进行生理调节。若环境条件不符合羊的舒适范围，那么羊就要进行调节，从而影响其生长、生产能力和健康。羊舍环境控制就是通过人工手段以克服羊舍不利环境因素的影响，建立有利于羊健康和生产的环境条件。其主要采取的措施包括：羊舍的防寒避暑、通风换气、采光照明、消毒等。

一、羊舍的防暑与降温

为了消除或缓和高温对羊健康和生产力所产生的有害影响，并减少由此而造成的严重经济损失，近年来人们已经越来越重视羊舍的防暑与降温工作，并采取了一些措施。

在天气炎热的情况下，一般是通过降低空气温度、增加非蒸发散热，来缓和羊的热负荷。通常是从保护羊免受太阳辐射，增加羊传导散热、对流散热和蒸发散热等行之有效的办法来加以解决。

（一）搭凉棚

对于简易羊舍，要加宽羊舍屋檐，有的羊场的羊槽在运动场，这就使得羊大部分时间在运动场活动和采食，在运动场搭凉棚就尤其重要。搭凉棚一般可减少 30% ～ 50% 的太阳光辐射热。还有要绿化羊舍周围环境，通过植物蒸腾作用和光合作用，吸收热，有利于降低气温。

（二）设计隔热的屋顶，加强通风

为了减少屋顶向舍内传热，在夏季炎热而冬季不冷的地区，可以采用通风的屋顶，其隔热效果很好。通风屋顶是将屋顶做成两层，屋间内的空气可以流动，进风口在夏季宜正对主风。由于通风屋顶减少了传入舍内的热量，降低了屋顶内的表面温度，所以，可以获得很好的隔热防暑效果。在夏凉冬冷地区，则不宜设通风屋顶，这是因为冬季这种屋顶会促进屋顶散热。另外，羊舍场址宜选在开阔、通风良好的地方，位于夏季主风口，各羊舍间应有足够距离以利于通风。

（三）舍饲羊场进行绿化

1. 明显改善羊场内的温度、湿度、气流等情况

在夏季，一部分太阳的辐射热量被稠密的树冠所吸收，而树木所吸收的辐射热量，绝大部分又用于蒸腾和光合作用，所以温度的升高并不明显。绿化可以增加空气的湿度，减缓风速，构建凉爽的环境。

2. 净化空气

大型羊场空气中的微粒含量往往很高，在羊场及其四周如种有高大树木的林带，能吸收大量的二氧化碳和氨，净化、澄清大气中的粉尘，同时又释放出氧。草地除了可以吸附空气中的微粒外，还可以固定地面的尘土，不使其飞扬。

3. 减轻噪声

树木与植被等对噪声具有吸收和反射的作用，可以减弱噪声的强度。树叶密度越大，减声效果越显著。因此羊舍周围应栽种树冠较大的树木。

4. 减少空气及水中的细菌含量

树木可使空气中的微粒量大大降低。因而使细菌失去附着物，减少病菌传播的机会。有些树木的花、叶能分泌一种芳香物质，可以杀死细菌、真菌等。用作羊场绿化的树木不仅要适应当地的水土环境，还要有抗污染、吸收有害气体等功能。常见的绿化树种有：梧桐、小叶白杨、毛白杨、钻天杨、旱柳、垂柳、槐树、红杏、槐、油松、侧柏、雪松、核桃树等。

（四）利用主风向、加强通风散热

为了保证夏季羊舍有良好的通风，让羊避暑，羊舍的朝向应尽量面对夏季的主风向，以确保有穿堂风通过，使羊体凉爽。

（五）羊舍降温

通过喷雾和淋浴方法，来降低舍内温度，用淋浴降温作用是淋湿羊体表，直接降温和加强蒸发散热，同时可吸收空气中的热量而降低舍温。喷雾降温不用湿润体表，就可以促进羊体蒸发散热。

二、羊舍的防寒与保暖

我国北方地区冬季气候寒冷，应通过羊舍的外围结构合理设计，解决防寒保暖问题。羊舍失热最多的是屋顶、天棚、墙壁和地面。

（一）屋顶和天棚

屋顶和天棚面积大，热空气上升，热能易通过天棚、屋顶散失。因此，要求屋顶、天棚结构严密、不透气，天棚应铺设保湿层、锯木灰等，也可采用隔热性能好的合成材料，如聚氨酯板、玻璃棉等。天气寒冷地区可降低羊舍净高，以维护羊舍温度。

（二）墙壁

墙壁是羊舍的主要外围结构，要求墙体能够隔热、防潮，寒冷地区应选择导热系数较小的材料，如空心砖、铝箔波形纸板等作墙体。羊舍长轴应呈东西方向配置，北墙不设门，墙上设双层窗，冬季加塑料薄膜、草帘等。

（三）地面

地面是羊活动直接接触的场所，地面冷热情况会直接影响羊体。石板、水泥地面坚固耐用，且能防水，但冷、硬，寒冷地区作羊床时应铺垫草、木板。羊舍的地面多数采用三合土和夯实土地面，这种地面在干燥状况下，具有良好的温热特性。而水泥地面又冷又硬，对羊极为不利。空心砖导热系数小，是较好的羊舍地面材料，在其下面再加一层油毡或沥青防潮，效果较好。

此外，要选择有利的羊舍朝向，羊舍的设计以坐北朝南为好，运动场朝向以南向为好，有利于保温采光。冬季通过提高饲养密度，铺设垫草，也可进行防寒。

三、羊舍的通风换气

通风换气是为了排出羊舍内产生过多的水汽和热量，驱走舍内产生的有害气体和臭味。

（一）羊舍的通风换气

羊舍的通风装置多采用流入排出式系统，进气管均匀设置在羊舍纵墙上，排气管均匀设置在羊舍屋顶上。进气管间距为 2 ～ 4m，排气管间距 1 ～ 2m。进气管可分别设置在纵墙距天棚 40 ～ 50cm 处及距地面 10 ～ 20cm 处，设调节板，控制进风量。冬季用上面的进气管，同时堵住下面的进风管，避免羊体受寒。夏季用下面的进风管，有利于羊体凉爽。排气管一般设置在羊床上方，沿屋脊两侧交错垂直安装在屋顶上、下端由天棚开始，上端高出屋脊 0.5 ～ 0.7m，管内设调节板。排气管上设风帽。

（二）机械通风

机械通风方式中的负压通风比较简单、投资少、管理费用也较低，羊舍多采用，负压通风也称为排气式通风或排风，是通过风机抽出舍内的污浊空气，舍内空气压力变小，舍外新鲜空气通过进气口或进气管流入舍内而形成舍内外空气交换。

四、羊舍的采光

控制羊舍采光的主要方法有以下几种。

（一）窗户面积

羊舍窗户面积越大，采光越好。窗户面积常用采光系数来表示。采光系数指窗户的有效采光面积与舍内地面面积之比。

（二）玻璃

干净的玻璃可以阻止大部分的紫外线，脏的玻璃可以阻止 15% ～ 19% 可见光，结冰的玻璃可以阻止 80% 可见光。

第五节 羊场粪便及病尸的无害化处理

一、病死畜禽进行无害化处理的规定

病死动物及动物产品携带病原体，如未经无害化处理或任意处置，不仅严重污染环境，还可能传播重大动物疫病，危害畜牧业生产安全，甚至引发严重的公共卫生事件。按照《中华人民共和国环境保护法》《中华人民共和国畜牧法》《中华人民共和国动物防疫法》《规模养殖污染防治条例》，以及地方性制定的动物防疫条例等法律法规和畜牧兽医主管部门的规定，法律规定从事畜禽养殖的单位和个人是病死动物及动物产品无害化处理的第一责任人，必须自觉履行无害化处理的责任和义务。法律法规明确规定，染疫动物或者染疫动物产品，病死或者死因不明的动物尸体，应当按照国家规定进行无害化处理，不得随意处理，不得随意丢弃；法律法规明令禁止屠宰、生产、经营、加工、贮藏、运输病死或者死因不明、染疫或者疑似染疫、检疫不合格等动物及动物产品。无害化处理应采取深埋、焚烧、化制、生物降解等措施，确保病原及时消灭，防止病原扩散蔓延。规模养殖场应配备无害化处理设施设备，建立无害化处理制度。

二、粪便的无害化处理

国家标准《畜禽养殖业污染物排放标准》（GB 18596—2001）规定，用于直接还田的畜禽粪便，必须进行无害化处理，防止污染使用地面。粪尿，适宜寄生虫、病原微生物寄生，繁殖和传播。从防疫的角度看，羊粪不利于羊场的卫生与防疫。为了变不利为有利，需对羊粪进行无害化处理。羊粪无害化处理主要是通过物理、化学、生物等方法，杀灭病原体，改变羊粪中病原体适宜寄生、繁殖和传播的环境，保持和增加羊粪有机物的含量，达到污染物的资源化利用。羊粪无害化环境标准是：蛔虫卵的死亡率≥ 95%；粪大肠

菌群数≤ 10 个/kg；恶臭污染物排放标准是：臭气浓度标准值 70。

（一）羊粪的处理

1. 发酵处理

粪便的发酵处理利用各种微生物的活动来分解羊粪中的有机成分，从而有效地提高有机物的利用率，在发酵过程中形成的特殊理化环境也可杀死粪便中的病原菌和一些虫卵，根据发酵过程中依靠的主要微生物种类不同，可分为充气动态发酵、堆肥发酵和沼气发酵处理。

（1）充气动态发酵　在适宜的温度、湿度以及供氧充足的条件下，好气菌迅速繁殖，将粪中的有机物质分解成易消化吸收的物质，同时释放出硫化氢、氨等气体。在 45 ～ 55℃下处理 12h 左右，可生产出优质有机肥料和再生饲料。

（2）堆肥发酵处理　传统处理羊的粪便消毒方法中，最实用的方法是生物热消毒法，即在距羊场 100 ～ 200m 以外的地方设一堆粪场，将羊粪堆积起来，上面覆盖 10cm 厚的沙土，发酵 30d 左右，利用微生物进行生物化学反应，分解熟化羊粪中的异味有机物，随着堆肥温度升高，杀灭其中的病原菌、虫卵和蛆蛹，达到无害化并成为优质肥料。

（3）沼气发酵处理　沼气处理是厌氧发酵过程，可直接对水粪进行处理。其优点是产出的沼气是一种高热值可燃气体，沼渣是很好的肥料。经过处理的干沼渣还可作饲料。

2. 干燥处理

（1）脱水干燥处理　通过脱水干燥，使其中的含水量降低到 15% 以下，便于包装运输，又可抑制畜粪中微生物活动，减少养分（如蛋白质）损失。

（2）高温快速干燥　采用以回转圆筒烘干炉为代表的高温快速干燥设备，可在短时间（10min 左右）内将含水率为 70% 的湿粪，迅速干燥至含水率仅 10% ～ 15% 的干粪。

（3）太阳能自然干燥处理　采用专用的塑料大棚，长度可达 60 ～ 90m，内有混凝土槽，两侧为导轨，在导轨上安装有搅拌装置。湿粪装入混凝土槽，搅拌装置沿着导轨在大棚内反复行走，通过搅拌板的正反向转动来捣碎、翻动和推送畜粪，并通过强制通风排出大棚内的水汽，达到干燥畜粪的目的。夏季只需要约 1 周的时间即可将畜粪的含水率降到 10% 左右。

（二）羊粪的利用

羊粪属热性肥料，适用于凉性土壤和阴坡地。羊粪含有机质 24% ～ 27%，氮 0.7% ～ 0.8%，磷（五氧化二磷）0.45% ～ 0.6%，钾（氧化钾）0.4% ～ 0.5%。羊粪粪质较细，养分浓厚，含有丰富的氮、磷、钾、微量元素和高效有机质；羊粪能活化土壤中大量存留的氮磷钾，有助于农作物的吸收。同时，还能显著提高农作物的抗病、抗逆、抗掉花、抗掉果能力。与施用无机肥相比，施用羊粪可使粮食作物增产 10% 以上，蔬菜和经济作物增产 30% 左右，块根作物增产 40% 左右。

1. 直接用作肥料

羊粪作为肥料首先根据饲料的营养成分和吸收率，估测粪便中的营养成分。另外，施肥前要了解土壤类型、成分及作物种类，确定合理的作物养分需要量，并在此基础上计算出畜粪施用量。

2. 生产有机无机复合肥

羊粪最好先经发酵后再烘干，然后与无机肥配制成复合肥。复合肥不但松软、易拌、无臭味，而且施肥后也不再发酵，特别适合于盆栽花卉和无土栽培及庭院种植业。

3. 制取沼气

沼气是在厌氧环境下，在一定温度、湿度、酸碱度的条件下，微生物在分解发酵有机物质的过程中所产生的一种可燃气体。羊粪制造沼气，入池前要堆沤 3d，然后入池发酵。

4. 土地还原法

将羊粪与地表土混合，深度为 20cm，用水浇灌超过保水容量。有机物质使土壤中的微生物迅速增加，消耗掉土地中的氧，微生物产生的有机酸、发酵产生的热，可以有效地杀灭病菌，使土地转变成还原状态。

（三）粪便无害化卫生标准

畜粪无害化卫生标准是借助卫生部制定的国家标准（GB 7959—87）。适用于全国城乡垃圾、粪便无害化处理效果的卫生评价和为建设垃圾、粪便处理构筑物提供卫生设计参数。

标准中的粪便是指人体排泄物；堆肥是指以垃圾、粪便为原料的好氧性高温堆肥；沼气发酵是以粪便为原料，在密闭、厌氧条件下的厌氧性消化（包括常温、中温和高温消化）。经无害化处理后的堆肥和粪便，应符合国家的有关规定，堆肥最高温度达 50 ～ 55℃甚至更高，应持续 5 ～ 7d，粪便中蛔虫卵死亡率为 95% ～ 100%，有效地控制苍蝇滋生，堆肥周围没有活动的蛆、蛹或新羽化的成蝇。沼气发酵的卫生标准是，密封贮存期应在 30d 以上，（53±2）℃的高温沼气发酵温度应持续 2d，寄生虫卵沉降率在 95% 以上，粪液中不得检出活的血吸虫卵和钩虫卵。

三、病羊尸体的无害化处理

病死羊尸体含大量病原体，只有及时经过无害化处理，才能防止疫病的传播与流行，严禁随意丢弃、出售或作为饲料，根据病症种类的性质不同，按《畜禽病害肉尸及其产品无公害化处理规程》的规定，采用适宜方法处理病羊的尸体。

（一）销毁

患传染病家畜的尸体中含有大量病原体，并可污染环境，若不及时做无害化处理，常可引起人畜患病。对确认为是炭疽、羊快疫、羊肠毒血症、羊猝狙、肉氏梭菌中毒症、蓝舌病、口蹄疫、李氏杆菌病、布鲁氏杆菌病等传染病和恶性肿瘤或两个器官发现肿瘤的病畜的整个尸体，以及从其他患病畜割除下来的病变部分和内脏都应进行无害化销毁，其方法是利用湿法化制和焚毁，前者是利用湿化机将整个尸体送入密闭容器中进行化制，即熬制成工业油。后者整个尸体或割除的病变部分和内脏投入焚化炉中烧毁炭化。

（二）化制

除上述传染病外，凡病变严重、肌肉发生退行性变化的其他传染病、中毒性疾病、囊虫病、旋毛虫病，以及自行死亡或不明原因死亡的家畜的整个尸体或胴体和内脏，利用湿化机制将原料分类分别投入密闭容器中进行化制、熬制成工业油。

（三）掩埋

掩埋是一种暂时看作有效，其实极不彻底的尸体处理方法，但比较简单易行，目前还在广泛地使用。掩埋尸体时应选择干燥、地势较高，距离住宅、道路、水井、河流及牧场较远的偏僻地区。尸坑的长和宽能容纳尸体侧卧为度，深度应为 2m 以上。

（四）腐败

将尸体投入专用的尸体坑内，尸体一般为直径 3m，深 10 ～ 13m 的圆形井，坑壁与坑底用不透水的材料制成。

（五）加热煮沸

对某些危害不是特别严重，而经过煮沸消毒后又无害的患传染病的病畜肉尸和内脏，切成重量不超过 2kg，厚度不超过 8cm 的肉块，进行高压蒸煮或一般煮沸消毒处理。但必须在指定的场所处理。对洗涤生肉的泔水等，必须经过无害化处理：熟肉决不可再与洗过生肉的泔水以及菜板等接触。

四、病羊产品的无害化处理

（一）血液

1. 漂白粉消毒法

对患羊痘、山羊关节炎、绵羊梅迪维斯那病、弓形虫病、锥虫病等的传染病以及血液寄生虫病的病羊血液的处理，是将 1 份漂白粉加入 4 份血液中充分搅匀，放入沸水中烧煮，至血块深部呈黑红色，并呈蜂窝状时为止。

2. 高温处理

凡属上述传染病者均可高温处理。方法是将已凝固的血液划成豆腐方块，放入沸水中烧煮，至血块深部呈黑红色，并呈蜂窝状时为止。

（二）蹄、骨和角

将肉尸作高温处理时剔出的病羊骨、蹄、角放入高压锅内蒸煮至脱胶或脱脂时止。

（三）皮毛

1. 盐酸食盐溶液消毒法

此法用于被上述疫病污染的和一般病畜的皮毛消毒。方法是用 2.5% 盐酸溶液与 15% 食盐水溶液等量混合，将皮张浸泡在此溶液中，并使液温保持在 30℃左右，浸泡 40h，皮张与消毒液之比为 1∶10 浸泡后捞出沥干，放入 2% 氢氧化钠溶液中，以中和皮张上的酸，再用水冲洗后晾干。也可按 100mL 25% 食盐水溶液中加入盐酸 1mL 配制消毒液，在室温 15℃条件下浸泡 48h，皮张与消毒液之比为 1∶4。浸泡后捞出沥干，再放入 1% 氢氧化钠溶液中浸泡，以中和皮张上的酸，再用水冲洗后晾干。

2. 过氧乙酸消毒法

此法用于任何病畜的皮毛消毒。方法是将皮毛放入新鲜配制的 2% 过氧乙酸溶液中浸泡 30min 捞出，用水冲洗后晾干。

3. 碱盐液浸泡消毒法

此法用于上述疫病污染的皮毛消毒。具体方法是将病皮浸入 5% 碱盐液（饱和盐水内加 5% 氢氧化钠）中，室温（17 ～ 20℃）浸泡 24h，并随时加以搅拌，然后取出挂起，待碱盐液流净，放入 5% 盐酸液内浸泡，使皮上的碱被中和，沥出，用水冲洗后晾干。

4. 石灰乳浸泡消毒法

此法用于口蹄疫和螨病病皮的消毒。方法是将 1 份生石灰加 1 份水制成熟石灰，再用水配成 10% 或 5% 混悬液（石灰乳）。将口蹄疫病皮浸入 10% 石灰乳中浸泡 2h；而将螨病病皮浸入 10% 石灰乳中浸泡 12h，然后取出晾干。

5. 盐腌消毒法

主要用于布鲁氏菌病病皮的消毒。按皮重量的 15% 加入食盐，均匀撒于皮的表面。一般毛皮腌制 2 个月，胎儿毛皮腌制 3 个月。

第三部分

牛羊疾病防控技术

第一章　牛羊病防治基础知识

第一节　牛羊的驱虫健胃

肉牛羊驱虫健胃可以调节机体内分泌和整合肠胃功能，起到防疫与保健的双效作用。驱虫健胃能够提高肉牛羊饲料转化、利用率，尤其对育肥牛极为重要，能够起到快速增重的目的。因为驱虫健胃可以促进排毒利尿，有效预防瘤胃积食、胃肠炎性疾病、寄生虫性疾病及其继发症等。驱虫健胃也是肉牛羊健康养殖的重要技术之一。

一、驱虫的方法

（一）基本原则

1. 经济性原则

肉牛羊驱虫要选择高效，低毒，经济又使用方便的药物。大规模驱虫时，定要进行驱虫试验，对驱虫药物的用法用量、驱虫效果、毒副作用作出鉴定并确定实效、安全后再应用。

2. 时效性原则

驱虫前，应将肉牛羊隔离饲养，最好禁食数小时，只给饮水，有利于药物吸收，提高药效。驱虫时间最好安排在下午或晚上，使牛羊在第二天白天排出虫体和虫卵等，便于及时收集处理，驱虫后 2 周内的粪污要及时进行无害化处理。

3. 季节性原则

驱虫季节主要有春秋两季驱虫，实践证明，秋季驱虫在治疗和预防肉牛羊寄生虫病上发挥了重要作用。也有研究深冬驱虫，在深冬一次大剂量的用药将肉牛羊体内的成虫和幼虫全部驱除，从而降低肉牛羊的荷虫量，把虫体消灭在成熟产卵前，防止虫卵和幼虫对外界环境的污染，阻断宿主病程的发展，有利于保护肉牛羊健康。

4. 安全性原则

新补栏的育牛由于环境变化，运输、惊吓等原因，不能马上驱虫健胃，易产生应激反应，可在其饮水中加入少量食盐和红糖，连饮 1 周，并多投喂青草或青干草过渡。2 周后，注意观察牛只的采食、排泄及精神状况，待其群体整体状况稳定后再进行驱虫健胃。

（二）体表驱虫

主要是杀灭虱、螨、蜱、蝇蛆等，常用方法有喷剂和药浴。

1. 喷剂

用浓度为 0.3% 的过氧乙酸逐头喷洒牛体，能够杀灭细菌繁殖体、芽孢、霉菌和病毒等多种病原微生物，再用 0.25% 浓度的螨净乳剂对牛体全面擦拭，使药液浸渍体肤；也可以用 2% ～ 5% 敌百虫溶液涂擦牛体。首次用药 1 周后需要再重复用药 1 次效果比较理想。

2. 药浴

在温暖季节可以使用，将杀虫药物按使用说明配成所需浓度的溶液置于药浴池内，将牛只除头部以外的各部位浸于药液中 0.5h 或 1h，即达到杀灭体外寄生虫的目的。这种方法能使牛体表各部位与药液充分接触，杀虫效果理想可靠。

肉羊药浴可用 0.1% ～ 0.2% 杀虫脒水溶液、速灭菊酯 80 ～ 200mg 或溴氰菊酯 50 ～ 80mg/L。药浴一般在剪毛后 1 ～ 2 周进行，一般每年剪毛后进行一次。如果秋季再药浴一次。则效果更好，发生疥癣时治疗性的药浴随时都可进行，但在冬春季必须采取可靠的取暖措施。

（三）体内驱虫

体内驱虫可以每季度进行 1 次。体内驱虫常用的驱虫药物有阿维菌素、伊维菌素、丙硫咪唑、盐酸左旋咪唑。

使用方法：空腹时口服，0.1% 伊维菌素、阿维菌素按每千克体重 0.2mg，丙硫咪唑按每千克体重 10mg；盐酸左旋咪唑按每千克体重 7.5 ～ 15mg。也可以伊维菌素针剂肌内注射与丙硫咪唑口服联合使用，药效更佳。肉羊一般按每千克体重 15mg 给药。

（四）体内外同时驱虫

牛群体内外同时驱虫，可以用吩苯达唑。

使用方法：每吨饲料按照0.5kg拌料，要求混合均匀，按正常投料方法饲喂。

二、健胃的方法

健胃工作一般选择在驱虫后进行，肉牛羊健胃方法多种多样，一般在驱虫3d后，为增加肉牛羊食欲，改善消化机能，应用健胃剂调整胃肠道机能，常用健胃散、人工盐、胃蛋白酶、龙胆酊等，一般健胃后的肉牛羊精神好、食欲旺盛。

驱虫后每头小肉牛用苏打片10g，早晨拌入饲料中喂服洗胃，2d后，每头小肉牛再喂大黄苏打片5g健胃。育肥牛可以用牛健胃散健胃，按5%添加到精料中，连用5d，对体况特别瘦弱的牛可在灌服健胃散后，再灌服酵母粉，每天1次，每次250g或喂酵母片50～100片。

人工盐的用法是，按60～150g口服，每天1次，连用3～5d。另外，如果肉牛粪便干燥，每头牛可以喂复合维生素制剂20～30g和少量植物油。

驱虫健胃是肉牛羊健康养殖的关键环节，只有掌握好运用好，每个养殖户都能以最少的饲料消耗获得更高效的肉牛羊育肥日增重，生产出优质高档牛肉，从而获得更高的经济效益。

第二节　牛羊场常用药物的合理使用

一、常用药物的分类与保存

（一）常用药物的分类

1. 抗微生物药

青霉素、红霉素、庆大霉素、氟哌酸、环丙沙星等。

2. 驱虫药

盐酸噻咪唑（驱虫净）、丙硫咪唑、敌敌畏、阿维菌素等。

3. 作用于消化系统的药物

健胃药、促反刍药及止酵药，如马钱子酊、胃蛋白酶、干酵母、鱼石脂等；泻药、止泻药及解痉药，如硫酸钠、硫酸镁、液体石蜡、活性炭等。

4. 用作于呼吸系统的药物

氯化铵、咳必清、复方甘草片、氨茶碱等。

5. 作用于泌尿、生殖系统的药物

利尿酸、乌洛托品、绒毛膜促性腺激素、黄体酮、催产素等。

6. 作用于心血管系统的药物

安钠咖、安络血、仙鹤草素等。

7. 镇静与麻醉药

乙醇、静松灵、盐酸普鲁卡因等。

8. 解热镇痛抗风湿药

氨基比林、安痛定、安乃近等。

9. 体液补充剂

葡萄糖、氯化钠、氯化钙、葡萄糖酸钙、碳酸氢钠等。

10. 解毒药

阿托品、碘解磷定等。

11. 消毒药剂外用

碘酊、新洁尔灭、高锰酸钾、鱼石脂、双氧水、龙胆紫、氢氧化钠、碘伏、漂白粉、二氯异氰尿酸钠等。

（二）保存

保存药物应定期检查，防止过期、失效，阅读药品说明书，按所要求贮存方法分类保存，不宜与其他杂物混放。

①对于因湿而易变性，易受潮，易风化，易挥发，易氧化及吸收二氧化碳而变质的药物需用玻璃瓶密闭贮存。

②易因受热而变质，易燃、易爆、易挥发等药物，需 2 ～ 15℃低温保存。

③见光易发生变化或导致药效降低的，须避光容器内贮存。

④分门别类，作好标记。原包装完好的药物，可以原封不动地保存，散装药应按类分开，并贴上醒目的标签，标清有效日期、名称、用法、用量及失效期。内服药与外用药宜严格分开。

⑤定期更换淘汰。每年定期对备用药进行检查。例如维生素 C 存放一年药效可降低一半，中药丸剂容易发霉生虫，最多存放 2 年，其他药物参照生产日期查对处理。

二、药物的制剂、剂型与剂量

剂型是根据医疗、预防等的需要，将兽药加工制成具有一定规格，一定形状且有效成分不变，以便于使用、运输和贮存的形式。

兽药的剂型种类繁多，常用的分类方法如下。

（一）按兽药形态分类

1. 液态剂型

（1）溶液剂　一种透明的可供内服或外用的溶液，一般是由两种或两种以上成分所组成，其中包括溶质和溶媒。溶质多为不挥发的化学药品，溶媒多为水，但也有醇溶液或油溶液等。内服药如鱼肝油溶液，外用消毒药如新洁尔灭溶液等。

（2）注射剂　注射剂也称针剂，是指灌封于特制容器中的灭菌的澄明液、混悬液、乳浊液或粉末（粉针剂，临用时加注射用水等溶媒配制），必须用注射法给药的一种剂型。如果密封于安瓿瓶中，称为安瓿剂。如青霉素粉针，庆大霉素注射液等。

（3）酊剂　是指将化学药品溶解于不同浓度的酒精或药物用不同浓度的酒精浸出的澄明液体剂型，如碘酊等。

（4）煎剂或浸剂　都是药材（生药）的水性浸出制剂。煎剂是将药材加水煎煮一定时间后的滤液；浸剂是用沸水、温水或冷水将药材浸泡一定时间后滤过而制得的液体剂型。如板蓝根煎剂。

（5）乳剂　是指两种以上不相混合的液体（油和水），加入乳化剂后制成的乳状混浊液，可供内服、外用或注射。

2. 半固体剂型

（1）浸膏剂　是药材的浸出液经浓缩除去溶媒的膏状或粉状的半固体或固体剂型。除有特殊规定外，浸膏剂每克相当于原药材 2 ～ 5g。如酵母浸膏等。

（2）软膏剂　是将药物加赋形剂（或称基质），均匀混合而制成的易于外用涂布的一种半固体剂型。供眼科用的软膏又叫眼膏。如盐酸四环素软膏等。

（3）固体剂型

①粉剂　是一种干燥粉末剂型，由一种或一种以上的药物经粉碎、过筛、均匀混合而制成的固体剂型。可供内服或外用。

②可溶性粉剂　是由一种或几种药物与助溶剂、助悬剂等辅助药组成的

可溶性粉末。多作为饲料添加剂型，投入饮水中使药物均匀分散。

③预混剂　是指一种或几种药物与适宜的基质（如碳酸钙、麸皮、玉米粉等）均匀混合制成供添加于饲料的药物添加剂。将它掺入饲料中充分混合，可达到使药物微量成分均匀分散的目的。

④片剂　是将粉剂加适当赋形剂后，制成颗粒经压片机加压制成的圆片状剂型。

⑤胶囊剂　是将药粉或药液密封入胶囊中制成的一种剂型，其优点是可避免药物的刺激性或不良气味。

⑥微型胶囊　简称微囊，系利用天然的或合成的高分子材料（通称囊材），将固体或液体药物（通称囊芯物）包裹成直径 1 ～ 5000μm 的微小胶囊。药物的微囊可根据临床需要制成散剂、胶囊剂、片剂、注射剂以及软膏剂等各种剂型的制剂。药物制成微囊后，具有提高药物稳定性、延长药物疗效、掩盖不良气味、降低在消化道的副作用、减少复方的配伍禁忌等优点。用微囊作原料制成的各种剂型的制剂，应符合该剂型的制剂规定与要求。如维生素 A 微囊剂。

（4）气体剂型　是指某些液体药物稀释后或固体药物干粉利用雾化器喷出形成微粒状的制剂。可供皮肤和腔道等局部使用，或由呼吸道吸入后发挥全身作用。

（二）按分散系统分类

1. 真溶液类液体剂型

真溶液类液体剂型是指由分散相和分散介质组成的液态分散系统剂型，其直径小于 1nm，如溶液剂、糖浆剂、甘油剂等。

2. 胶体溶液类液体剂型

胶体溶液类液体剂型是指均匀的液体分散系统药剂，其分散相质点直径在 1 ～ 100nm，如胶浆剂。

3. 混悬液类液体剂型

混悬液类液体剂型是指固态分散相和液体分散介质组成的不均匀的分散系统药剂，其分散相质点一般在 0.1 ～ 100μm，如混悬剂。

4. 乳浊液类液体剂型

乳浊液类液体剂型是指液体分散相和液体分散介质不均匀的分散系统药剂，其分散相质点直径在 0.1 ～ 50μm，如乳剂等。

（三）按给药途径分类

1. 肠道给药剂型

如片剂、散剂、胶囊剂，栓剂等。

2. 不经肠道给药剂型

如注射剂、软膏剂、口含片、滴眼剂、气雾剂等。

在选定药物以后，制剂的选择就是一个重要问题。同一药物，相同剂量，所用的制剂不同，其吸收程度也不同。有时，甚至同一制剂，但生产的工艺不同，其吸收程度和速度也不尽相同。因此，应根据疾病的轻重缓急慎重选择药物的剂型。

剂量是指药物产生治疗作用所需的用量。在一定范围内，剂量越大，体内药物浓度越高，作用也越强；剂量越小，作用就小。但如果浓度过大，超过一定限度，就会出现不良反应，甚至中毒。因此，为了既经济又有效地发挥药物的作用，达到用药目的，避免不良反应，应充分了解并严格掌握各种药物的剂量。

药物剂量的计量单位，一般固体药物用重量表示。按照 1984 年国务院关于在我国统一实行法定计量单位的命令，一般采用法定计量单位。如 g、mg、L、mL 等。对于固体和半固体药物用 g、mg 表示；液体药物用 L 和 mL 表示。常用计量单位的换算关系如下。

1kg=1000g，1g=1000mg，1L=1000mL，1mL=1000μL

一些抗生素和维生素，如青霉素、庆大霉素、维生素 A、维生素 D 等药物多用“国际单位”来表示，英文缩写为 IU。

三、药物的治疗作用和不良反应

用药的目的在于防治疾病。凡符合用药目的，能达到防治效果的作用叫治疗作用。不符合用药目的，甚至对机体产生损害的效果称为不良反应。在多数情况下，这两种效果会同时出现，这就是药物作用的两重性。在用药中，应尽量发挥药物的治疗作用，避免或减少不良反应。药物不良反应有副作用、毒性作用和过敏反应等。

（一）副作用

副作用指药物在治疗剂量时出现的与治疗目的无关的作用。如阿托品有松弛平滑肌和抑制腆腺分泌的作用，当利用其松弛平滑肌的作用而治疗肠痉挛时，同时出现的唾液腺分泌减少（口腔干燥）即为副作用。

（二）毒性作用

毒性作用指用药量过大、时间过长而造成对机体的损害作用。毒性作用可在用药不久后发生，称为急性毒性；也可能在长期用药过程中逐渐蓄积后产生，称为慢性毒性。大多数药物都有一定的毒性，当达到一定剂量后，多数动物均可出现相同的中毒症状。故药物的毒性作用大多也是可以预防的。在用药中，以增加剂量来增强药物的作用是有限的，而且也是危险的。此外，有些药物可以致畸胎、致癌，也属药物的毒性作用，必须警惕。

（三）过敏反应

过敏反应是指少数具有特异体质的动物，在应用治疗量甚至极小量的某种药物时，产生一种与药物作用性质完全不同的反应，称为过敏反应。它与药物剂量的大小无关，而且不同的药物发生的过敏反应大多相似。过敏反应难以预知。轻度的过敏反应，常有发热、呕吐、皮疹、哮喘等症状，可给予苯海拉明、溴化钙等抗过敏药物进行处理。严重的过敏反应，可引起动物发生过敏性休克，应使用肾上腺素或高效糖皮质激素等进行抢救。

（四）继发反应

继反反应是在药物治疗作用之后的一种继发反应，是药物发挥治疗作用的不良后果，也称治疗矛盾。如长期应用广谱抗生素时，由于改变了肠道正常菌群，敏感细菌如被消灭，不敏感的细菌如葡萄球菌或真菌则大量繁殖，导致葡萄球菌肠炎或念珠菌病等的继发性感染。

四、药物的选择及用药注意事项

羊病临床合理用药的目的是要达到最理想的疗效和最大安全性。因此药物治疗过程中有其选择原则和注意事项。

（一）药物选择原则

用于预防和治疗疾病的药物，种类很多，各有独特的优点和缺点。临床实践证明，任何一种疾病常有多种药物有效。为了获得最佳疗效，就应根据病情、病因及症状加以选择。选用药物应坚持疗效高，毒性反应低，价廉易得的基本原则。

1. 疗效高

疗效高是选择药物首先考虑的因素。在治疗和预防疾病中，选用药物的基本点是药物的疗效。如具有抗菌作用的药物可有数种，选用时应首选对病原菌最敏感的抗菌药物。

2. 毒性反应低

毒性反应低是选择用药考虑的重要因素，多数药物都有不同程度的毒性，有些药物疗效虽好，但毒性反应严重，因此必须放弃，临床上多数选用疗效稍差而毒性作用更低的药物。

3. 价廉易得

价廉易得是兽医人员应高度重视的问题。滥用药物，贪多求全，既会降低疗效，增加毒性或产生耐受性，又会造成畜主经济损失和药品浪费。

（二）合理用药注意事项

在选择用药基本原则指导下，认真制定临床用药方案。临床用药应该注意以下几方面。

1. 明确诊断

明确诊断是合理用药的先决条件，选用药物要有明确的临床指征。要根据药物的药理特点，针对病例的具体病症，选用疗效可靠、使用方便、廉价易得的药物制剂。注意避免滥用药物及疗效不确切的药物。

2. 选择最适宜的给药方法

给药方法应根据病情缓急、用药的目的以及药物本身的性质等决定。病情危重或药物局部刺激性强时，宜以静脉注射。油溶剂或混悬剂应严禁用于静脉注射，可用于肌内注射。治疗消化系统疾病的药物多经口投药。局部关节、子宫内膜等炎症可用局部注入给药。

3. 适宜剂量与合理疗程

选择剂量的依据是《中华人民共和国兽药典》及《兽医药品规范》。该药典及规范中的剂量适用于多数成年动物，对于老弱、病幼的个体，特别是肝、肾功能不良的个体，应酌情调整剂量。有些药物排泄缓慢，药物半衰期长，在连续应用时，应特别预防蓄积中毒。为此，在经连续治疗一个疗程之后，应停药一定时间，才可以开始下一疗程。疗程可长可短，一般认为，慢性疾病的疗程要长，急性疾病的疗程要短。传染病需在病情控制之后有一定巩固时间，必要时，可用间歇休药再给药的方式进行治疗。

4. 合理配伍用药

临床用药时，多数合并用药。此外，既要考虑药物的协同作用、减轻不良反应，同时还应注意避免药物间的配伍禁忌，尤其应注意避免药理性配伍禁忌。药理性配伍禁忌包括药物疗效互相抵消和毒性的增加，如胃蛋白酶和小苏打片配伍使用，会使胃蛋白酶活性下降。又如氯霉素抑制肝微粒酶对苯妥英钠的灭活，会导致血药浓度增加而毒性加剧。药物理化性配伍禁忌，在临床用药时应认真对待，在两种药物配伍时，由于物理性质的改变，使药物或抑制剂发生变化，既可以使两种药物化学本质的变化而失效，有时还产生有毒的反应，如解磷定与碳酸氢钠注射配伍时，可产生微量氰化物而增加毒性。

第二章　牛羊疾病诊治

第一节　代谢病诊治

一、酸中毒

酸中毒是因采食过多的富含糖类的谷物饲料，导致瘤胃内产生大量乳酸而引起的一种急性代谢性疾病。其特征为消化障碍、瘤胃活动停滞、脱水、酸血症、运动失调，重者甚至瘫痪、衰弱、休克，常导致死亡。

（一）病因

1. 富含糖类的精料食入过多

如大麦、小麦、玉米、大米、燕麦、高粱或其糟粕，以及块茎根类饲料，如甜菜、马铃薯、甘薯、粉渣、酒糟等。

2. 精料突然超量

如果舍饲肉牛羊、肉羊按照由高粗饲料向高精饲料逐渐变换的方式逐渐增加精料，使反刍动物有一个适应的过程，则日粮中的精料比例即使达到85% 以上，甚至不限量饲喂全精料日粮也未必发生酸中毒。如果突然饲喂高精饲料而草料不足时，则易发生酸中毒。

（二）发病机制

突然过食富含糖类的精料后，瘤胃微生物区系发生改变，pH 值下降，乳酸大量形成。乳酸使瘤胃蠕动减弱，造成食物积滞，同时使瘤胃微生物群落遭到破坏。当 pH 值下降至 4.5 ～ 5 时，瘤胃内渗透压升高，体液向瘤胃内转移并引起瘤胃积液，导致血液浓稠，机体脱水及少尿。由于瘤胃液酸度增高，微生物死亡，产生大量有毒的胺类物质，如组胺、酪胺、色胺等，导致末梢微循环障碍，使毛细血管通透性增高及小动脉扩张，引起蹄叶炎和中毒性瘤胃炎。瘤胃内生成的乳酸，除被缓冲系统中和外，绝大部分经胃壁吸收，小部分经肠道吸收。吸收入血的大量乳酸，超过了组织的利用能力，导致高乳酸血症，使得血液碱贮下降，血浆二氧化碳结合力极度降低，引起酸中毒，损害肝脏和神经系统。

（三）症状

多数呈现急性经过，通常在过食精料后 4 ～ 8h 突然发病，病畜精神高度沉郁，极度虚弱，侧卧而不能站立，有时出现腹泻，瞳孔散大，双目失明。体温低下时为 36.5 ～ 38℃，重度脱水。腹部显著膨大，瘤胃蠕动停止，内容物稀软或呈水样，瘤胃液 pH 值低于 5.0，甚至降至 4.0 时循环衰竭，心跳达 110 ～ 130 次 /min，终因中毒性休克而死亡。

1. 轻症

病畜表现精神萎靡，食欲减退，空嚼磨牙，流涎，反刍减少。粪便稀软或呈水样，有酸臭味。体温正常或偏低，脉搏增数，一般可达 80 ～ 100 次 /min，结膜潮红。瘤胃中度充满，收缩无力，听诊蠕动音消失，触诊瘤胃内容物呈捏粉样质感，瘤胃液 pH 值为 5.5 ～ 6.5。皮肤干燥，弹性降低，眼窝凹陷，尿量减少，机体轻度脱水。若治疗不及时，病情持续发展常继发或伴发蹄叶炎和瘤胃炎，而使病情恶化。

2. 重症

病畜精神沉郁，意识不清，反应迟钝，瞳孔轻度散大，对光反射迟钝。食欲减退或废绝，反刍停止，瘤胃胀满，冲击式触诊有击水音或震荡音，瘤胃液 pH 值为 5.0 ～ 6.0。随病情发展，全身症状明显加重，体温正常或微热，多数病例脉搏和呼吸增数，心跳可达 100 次 /min，后期出现神经症状，步态蹒跚，卧地不起，头颈侧弯或后仰呈角弓反张，嗜睡甚至昏迷而死。

（四）诊断

1. 临床诊断

根据脱水，瘤胃胀满，盗汗，卧地不起，多为躺卧，四肢伸直，心跳、呼吸加快，口流涎沫，具有蹄叶炎和神经症状等可初步诊断。

2. 饲料调查

有过食豆类、谷类或富含糖类饲料的病史。

3. 实验室诊断

瘤胃液 pH 值下降至 4.5 ～ 5.0，血液 pH 值降至 6.9 以下，血液乳酸升高等。

（五）防治

1. 预防

严格控制日粮搭配，注意精饲料与粗饲料的比例；在泌乳早期，加喂精料，要缓慢增加，一般适应期为 7 ～ 10d；精料内添加缓冲剂和制酸剂，如碳酸氢钠、氢氧化镁或氧化镁等，使瘤胃内 pH 值保持在 5.5 以上；加强饲养管理，严格控制精料饲喂量，防止过食、偏食。

2. 治疗

治疗原则为加强护理，清除瘤胃内容物，纠正酸中毒，补充体液，恢复瘤胃蠕动。

（1）排出瘤胃内容物　急性病例可行瘤胃切开术，彻底清除瘤胃内容物，再接种健康动物瘤胃内容物 5 ～ 20L。一般病例采取瘤胃冲洗法，即用胃管排出瘤胃内容物，再用石灰水（生石灰 1kg，加水 5kg 充分搅拌，用其上清液）反复冲洗，直至瘤胃液无酸臭味、pH 检查呈中性或弱碱性为止。也可用 1% 碳酸氢钠溶液或 1% 食盐水洗胃。当瘤胃内容物很多，导胃无效时，也可采用瘤胃切开术。

（2）纠正酸中毒　中和瘤胃内酸度可用石灰水、氢氧化镁或氧化镁、碳酸氢钠或碳酸盐缓冲合剂（碳酸钠 150g，碳酸氢钠 250g，氯化钠 100g，氯化钾 40g）250 ～ 750g，加常水 5 ～ 10L，一次灌服。中和血液酸度以缓解机体酸中毒，可静脉注射 5% 碳酸氢钠溶液，牛用量为 1000 ～ 1500mL，羊用量为 10 ～ 20mL。

（3）补充体液　防止脱水可补充 5% 葡萄糖生理盐水或复方氯化钠溶液，牛用量为每次 4000 ～ 8000mL，羊用量为 250 ～ 500mL，静脉注射，补液中加入强心剂效果更好。

（4）对症治疗　如伴发蹄叶炎时，可注射抗组胺药物；为防止休克，宜选用肾上腺皮质激素类药物；恢复胃肠消化功能，可给予健胃药和前胃兴奋剂。

二、异食癖

异食癖是指由于环境、营养、内分泌和遗传等因素引起的舔食啃咬通常不采食的异物为特征的一种顽固性味觉错乱的新陈代谢障碍性疾病。

（一）病因

①饲料单一。钠、铜、钴、锰、铁、碘、磷等矿物质不足，特别是钠盐的不足。

②钙、磷比例失调。

③某些维生素的缺乏。

④患有佝偻病、软骨病、慢性消化不良、前胃疾病、某些寄生虫病等可成为异食的诱发因素。

（二）症状

①乱吃杂物，如粪尿、污水、垫草、墙壁、食槽、墙土、新垫土、砖瓦块、煤渣、破布、围栏、产后胎衣等。

②患病牛羊易惊恐，对外界刺激敏感性增高，以后则迟钝。

③患病牛羊逐渐消瘦、贫血，常引起消化不良，食欲进一步恶化。在发病初期多便秘，其后下痢或便秘和下痢交替出现。

④怀孕的母牛，可在妊娠的不同阶段发生流产。

（三）治疗

治疗原则是缺什么，补什么。继发性的疾病应从治疗原发病入手。

1. 钙缺乏时补充钙盐

如磷酸氢钙，注射一些促进钙吸收的药物如 1% 维生素 D 5 ～ 15mL。维生素 AD 5 ～ 15mL。也可内服鱼肝油 20 ～ 60mL。碱缺乏的供给食盐、小苏打、人工盐。

2. 贫血和微量元素缺乏时

可内服氯化钴 0.005 ～ 0.04g，硫酸铜 0.07 ～ 0.3g。缺硒时，肌内注射 0.1% 亚硒酸钠 5 ～ 8mL。

3. 调节中枢神经

可静脉注射安溴 100mL 或盐酸普鲁卡因 0.5 ～ 1g。氢化可的松 0.5g 加入 10% 葡萄糖中静脉注射。

4. 瘤胃环境的调节

可用酵母片 100 片，生长素 20g，胃蛋白酶 15 片，龙胆末 50g，麦芽粉 100g，石膏粉 40g，滑石粉 40g，多糖钙片 40 片，复合维生素 B 20 片，人工盐 100g 混合一次内服。1 日一剂连用 5d。

（四）预防

必须在病原学诊断的基础上，有的放矢地改善饲养管理。应根据动物的不同生长阶段的营养需要喂给全价配合饲料。当发现异食癖时，适当增加矿物质和微量元素的添加量，此外喂料要定时、定量、定饲养员，不喂冰冻和霉败的饲料。在饲喂青贮饲料的同时，加喂一些青干草。同时根据牛场的环境，合理安排牛群密度，搞好环境卫生。对寄生虫病进行流行病学调查，从犊牛出生到老龄淘汰，定期驱虫，以防寄生虫诱发的恶癖。

三、产后瘫痪

产后瘫痪是牛羊常见的产科病之一。其特征是精神沉郁、全身肌肉无力、昏迷、瘫痪卧地不起。该病多发于高产奶牛或者高产奶山羊。

（一）病因

产后瘫痪与其体内的代谢密切相关，血钙下降为其主要原因。导致血钙下降的原因主要有：日粮中磷不足及钙磷比例不当；维生素 D 不足或合成障碍；钙随初乳丢失量超过了由肠吸收和从骨中动员的补充钙量；肠道吸收钙的能力下降；甲状旁腺功能障碍，不能及时从骨骼中动员出充足的钙，使血钙不能得以补充。此外，母牛羊妊娠后腹围慢慢增大，分娩时胎儿很快产出，致使腹压突然下降，加之挤奶使乳房变空，此时血液大量流入腹腔和乳房，而其他组织器官处于相对的贫血状态，头部血量减少，出现大脑暂时性贫血、缺氧，致使中枢神经功能障碍引发该病。

肝内含糖量不足，血糖降低。肝糖水平下降导致的低血糖引起糖代谢紊乱，进而引起体脂动员，其结果是血液游离脂肪酸（FFA）浓度上升、肝脏 FFA 增加。FFA 在肝内代谢有 3 个转归，即合成甘油三酯、氧化供能和生成酮体；而牛羊的基本能量，主要是靠前胃中糖类发酵形成的挥发性脂肪酸（VFA）的糖原异生作用来提供。所以认为，糖类的缺乏所引起的低血糖是酮病发生的主要因素。由于血糖下降、大量脂肪酸进入肝脏，脂肪酸经氧化所产生的乙酰辅酶 A 因低血糖、草酰乙酸含量减少，故不能在肝中进入三羧酸循环被氧化，致使血中酮体过高而引起酮病。

（二）症状

1. 临床型酮病

该病常在产后几天至几周内出现，病牛羊以消化功能紊乱和精神症状为主。患畜食欲减退，不吃精料，只采食少量粗饲料，或喜食垫草和污物，反刍停止，最终拒食。粪便初期干燥，呈球状，外附黏液，有时排软粪，臭味较大。后多转为腹泻，迅速消瘦。精神沉郁，凝视，步态不稳，伴有轻瘫。有的病牛嗜睡，常处于半昏迷状态。但也有少数病牛狂躁和激动，无目的地吼叫，向前冲撞，空口虚嚼，眼球震颤，颈背部肌肉痉挛。呼出气体、乳汁、尿液有酮味（烂苹果味），加热后更明显。产奶量下降，乳脂含量升高，乳汁易形成气泡，类似初乳状。尿呈浅黄色，易形成泡沫。叩诊肝区浊音区扩大。

2. 亚临床型酮病

仅见酮体升高和低血糖，也有部分血糖在正常范围内，缺乏明显的临床症状；或公牛表现为进行性消瘦；母牛产奶量下降，发情迟缓等，尿酮检查为阳性或弱阳性。

（三）诊断

由于酮病临床症状很不典型，所以单纯根据临床症状很难做出确切诊断。要全面分析，综合判断。乳酮和尿酮有诊断意义，因此，在确诊时应对病畜做全面了解，同时对血酮、血糖、尿酮及乳酮做定量和定性测定，但奶牛患创伤性网胃炎、皱胃变位、消化不良等疾病时，常导致继发性酮病；产后瘫痪也可并发酮尿症。

因亚临床型酮病诊断较为困难，所以对产后 10 ～ 30d 的母牛羊应特别注意食欲的好坏和产奶量的变化。确诊需对血、乳和尿中酮体进行检测。综合判定主要考虑以下三点：一是多发于高产母牛羊；二是在产后 10 ～ 30d 内，40d 后少见；三是日粮能量水平不足，进食量不足。

（四）防治

1. 预防

应加强饲养管理，供应平衡日粮，保证母牛在产犊时的健康；防止牛羊过肥，应限制或降低油饼类等富含脂肪类饲料的进食量，增加优质干草等富含糖和维生素类饲料喂量；适当运动，对妊娠后期和产犊以后的母牛，应适当减少精料喂量，增加生糖物质；定期补糖、补钙。对年老、高产、食欲不振及有酮病病史的牛只，于产前 1 周开始补 50% 葡萄糖液和 20% 葡萄糖酸钙液各 500mL，一次静脉注射，每日或隔日 1 次，共补 2 ～ 4 次。此外，加强临产和产后的健康检查，建立酮体监测制度。产前 10d 开始测定尿酮和 pH 值，隔 1 ～ 2d 测定 1 次；产后 1d 可测尿 pH 值、尿酮，隔 1 ～ 2d 测定 1 次。凡阳性反应，除加强饲养外，应立即对症治疗。

2. 治疗

对酮病患牛羊，通过适当针对性治疗都能获得较好的治疗效果而痊愈。已治愈的病牛羊，如果饲养管理不当，有可能复发。也有极少数病牛羊，经药物治疗无效，最后被迫淘汰或死亡。对于继发性酮病，应尽早做出确切诊断并对原发病采取有效的治疗措施。

治疗原则为提高血糖浓度，减少脂肪动员，解除酸中毒，调整胃肠功能。常用治疗方法有以下几种。

（1）替代疗法　即葡萄糖疗法，静脉注射 50% 葡萄糖 500 ～ 1000mL，对大多数病畜有效。但因一次注射其血糖浓度仅维持 2h 左右，所以应反复注射，如加 5% 氯化钙 200 ～ 300mL 可加速治愈。

（2）激素疗法　应用促肾上腺皮质激素 ACTH 200 ～ 600IU，一次肌内注射。肾上腺糖皮质激素类可的松 1000mg 肌内注射，对该病效果较好，注射后 40h 内，患牛食欲恢复，2 ～ 3d 后产奶量显著增加，血糖浓度增高，血酮浓度减少。

（3）其他疗法　对神经性酮病可用水合氯醛内服，首次剂量为 30g，随后用 7g，每日 2 次，连服数日。提高碱贮，解除酸中毒，可用 25% ～ 50% 葡萄糖注射液 500 ～ 1000mL，地塞米松磷酸钠 40mL，5% 碳酸氢钠注射液 500 ～ 1000mL，辅酶 A 500IU，混合一次静脉注射，必要时可重复或少量多次。为了促进皮质激素的分泌，可以按每千克体重使用维生素 A 500IU，内服；维生素 C 2 ～ 3g 内服。为防止不饱和脂肪酸生成过氧化物，增加肝糖量，可用维生素 E 1000 ～ 2000mg，一次肌内注射，或 7000mg 口服，连服 2 ～ 3d。为加强前胃消化功能，促进食欲，可灌服人工盐 200 ～ 250g 和酵母粉 500g；B 族维生素 120mL，一次肌内注射。也可用健胃散 250g，一次性内服。

对患酮病的母羊，上午用葡萄糖酸钙注射液 100mL，静脉注射；5% 葡萄糖注射液 150mL、10% 安钠咖注射液 5mL、地塞米松磷酸钠注射液 5mL、注射用头孢噻呋钠 0.3 ～ 0.5g，静脉注射。每日 1 次，连用 3 ～ 5d。下午用黄芪多糖注射液 10mL、维生素 AD 注射液 10mL，于颈部两侧分别肌内注射。每日 1 次，连用 3 ～ 5d。同时，减少奶山羊的挤奶次数，羔羊实行人工喂养。

四、白肌病

该病是由于硒和维生素E缺乏所引起的一种疾病。以骨骼肌和心肌发的变性、坏死为特征。犊牛（1～3月龄）多发，羔羊7～60日龄高发。主要是因牛羊采食缺硒地区的饲草或不能很好地吸收利用土壤中硒的饲草、饲料而引起硒缺乏；长期舍饲含维生素E很低的草或长期放牧在干旱的枯草牧地，引起维生素E不足或缺乏；采食丰盛的豆科植物，或在新近施过含硫肥料的牧地放牧，也会导致维生素E缺乏和肌营养不良。此外，含硫氨基酸（胱氨酸、蛋氨酸）的缺乏，各种应激因素的刺激，也可成为诱发白肌病的因素。

（一）临床表现

该病按病程可分为最急性、急性和慢性三种病型。最急性型，不表现任何异常，往往在驱赶、奔跑、蹦跳过程中突然死亡。急性型，病牛精神沉郁，可视黏膜淡染或黄染，食欲大减，肠音弱，腹泻，粪便中混有血液和黏液，体温多不升高。背腰发硬，步样强拘，后躯摇晃，后期常卧地不起，臀部肿胀，触之硬固。呼吸加快，脉搏增数。慢性型，病牛运动缓慢，步态不稳，喜卧。精神沉郁，食欲减退，有异嗜现象。被毛粗乱，缺乏光泽，黏膜黄白，腹泻多尿，脉搏增数，呼吸加快。

（二）预防

平时加强妊娠牛和犊的饲养管理，冬季多喂优质干草，增喂麸皮和麦芽等。在产前2个月，每日可补喂卤碱粉10g。在白肌病流行地区，入冬后对妊娠牛羊每两周肌注维生素E 200～250mg，每20d肌注0.1%亚硒酸钠液10～15mL，共注射3次。对幼畜也可采用同样的预防方法，剂量减半。

（三）治疗

常用0.5%亚硒酸钠液患牛8～10mL，患羊1～2mL，肌内注射，隔20d再注一次；维生素E注射液患牛50～70mL，患羊10mL，肌内注射，每天一次，连用数日。同时，应进行对症处置。

五、青草搐搦

青草搐搦，又称青草蹒跚、泌乳搐搦、低镁血性搐搦和低镁血症等。该病是指母畜由采食牧草等多种原因引起血液中镁含量减少，临床上以呈现兴奋、痉挛等神经症状为特征的矿物质代谢性疾病。该病多发生于人工草场（过多施用氮、钾肥料）上放牧的牛羊群，在天然草场上放牧的牛群极少发生。该病属世界性疾病之一，多数地区发病率占 1% ～ 2%，少数地区可达 20% 左右，死亡率高达 70% 以上。

（一）发病原因

该病的发病原因是多种能使血镁含量减少的因素。

1. 土壤中镁缺乏和钾（K）过多

涉及该病病因的土壤可分为镁含量较低或缺乏和钾含量过多的两大类型。前者是由花岗岩、火山灰等酸性土壤自身或气候，以及人为条件等使土壤中镁缺乏或镁溶解流失，导致镁含量减少；后者是由于草场（人工草场）施用钾肥料过多而使土壤中钾含量增多，这时即使土壤中镁含量虽多，也会由于钾和镁离子的颉颃作用而阻碍植物对镁吸收，结果生长出缺镁或镁含量过少饲草饲料，这是低镁血症发生的主要原因所在。

2. 发病季节与天气因素

该病在低温（8 ～ 15℃）、多雨的初春和秋季，尤其在早春牧草生长繁茂期，放牧开始 2 ～ 3 周内发病较多。原因在寒冷、多雨和大风等天气条件影响下，或使牛发生应激反应（表现在瘤胃和蜂巢胃对镁的吸收），或使生长牧草吸收镁受到阻碍，或使泌乳母畜甲状腺功能亢进导致镁消耗量加大等，结果使低镁血症发病率升高。

3. 牧草中矿物质（化学成分）含量不平衡

青草搐搦的发生与牧草的化学成分有密切关系。牧草中镁含量占其干物质的 0.2% 以下时，氮和钾含量显著增多；牧草中 K^+/Ca^{2+}，Mg^{2+} 摩尔比在 1.8 ～ 2.2 以上时易发青草搐搦。在氮（N）含量过多的草场上放牧的牛群，其瘤胃内便产生大量氨（40 ～ 60mg/100mL），结果氨与磷、镁结合成不溶性磷酸铵镁，阻碍对镁的吸收。同时，采食氮含量过多的牧草可诱发牛群下痢，也影响消化道对镁的吸收，导致血镁含量减少。

在牧草中钾含量过多的草场上放牧牛群，其钾离子可使机体肌肉和神经的兴奋性提高，而镁离子则刚好相反。青草搐搦发生时，血液中镁、钙和氢离子（H^+）的含量减少，钾的含量增多，故神经对刺激的反应性升高，呈现兴奋和痉挛等症状。

牧草中有机酸（枸橼酸和反乌头酸）含量增多时，与镁结合阻碍镁的有效利用，也成为低镁血症的原因。

4. 品种、年龄和泌乳因素

据资料分析，在奶牛、肉牛品种之间的发病无差异，但 3 岁以上，分娩 70d 以内的带犊母牛发病率较高。这是由于放牧后 10 ～ 17d 的带犊泌乳母牛血镁含量减少的缘故，尤其是 7 ～ 8 岁的奶牛，其血镁含量减少更为显著。妊娠母牛在分娩前由于妊娠而镁消耗量增大，在分娩后又由于大量泌乳使镁消耗更大，加上瘤胃内氨产生过多等致使对镁的吸收不充分，而导致血镁含量减少。

（二）临床症状

该病在临床上以低镁血性痉挛为特征性症状，所以，与神经型酮病、乳热等病的临床症状极为相似。该病的前驱症状是在发病前 1 ～ 2d 呈现食欲不振，精神不安、兴奋等类似发情表现。有的精神沉郁，呆立，步样强拘，后躯摇晃等。

1. 急性

在正常采食中突然抬头鸣叫，盲目地乱走，随后倒地，发生间歇性肌肉痉挛，在历时 2 ～ 3h 的反复发作过程中，导致呼吸中枢衰竭而死亡。

2. 亚急性

精神沉郁，步态踉跄。随之呈现感觉过敏、不安和兴奋，全身肌肉震颤、搐搦，眼瞬膜露出，牙关紧闭或磨牙（空嚼），耳、尾和四肢肌肉强直，以及全身呈现间歇性和强直性痉挛发作而倒地站不起来。水牛患该病后多取亚急性经过。

3. 慢性

发生在泌乳性能高的奶牛，病情逐渐恶化，历时较长便发生运动失调和意识障碍等症状，结局多死亡。病牛以对轻微刺激反应敏感为其特点，使头颈、腹部和四肢肌肉发生震颤，甚至强直性痉挛，不能站立而呈角弓反张。体温在 38.3 ～ 39.4℃，脉搏增数（82 ～ 105 次 /min），呼吸促迫增数（60 ～ 82 次 /min 以上），在间歇性痉挛发作中，可视黏膜发绀，呼吸困难，心音混浊、不清，节律不齐，口角流出泡沫状唾液，排泄水样软便以及频尿等。

急性病牛多数在发病后 2 ～ 3h 内死亡。亚急性病牛，如不早期治疗也可在发病后 2 ～ 3d 内陷于呼吸中枢衰竭死亡，但若及早地应用镁制剂治疗，只要无并发症的，其预后一般良好。

（三）治疗

针对病性补给镁和钙制剂有明显效果。通常将氯化钙（30g）和氯化镁（8g）溶解在蒸馏水（250mL）中煮沸消毒，缓慢地静脉注射。还可将8～10g硫酸镁溶解在500mL的20%葡萄糖酸钙溶液中制成注射液，在30min内缓慢地静脉注射，均取得较好疗效。

除上述药物治疗外，可针对心脏、肝脏、肠道机能紊乱等情况，给些对症疗法的药物，以强心、保肝和止泻等为主，必要时应用抗组胺制剂进行治疗。在护理上应将病畜置于安静、无过强光线和任何刺激的环境饲养。对不能站立而被迫横卧地上的病畜，应多敷褥草，时时翻转卧位，并施行卧位按摩等措施，防止褥疮发生。

（四）预防

1. 草场管理

对镁缺乏土壤应施用含镁化肥，当然其用量按土壤pH值、镁缺乏程度和牧草种类而有所差别。一般为提高牧草的镁含量，可在放牧前开始每周对每100m^{2}草场撒布3kg硫酸镁溶液（2%浓度）。同时要控制钾化肥施用量，防止破坏牧草中矿物质的镁、钾之间平衡。

2. 对放牧牛群的措施

首先要对畜群进行适应放牧的驯化，在寒冷、多雨和大风等恶劣天气放牧时，应避免应激反应，防止诱发低镁血症。所以，对放牧畜群，在放牧前一个月就应进行驯化，使其具有一定适应能力；其次是补饲镁制剂，放牧畜群，尤其是带犊母畜，在放牧前1～2周内可往日粮中添加镁制剂补料；再者，在该病易发病期间，除半天放牧外，宜在补饲野草和稻草的同时，在饮水和日粮中添加氯化镁、氧化镁和硫酸镁等，每头牛每天补饲量不超过50～60g为宜。

最近，有的国家为预防该病发生，在网胃内置放由镁、镍和铁等制成的合金锤（长约15cm），任其缓慢腐蚀溶解，可在4周内起到补充镁的作用。本措施据说已取得较好的预防效果。

第二节　传染病诊治

一、口蹄疫

口蹄疫俗称口疮热、蹄癀，是由口蹄疫病毒引起的一种急性、热性、高度接触性偶蹄动物传染病，人也可以感染。其特征是口腔黏膜和嘴、蹄、乳头与乳房的皮肤上形成水疱，甚至糜烂。口蹄疫在许多国家曾大肆流行，因此，世界各国均普遍重视。

（一）病原

口蹄疫病毒（FMDV）属于小核糖核酸病毒科口蹄疫病毒属，为 RNA 病毒。此病毒共分 A、O、C、南非Ⅰ、南非Ⅱ、南非Ⅲ、亚洲 17 个主型。每个主型又有许多亚型，目前已发现有 65 个亚型。各主型之间无交互免疫性，同一主型各亚型之间有一定的交叉免疫性。病毒颗粒近似圆形，无囊膜，可在胎牛肾、胎猪肾、乳仓鼠肾原代细胞及其传代细胞中增殖。

口蹄疫病毒对环境的抵抗力很强。在自然情况下，被病毒污染的饲料、饮水、饲草、皮毛及土壤等，在数日乃至数周的时间内仍具有感染性。该病毒在低温和有蛋白质保护的条件下（如冷冻肉内）可以长期存活，甚至在吃剩的含该病毒的猪肉、牛肉饭中也能存活且具有致病性。该病毒对酸、碱、高温和阳光中的紫外线敏感。1% ～ 2% 的氢氧化钠水溶液、30% 的草木灰、1% ～ 2% 的甲醛、0.2% ～ 0.5% 的过氧乙酸、4% 的碳酸钠、1% 的络合碘制剂等可在短时间内杀死口蹄疫病毒，但食盐、酚、酒精、氯仿等对该病毒无效。

（二）流行病学

口蹄疫的天然感染对象主要是 70 多种偶蹄动物。家畜以牛、猪最易感，其次是绵羊、山羊和骆驼。大象、猫、家兔、家鼠和刺猬也偶有散发。患病动物和带毒动物是该病主要的传染源。患病动物主要通过呼吸道、破裂水疱、唾液、乳汁、粪尿和精液等途径排放病毒。

患病动物康复后，甚至人工接种弱毒疫苗后，部分动物可长期携带口蹄疫病毒。一般情况下，羊可带毒数月，牛可带毒数年，而且所带病毒可在个体间传播，致使群体带毒时间达 20 年以上。

口蹄疫病毒主要通过接触和气溶胶两种方式传播。健康易感动物可通过与患病动物接触，形成直接接触传染，也可通过与染毒场地、动物产品、饲料、工具及人员等接触，形成间接接触传染。病毒往往沿交通线蔓延或传播，也可跳跃式远距离传播。

该病传播迅速、流行猛烈、发病率高、死亡率低。一年四季均可发生，但主要在秋末至春初寒冷季节多发。该病常呈流行性或大流行性，自然条件下每隔 1 ～ 2 年或 3 ～ 5 年流行一次。一般纯种牛较本地牛或杂种牛更易感染。

（三）临床症状

该病潜伏期一般为 2 ～ 7d，平均 2 ～ 4d。病牛体温高达 40 ～ 41℃，精神不振，食欲减退，反刍停止，饮欲增强。病牛齿龈、舌面、唇内和颊部黏膜有明显的圆形水疱或烂斑。水疱破裂时病牛流出泡沫样口涎，并拉成线条状，采食和咀嚼困难。在口腔发生水疱的同时或稍后，病牛的蹄叉、蹄冠及蹄踵部出现水疱，继之破溃，排出水疱液，有时形成烂斑，破损较深，修复较慢，发生跛行。当病毒侵害乳房时，可见乳头皮肤上有水疱，水疱破溃后留有溃烂面。孕牛往往发生流产或早产。

有些病牛在水疱破溃过程中，因继发细菌感染而死于脓毒血症。也有部分病牛因病情突然恶化，表现为全身衰弱、呼吸和心跳加快、心律不齐等，最后因心肌炎而突然死亡。犊牛发生口蹄疫时，水疱症状不明显，主要表现出血性胃肠炎和心肌麻痹，病死率较高。牛患该病，一般良性经过，病死率很低，通常不超过 1% ～ 3%。一旦病情转为恶性口蹄疫，则可发生心脏麻痹而死亡，病死率可达 20% ～ 50%。少数病例病毒侵害呼吸道而引起上呼吸道炎症，有的可能会引发肺炎。

（四）病理变化

除口腔和蹄部的病变外，还可在咽喉、气管、支气管、食道和瘤胃黏膜见到圆形的烂斑或溃疡，皱胃和小肠黏膜也有出血性炎症。发生恶性口蹄疫时，因心肌纤维的变性或坏死，可在心肌切面上见到灰白色或淡黄色条纹与正常心肌相伴而行，如同虎皮状花纹，被称为“虎斑心”。组织学检查可见上皮细胞肿胀变圆，核浓缩，白细胞浸润，细胞坏死，上皮细胞下有充血。

（五）诊断

根据流行病学、临床症状和剖检变化可做出初步诊断，但确诊尚需进行实验室诊断。目前，口蹄疫的检测技术主要有病毒分离技术、血清学检测技术和分子生物学技术等。此外，还应注意该病与下列相似疾病之间的区别。

①牛传染性水疱性口炎流行范围小，发病率低，极少发生死亡。马属动物可发病。

②牛传染性溃疡性口炎主要发生于幼牛。病变是在口腔黏膜、鼻镜、鼻孔的上皮细胞发生火山样溃疡，病变周围呈突起而粗糙的棕色斑。无水疱和全身症状。

③牛病毒性腹泻–黏膜病地方性流行，羊、猪感染但不发病。牛无明显的水疱，烂斑小而浅表，不如口蹄疫严重，除口腔黏膜充血和出现烂斑外，还表现结膜炎、浆液性鼻炎、严重腹泻以及消化道特别是食道糜烂、溃疡。

④牛瘟传播猛烈，病死率高；口腔黏膜烂斑边缘不整齐呈锯齿状，坏死上皮易撕下，且无蹄部和乳房病变；胃肠炎严重，有剧烈腹泻；皱胃和小肠黏膜有溃疡。一般只感染牛，而口蹄疫能同时感染牛、羊和猪。

（六）防治

目前还没有口蹄疫的有效治疗药物，为了控制该病的发生，主要采取如下措施。

①报告疫情。当发生口蹄疫或怀疑为口蹄疫时，应迅速上报有关单位，及时采取病料送有关单位鉴定与定型，并通知友邻单位，组织联防。

②按照“早、快、严、小”的原则，坚持采取“封锁、隔离、检疫、消毒和预防注射”等综合性防治措施。明确划定疫点、疫区、受威胁区及安全区的界限，及早做到封死疫点、封锁疫区，加强受威胁区和安全区的防范，严防疫情扩散。

③根据定型结果，用同型的口蹄疫疫苗高密度、高质量地开展紧急预防注射，使非疫区尽快形成牢固的免疫带。发生口蹄疫后的地区，每年进行春秋两次预防注射，连续注射 3 年。

④在交通要道设立兽医检疫消毒站，负责过往车辆、人畜、物资的检疫消毒工作，严禁疫区牲畜和畜产品外运。疫区和威胁区设立流动哨，严禁人畜往来。最后一头病畜死亡或痊愈后 21d，彻底消毒后，经有关部门批准才可解除封锁。

⑤局部病变可用 3% 盐水、0.1% 高锰酸钾液冲洗；也可涂以蜂蜜、碘甘油，或撒布青黛散或大黄粉。民间多用豆面粉或香豆（胡芦巴）草研末撒布口腔。蹄部溃烂可涂以稀碘酊。

⑥对症治疗。对于继发感染的病畜可配合应用抗生素。而对于心跳特快，节律不齐的病畜可用 10% 水杨酸钠 100mL，40% 乌洛托品 60mL、5% 氯化钙 80mL、10% 葡萄糖 7mL。对有腹泻症状而无水疱型口蹄疫的幼畜，可用黄连 10g、黄芩 10g、黄柏 10g、栀子 10g、石榴皮 10g、贯仲 6g 煎汁服，肌注 1% 硫酸黄连素 10mL。病犊牛用 10% 磺胺嘧啶钠 30mL、5% 葡萄糖 500mL、40% 乌洛托品 15mL 混合静注。羊的对症治疗参照牛的治疗方法，药物用量按体重酌减。

二、布鲁氏菌病

布鲁氏菌病是由布鲁氏菌引起的一种人畜共患性传染病。临床特征是生殖系统受到严重侵害，母畜主要表现为流产、不孕、子宫内膜炎、胎膜炎；公畜则表现为睾丸炎、附睾炎；此外，还可表现为腱鞘炎和关节炎。人也可感染，表现为长期发热、多汗、关节痛、神经痛及肝、脾肿大等症状。该病分布广泛，严重损害人和动物的健康。

（一）病原

布鲁氏菌为革兰阴性短小杆菌或球杆菌，菌体无鞭毛，不形成芽孢，有毒力的菌株可带菲薄的荚膜。布鲁氏菌属分为 6 个种 19 个生物型。6 个种分别为马耳他布鲁氏菌（羊布鲁氏菌）、流产布鲁氏菌（牛种布鲁氏菌）、猪布鲁氏菌、绵羊布鲁氏菌、沙林鼠布鲁氏菌以及犬布鲁氏菌。目前，我国已分离到 15 个生物型。因各个种及其生物型的毒力有所差异，故致病力也不相同。临床上以羊、牛、猪三种布鲁氏菌的意义最大，其中羊布鲁氏菌的致病力最强。

布鲁氏菌在自然环境中活力较强，在患病动物的分泌物、排泄物及病死动物的脏器中能生存数月。但对热敏感，一般在直射阳光作用下 0.5 ～ 4h 死亡，70℃条件下 10min 死亡；对常用化学消毒剂较敏感，用 2% ～ 3% 克辽林、3% 有效氯的漂白粉溶液、1% 来苏尔、2% 甲醛或 5% 生石灰乳等进行消毒均有效。该菌对四环素最敏感，其次是链霉素和土霉素，但对杆菌肽、多黏菌素 B 和多黏菌素 M 及林可霉素有很强的抵抗力。

（二）流行病学

该病流行于世界各地，牛、羊、猪最易感。目前已知有 60 多种驯养动物、野生动物是布鲁氏菌的宿主，其中羊布鲁氏菌对绵羊、山羊、牛、鹿和人的致病性较强，牛布鲁氏菌对牛、水牛、牦牛以及马和人的致病力较强，猪布鲁氏菌对猪、野兔、人等的致病力较强。

病畜和带菌动物是该病的主要传染源（包括人和野生动物）。特别是受感染的妊娠母畜，可从乳汁、粪便和尿液、流产胎儿、胎水和胎衣及阴道分泌物等排出病原菌，污染草场、畜舍、饮水、饲料及排水沟等。若公畜睾丸炎精囊中带菌，可随交配或人工授精感染母畜。

该病主要是经消化道感染，其次也可经过阴道、皮肤、结膜、自然配种和呼吸道等而侵入机体感染。吸血昆虫也可传播该病。

该病呈地方性流行，一年四季均可发生，无明显季节性，但以产仔季节为多。新疫区牛群可呈暴发式的流行；老疫区的牛群一般较少发生大批流行或流产，但关节炎、子宫内膜炎、胎衣不下、屡配不孕、睾丸炎等现象逐渐增多。

（三）临床症状

1. 牛

潜伏期长短不一，通常由病原菌毒力、感染剂量及感染时母牛的妊娠阶段而定，一般为 14 ～ 120d。患牛多为隐性感染。妊娠母牛的流产多发生于妊娠后 6 ～ 8 个月，产出死胎或软弱胎儿。流产前阴道黏膜潮红肿胀，有粟粒大的红色结节，阴唇和乳房肿大，荐部和肋部下陷，乳汁呈初乳性质，不久即发生流产。流产后常伴有胎衣滞留和子宫内膜炎，阴道排出污灰色或棕红色恶臭分泌物，持续 1 ～ 2 周后消失，或因慢性子宫内膜炎而造成不孕。通常只发生 1 次流产，第 2 胎多为正常。有的病牛还可发生关节炎、淋巴结炎和滑液囊炎，患病公牛常发生睾丸炎和附睾炎，睾丸肿大，触之疼痛。

2. 羊

主要表现为流产，多发于妊娠后 3 ～ 4 个月。流产前症状一般不明显。部分病羊可在流产前 2 ～ 3d 表现精神沉郁，食欲减退，口渴，体温升高，喜卧，阴道流出黄色黏液性或带血的分泌物；有的还出现乳房、关节炎、滑膜炎及支气管炎。公羊感染后常见睾丸炎、附睾炎及多发性关节炎。

（四）病理变化

牛、羊的病变基本相同，主要是子宫内部的变化。子宫绒毛膜间隙中有灰色或黄色无气味的胶冻样渗出物，绒毛膜有坏死灶，表面覆有黄色坏死物。胎膜水肿肥厚，表面覆有纤维素絮状物和脓液。胎儿皮下呈浆液性或出血性浸润，全身浆膜和黏膜有出血斑点，脾和淋巴结肿大，胸腔积液并含有纤维素块，肺有支气管肺炎，胎儿皱胃内有淡黄色或白色黏液及纤维素样絮状物。公牛可发生化脓性、坏死性睾丸炎和附睾炎，睾丸显著肿大，被膜与外层的浆膜粘连，切面具有坏死灶或化脓灶。慢性病例除实质萎缩外，还可见到淋巴细胞浸润，阴茎红肿，黏膜上出现小而硬的结节。

（五）诊断

依据流行病学、临床症状（如流产、胎盘滞留、关节炎或睾丸炎）可疑为该病。确诊可通过细菌学、生物学、血清学等实验室检测手段。

1. 细菌学检查

通常取流产胎儿、胎盘、阴道分泌物或乳汁等作为病料，直接镜检或同时接种于含 10% 马血清的马丁琼脂斜面，如病料有污染可以用选择性培养基。

2. 血清学试验

血清学试验既可做出迅速诊断，又可帮助分析患病动物机体的病情动态。布鲁氏菌病诊断常用的免疫学方法包括缓冲布鲁氏菌抗原凝集试验、补体结合试验、间接 ELISA 和布鲁氏菌皮肤变态反应等。由于布鲁氏菌进入动物机体后可不断刺激机体，先后产生凝集性抗体、调理素、补体结合抗体和沉淀抗体等，因此检查血清抗体对分析和诊断病情具有重要意义。凝集试验（包括试管凝集试验、虎红平板凝集试验、平板凝集试验、全乳环状试验）和补体结合试验二者可以结合应用，以互相补充。动物感染布鲁氏菌后 5 ～ 7d，血液中即可出现凝集素并在流产后 7 ～ 15d 达最高峰，经一定时期逐渐下降。血清中补体结合抗体的出现晚于凝集素，一般出现于感染后的 2 周左右，但持续时间长；通常凝集试验滴度降至疑似或阴性时，补体结合反应仍为阳性。

（六）防治

该病治疗效果不佳，因此对病畜一般不作治疗，直接屠宰淘汰。预防和消灭该病的有效措施是检疫、隔离、控制传染源、切断传播途径、培养健康畜群及免疫接种。

1. 未感染畜群

应通过严格的动物检疫制度阻止带菌动物引入，一经发现病畜，立即淘汰；并且坚持自繁自养制度，必须引种或扩群时，需隔离饲养 2 个月，同时进行布鲁氏菌病的检测，全群两次检测阴性者，方可与原有畜群接触；不从疫区引进可能被病菌污染的饲草、饲料和动物产品；尽量减少动物群的移动，防止误入疫区。

2. 发病畜群

①定期检疫每年至少 2 次，凡在疫区接种过菌苗的动物应在免疫后 12 ～ 36 个月时检疫。

②隔离和淘汰病畜。

③严格消毒制度对病畜污染过的圈舍、运动场、饲槽等都要进行严格消毒；乳汁煮沸消毒；粪便发酵处理。

④培育健康幼畜可由犊牛着手，并可与培养无结核病牛群结合进行。先

将初生犊牛立刻隔离，用母牛初乳人工饲喂 5 ～ 10d，然后用健康牛乳或巴氏灭菌牛乳饲喂，第 5 个月和第 9 个月各进行 1 次抗体检测，全部阴性时即可认为健康犊牛。

⑤定期预防注射菌苗接种是控制布鲁氏菌病的有效措施。目前活疫苗有牛布鲁氏菌 19 号、猪布鲁氏菌 S2 菌苗、羊布鲁氏菌 M5 菌苗、灭活苗有牛布鲁氏菌 45/20 和羊布鲁氏菌 53H38 菌苗。牛布鲁氏菌苗 19 号是一株弱的布鲁氏菌菌株，对牛免疫效果好，犊牛生后 6 个月左右接种 1 次，免疫期可达数年之久。

三、结核病

结核病是由结核分枝杆菌引起的人畜共患的慢性传染病。病理特征是多种组织器官中形成结核性结节、肉芽肿、干酪样坏死和钙化结节等病变。临床特征表现为贫血、渐进性消瘦、咳嗽、体虚无力。该病曾广泛流行于世界各国，以奶牛业发达国家最为严重，同时也给养牛业造成了巨大的经济损失。

（一）病原

病原为分枝杆菌属的一群细菌。结核分枝杆菌分 3 个型，即牛型、人型和禽型，其中以牛型的致病力最强，常能引起各种家畜的全身性结核，且三者有交叉感染现象。结核杆菌是一种纤细、平直或稍弯曲的杆菌，常呈单独或平行排列，多为棍棒状，间有分枝。无芽孢、荚膜，不能运动，为严格需氧菌的革兰氏染色阳性菌。用可鉴别分枝杆菌的 Ziehl–Neelsen 二氏抗酸染色法染成红色。

由于结核分枝杆菌细胞壁中含丰富的蜡脂类，因此对外界环境的抵抗力较强。在干燥的痰内可存活 10 个月，粪便、土壤中可存活 6 ～ 7 个月，常水中可存活 5 个月，奶中可存活 90d，在阳光直射下 2h 仍可存活。对热的抵抗力不强，60 ～ 70℃经 10 ～ 15min，或在 100℃水中立即死亡。对 4% 氢氧化钠和 4% 硫酸有相对的耐受性，对低浓度的结晶紫和孔雀绿等染料也有抵抗力。5% 来苏尔 48h、5% 甲醛溶液 12h 可杀死本菌。对紫外线敏感。在 70% 的酒精、10% 漂白粉中很快死亡。碘化物消毒效果最佳，但对无机酸、有机酸、碱类和季铵盐具有抵抗力。

对一般抗生素和磺胺类药物均不敏感，但对链霉素、异烟肼、对氨基水杨酸和环丝氨酸等药物敏感。白芨、百部、黄芩等中草药对结核分枝杆菌有一定程度的抑制作用。

（二）流行病学

该病可侵害多种动物，据报道约有50种哺乳动物、25种禽类可感染该病。动物中以奶牛最易感，次为黄牛、牦牛、水牛、猪和家禽，而羊较少发病。罕见于单蹄动物。野生动物猴、鹿较常见，狮、豹等也可发生。不同型分枝杆菌有不同的宿主范围。人型主要侵害人、猿、猴等，少见于牛、猪，最敏感的试验动物是豚鼠，家兔的感受性较差；牛型主要侵害牛，也可感染人、绵羊、山羊、猪及犬，最敏感的试验动物是兔，豚鼠次之；禽型主要侵害家禽和水禽，其中鸡和鸽最易感染，鹅和鸭次之，牛、猪和人也可感染，试验动物以家兔最敏感，豚鼠感受性较低。

该病主要通过呼吸道和消化道感染，也可通过交配感染。饲草、饲料被污染后通过消化道感染也是一个重要的途径。犊牛的感染主要是吮吸带菌乳而引起。

该病无明显的季节性和地区性，多为散发。饲养管理不良、使役过重、牛舍过于拥挤、通风不良、潮湿、阳光不足，是造成该病扩散的重要因素。

（三）临床症状

潜伏期长短不一，短者一般为十几天，长者可达数月或数年。通常为慢性经过，初期症状不明显，随病程逐渐延长，则症状逐渐显露。由于患病器官不同，症状也不一致。牛结核病常表现为肺结核、乳房结核、淋巴结核，有时可见肠结核、生殖器结核、脑结核、浆膜结核及全身性结核。

1. 肺结核

病初临床症状不明显，偶尔有轻度的体温升高、机体不适，易疲劳或轻度咳嗽，特别是在起立运动或驱赶至户外呼吸冷空气时易发生咳嗽。随着病情的发展，咳嗽逐渐加重、频繁，并有黏液性鼻汁流出，呼吸次数增加，严重时发生气喘。胸部听诊常有啰音和摩擦音，叩诊有浊音区。患病牛日渐消瘦、贫血。体表淋巴结肿大，有硬结而无热痛。当纵隔淋巴结肿大压迫食道时，病牛有慢性胀气症状。病势恶化时可见病牛体温升高（达40℃以上），呈弛张热或稽留热，呼吸更加困难，常因心力衰竭而死亡。

2. 肠结核

多见于犊牛羔羊，表现为消化不良，食欲不振，顽固性下痢，迅速消瘦。

3. 淋巴结核

可见于结核病的各个病型，淋巴结肿大，无热痛，常见于肩前、股前、腹股沟、颌下、咽及颈淋巴结等。

4. 生殖器官结核

可表现出性功能紊乱，发情频繁、性欲亢进，但屡配不孕，妊娠牛易流产。公畜精液品质下降，附睾及睾丸肿大，阴茎前部发生结节、糜烂等。

5. 乳房结核

乳房上淋巴结肿大，乳房有局限性或弥散性硬结，无热无痛。泌乳量逐渐下降，乳汁初期无明显变化，严重时乳汁常变得稀薄如水，甚至泌乳停止。由于肿块形成和乳腺萎缩，两侧乳房变得不对称，乳头变形、位置异常。

6. 脑与脑膜结核

病牛羊常表现神经症状，如癫痫样发作或运动障碍等。

（四）病理变化

结核病变随各种动物机体的反应性而不同，可分为增生性和渗出性结核两种，或者两种病灶同时混合存在。常见于肺、肺门淋巴结、纵隔淋巴结，肠系膜淋巴结的表面或切面常有很多突起的白色或黄色结节，切开后有干酪样的坏死，有的见有钙化，刀切时有沙砾感。有时肺内的坏死组织溶解和软化，排出后形成肺空洞。胸腔或腹腔浆膜可发生密集的结核结节，质地坚硬，粟粒大至豌豆大，呈灰白色的半透明或不透明状，即所谓“珍珠病”。胃肠黏膜可能有大小不等的结核结节或溃疡。乳房结核多发生于进行性病例，是由血行蔓延到乳房而发生。切开乳房可见大小不等的病灶，内含干酪样物质。

（五）诊断

根据不明原因的逐渐消瘦、咳嗽、肺部异常、慢性乳腺炎、顽固性下痢、体表淋巴结慢性肿胀等症状，可怀疑为该病并做出初步诊断。确诊最好用结核菌素变态反应试验，也是目前国际上通用并推荐的诊断方法。但由于动物个体不同、结核杆菌菌型不同等原因，结核菌素变态反应试验尚不能检出全部结核病动物，可能会出现非特异性反应，因此必须结合流行病学、临床症状、病理变化和微生物学等检查方法进行综合判断，才能作出可靠、准确的诊断。

（六）防治

该病的综合性防疫措施通常包括：加强引进动物的检疫，防止引进带菌动物；净化污染群，培育健康动物群；加强饲养管理和环境消毒，增强动物的抗病能力、消灭环境中存在的病原体等。

①引进动物时，应进行严格的隔离检疫，经结核菌素变态反应确认为阴

性时方可解除隔离、混群饲养。

②每年对牛羊群进行反复多次的普检，淘汰变态反应阳性病牛羊。通常牛羊群每隔 3 个月进行 1 次检疫，连续 3 次检疫均为阴性反应者为健康牛羊群。检出的阳性牛应及时淘汰，其所在的牛群应定期、经常地进行检疫和临床检查，必要时进行细菌学检查，以发现可能被感染的病牛。

③每年定期进行 2 ～ 4 次的环境彻底消毒，发现阳性病牛时应及时进行 1 次临时的大消毒。常用的消毒药为 20% 石灰水或 20% 漂白粉悬液。

④患结核病的动物应及时淘汰处理，不提倡治疗。可用卡介苗预防结核病，1 月龄犊牛胸垂皮下注射卡介苗 50 ～ 100mL，以后每年接种 1 次。但由于注射卡介苗以后可导致终生变态反应阳性，影响检疫和牲畜的交易，一般不主张用此方法进行预防。

四、副结核病

副结核病也称副结核性肠炎，是由副结核分枝杆菌所引起的牛的一种慢性传染病。其临床是以顽固性腹泻、渐进性消瘦、低蛋白血症和贫血为特征，病理变化以慢性增生性肠炎为特征。

（一）病原

副结核分枝杆菌为分枝杆菌属、革兰染色阳性小杆菌，具有抗酸染色特点，细胞内寄生，对热和消毒药品的抵抗力较强。在蒸馏水中保持活力 270d，尿中 7d，粪便中 246d，在厩肥和泥土中 11 个月仍有活力，在牛乳和甘油盐水中可保持 10 个月。在干燥状况下生存 47d，–14℃冻结保存 1 年以上。10% ～ 20% 漂白粉液 5% 甲醛、5% 来苏尔、3% ～ 5% 石炭酸等 10min 将其致死；对 4% 的盐酸和 4% 氢氧化钠有一定的抵抗力。

（二）流行病学

副结核分枝杆菌主要引起奶牛发病，尤其是幼牛最易感染，此外，成年绵羊也可发生该病。该病的传播途径主要是采食了被污染的饲料、饮水，经消化道感染。一部分病例病菌还可随乳汁和尿排出体外，部分母畜还可通过子宫感染而传染给胎儿。

该病的传播比较缓慢，在感染初期不出现任何症状，经过 6 个月到数年的潜伏期后，由于不良因素的刺激，在机体抵抗力降低的情况下才发病。表面上似乎呈现散发，实际上是一种地方流行性疾病。该病虽也发生于公牛，但一般多发于 2 ～ 6 岁的高产奶牛，老牛很少发生。

（三）临床症状

潜伏期长短不一，可由数月至数年。感染初期一般见不到任何症状，多在分娩后数周内突然出现症状，找不到特定的病因。早期症状为间断性腹泻，以后变为经常性、顽固性稀便，排泄物稀薄、恶臭，带有气泡、黏液和血凝块。食欲起初正常，精神也很好，以后食欲有所减退，逐渐消瘦，眼窝下陷，经常躺卧，泌乳量逐渐减少，最后全停，皮肤粗糙，被毛粗乱，下颌及垂皮可见水肿，体温常无变化。腹泻有时可暂停，排泄物恢复正常，体重有所增加，然后再腹泻，喂给青绿多汁饲料可加剧腹泻症状。如腹泻不止，经 3 ～ 4 个月可因衰竭而死亡。染疫牛群年死亡率可达 10%。成年绵羊与牛的症状相似。

（四）病理变化

病畜消瘦，主要病变在消化道和肠系膜淋巴结，消化道损害常限于空肠、回肠和结肠的前段，特别是回肠，肠壁增厚。肠系膜淋巴管呈索状肿大，浆膜、肠系膜水肿，肠黏膜增厚 3 ～ 20 倍，并发生硬而弯曲的“似脑回样”皱褶，肠黏膜面覆有大量灰黄色或黄白色不易洗去的黏稠似面糊状的黏液，皱褶突起处常呈充血状。肠系膜淋巴结肿大变软，切面湿润，上有黄白色病灶，但未见结节、脓肿、干酪化病灶或钙化病灶等，这是与结核病不同之处。有的严重病例由第四胃到肛门，均可出现病变，但实质脏器未见异常病变。

（五）诊断

根据临床症状和病理变化（如长期持续腹泻，极度消瘦及剖检时肠管的脑回样和所属淋巴结肿大的特征变化），一般可初步诊断，但确诊需要做病原学和免疫学诊断。

（六）防治

病畜往往在感染后期才出现症状，因此用药治疗无意义。目前，对该病尚无有效的免疫菌苗可以用于牛、羊。预防该病在于加强饲养管理，特别对幼年牛更要注意给予足够的营养，以增强其抵抗力，不要从疫区引进牛、羊，如已引进则必须进行检查、隔离观察确认健康时方可混群。

对曾有过该病的假定健康畜群，在随时做好观察、定期进行临床检查的基础上，对所有牛、羊应每年隔 3 个月做一次变态反应检查，变态反应阴性方可调出，连续 3 次检查不出现阳性的牛、羊，可视为健康动物，对变态反应阳性和临床症状明显的病畜应隔离并分批扑杀。

被污染的圈舍、栏杆、饲槽、用具、绳索、运动场要用生石灰、来苏尔、氢氧化钠、漂白粉、苯酚等消毒液进行喷雾、浸泡或冲洗。粪便应堆积高温发酵后作肥料。

第三节　繁殖疾病诊治

一、胎衣不下

胎衣不下是指母畜分娩后不能在正常时间内将胎膜完全排出。胎衣排出时间，牛需 2 ～ 8h，长者可达 12h；绵羊为 0.5 ～ 4h；山羊为 0.5 ～ 2h。

（一）病因

主要原因是母畜产后子宫收缩无力和妊娠期间胎盘发生炎症造成粘连，使胎衣无法产下。此外也与胎盘构造（绒毛膜型胎盘）及应激反应有关。

（二）症状与诊断

胎衣不下有全部不下和部分不下两种。

1. 胎衣全部不下

胎衣全部不下是指胎儿胎盘大部分与子宫黏膜连接，仅见小部分吊于阴门外。悬垂于阴门外的胎膜表面有大小不等的稍突起的朱红色的胎儿胎盘，如果 1 ～ 2d 胎衣仍不下时，就会腐败分解发出特殊的腐败臭味，并有红褐色的恶臭黏液和胎衣碎块从子宫排出，且牛卧下时排出量显著增多，子宫颈口不完全闭锁。可发生急性子宫内膜炎，有的甚至出现全身症状。初期仅见弓背、举尾及努责。当腐败产物被吸收后，可见体温升高、脉搏增数、反刍及食欲减退或停止、前胃弛缓、腹泻、泌乳减少或停止等。

2. 胎衣部分不下

胎衣部分不下是指胎儿胎盘大部分已排出，只残留一小部分或个别胎儿胎盘（指多胎）仍存留于子宫内。胎衣不下常伴发子宫炎和子宫颈延迟封闭，恶露排出时间的延长和有臭味，且其腐败分解产物可被机体吸收而引起全身性反应。

（三）防治

1. 预防

①加强饲养管理，增加母畜的运动，注意日粮中钙、磷、维生素 A 及维生素 D 的补充，做好布鲁氏菌病、沙门氏菌病和结核病等的防治工作。

②分娩后让母畜舔干仔畜身上的黏液；尽可能灌服些羊水；让仔畜尽早吮吸乳汁或挤奶喂食，以促进子宫收缩。

③分娩时保持环境的卫生和安静，以防止和减少胎衣不下的发生。

2. 治疗

（1）药物疗法

①神经垂体素注射液或催产素注射液 50 万～ 100 万 IU，皮下或肌内注射。或用马来酸麦角新碱注射液 5 ～ 15mg，肌内注射。

②己烯雌酚注射液，牛 10 ～ 30mg，肌内注射，每日或隔日一次。

③ 10% 氯化钠溶液 300 ～ 500mL 静脉注射，或 3000 ～ 5000mL 子宫内灌注，具有良好的疗效。为预防胎衣腐败及子宫感染，可向子宫内注入抗生素（土霉素、四环素等均可）1 ～ 3g，隔日一次，连用 1 ～ 3 次。

④胃蛋白酶 20g、稀盐酸 15mL、水 300mL，混合后子宫灌注，以促进胎衣的自溶分离。患羊可于子宫投放土霉素胶囊（0.5g），效果较好。

（2）手术剥离　是用手指将胎儿胎盘与母体胎盘分离的一种方法。剥离前先将病畜保定，灌肠排粪，裹尾，消毒阴门及其周围。剥离时，以既不残存胎儿胎盘又不损伤母体胎盘为原则。术后应向子宫送入适量抗菌防腐药。

牛的胎衣手术剥离宜在产后 10 ～ 36h 进行。过早剥离因母子胎盘结合紧密，不仅造成母畜疼痛而强烈努责，而且易于损伤子宫，造成较多出血；过迟剥离因胎衣分解，胎儿胎盘的绒毛断离在母体胎盘小窦中，不仅造成残留，而且易于继发子宫内膜炎。剥离时，术者一只手握住阴门外的胎衣并稍牵拉，另一只手伸入子宫内，沿子宫壁或胎膜找到子叶基部，向胎盘滑动，以无名指、小指和掌心夹住胎儿胎盘周围的绒毛膜成束状，并以拇指辅助固定子叶；然后以食指及中指先剥离子宫体部胎盘，待剥离半周以上后，食、中两指缠绕该胎盘周围的绒毛膜，以扭转的形式将绒毛从小窦中拔出。若母子胎盘结合不牢，可不经剥离，以扭转的方式使其脱离。子宫角尖端的胎盘，手难以达到，可握住胎衣，随患畜努责的节律轻轻牵拉，借子宫角的反射性收缩而上升后，再行剥离，剥离胎衣必须彻底，不可遗留胎衣残片在子宫内。

为了防止子宫感染或胎衣腐败而引起子宫炎及败血症，在手术剥离之后，应放置或灌注抗菌防腐药，如四环素、金霉素，也可用土霉素、雷佛奴尔等；

或用下列合剂：①磺胺噻唑 10g，磺胺增效剂 1g，呋喃西林 1g，混合后装入胶囊放入子宫。②尿素 1g，磺胺增效剂 1g，磺胺噻唑 10g，呋喃西林 1g，混合后装入胶囊放入子宫。

二、子宫内膜炎

子宫内膜炎是指子宫黏膜的炎症，是一种常见的母畜生殖器官疾病，也是导致母畜不育的重要原因之一。

（一）病因

流产、分娩、配种、助产、剥离胎衣、子宫脱出等过程中消毒不严、动作粗暴以及产道损伤后细菌侵入等引起；阴道内存在的某些条件性病原菌，在机体抗病力降低时，也可发生该病。此外，卫生不良、应激及某些特异性病原微生物，如结核杆菌、布鲁氏菌、沙门氏菌等均可引发此病。

（二）症状

1. 隐性子宫内膜炎

无明显症状，性周期、发情和排卵均正常，但屡配不孕，或配种受孕后发生流产，发情时从阴道中流出较多的混浊或混有很小脓片的黏液。

2. 急性子宫内膜炎

多于产后 5 ～ 8d 发病。病畜体温略有升高，食欲减退，精神沉郁、反刍无力、逐渐消瘦等，全身症状轻微，主要表现为泌乳量下降、拱背努责，从阴道内排出大量炎性分泌物，分泌的性质从浆液性、黏液性、化脓性至坏死性，颜色由污红色至棕黄色等，腥臭，含絮状物或胎衣碎片。阴道检查可见宫颈外口充血、肿胀；直肠检查可见子宫角变粗下沉。若有渗出液积聚时，压之有波动感，该病往往并发卵巢囊肿。

3. 慢性脓性子宫内膜炎

经常从阴门排出少量稀薄、污白色或混有脓液的分泌物，特别是在发情时排出较多，阴道和子宫颈黏膜充血，性周期紊乱或不发情；直肠检查可发现子宫壁增厚，宫缩反应微弱或消失。

（三）防治

1. 预防

加强饲养管理，做好传染病的防治工作。

①在人工授精及阴道检查时，注意消毒、操作宜轻。

②在临产前和产后，对产房、母畜的阴门及其周围进行消毒，以保持清洁卫生。

③对正常分娩或难产时的助产，以及胎衣不下的治疗，要及时、正确，以防损伤和感染。

2. 防治

常用方法如下。

（1）子宫冲洗　选用0.1%复方碘溶液、0.1%～0.3%高锰酸钾溶液、0.1%～0.2%雷佛奴尔溶液、1%～2%碳酸氢钠溶液，每日或隔日冲洗子宫，至冲洗液变清为止。隐性子宫内膜炎时，可用糖－碳酸氢钠－盐溶液（葡萄糖90g、碳酸氢钠32g、氯化钠18g、蒸馏水1000mL）500mL冲洗子宫。但对纤维蛋白性子宫内膜炎，应禁止冲洗子宫，以防炎症扩散。为了消除子宫内渗出物，可用药物促使子宫收缩，并向子宫腔内投入土霉素胶囊。

（2）子宫灌注抗生素　可采用下列药物中的一种：土霉素粉2g；四环素粉2g；金霉素1g，青霉素80万～100万IU；青霉素100万IU和链霉素0.5～1g，溶于蒸馏水100～200mL，一次注入子宫。每日或隔日一次，直至排出的分泌物量变少而洁净清亮为止。对于隐性子宫内膜炎，在配种前2h，向子宫内注入用青霉素160万IU、链霉素100万1U、生理盐水50mL或青霉素、红霉素、垂体后叶素的混悬液50mL；在配种后2h，再灌注一次青霉素320万1U、链霉素200万IU、生理盐水50mL，可提高受胎率。

为临床应用方便，子宫冲洗和子宫灌注抗生素可同步进行，也可用土霉素或庆大霉素80万IU或丁胺卡那霉素3g，生理盐水500～1000mL。

（3）应用子宫收缩剂　为增强子宫收力，促进渗出物的排出，可给予己烯雌酚、垂体后叶素、氨甲酰胆碱、麦角制剂等。

三、卵巢囊肿

卵巢囊肿是指在卵巢上形成囊性肿物，数量为1个至数个，其直径为1cm至几厘米，卵巢囊肿包括卵泡囊肿和黄体囊肿两种。

卵泡囊肿为卵泡上皮细胞变性、卵泡壁增生变厚、卵细胞死亡，致使卵泡发育中断，而卵泡液未被吸收或增生所形成。呈单个或多个存在于一侧或两侧卵巢上，壁较薄。黄体囊肿是由于未排卵的卵泡壁上皮黄体化而形成，或排卵后黄体化不足，黄体的中心出现充满液体的腔体而形成（囊肿黄体）。一般为单个，存在于一侧卵巢上，壁较厚。

奶牛的卵巢囊肿多发生于第 4 ～ 5 胎产奶量最高期间，而且以卵泡囊肿居多，黄体化囊肿只占 25% 左右。肉牛羊发病率较低。

（一）病因

引起卵巢囊肿的原因目前尚不完全清楚。但下列因素可能诱发卵巢囊肿：饲料中缺乏维生素 A 或富含雌激素；饲喂精料过多且缺乏运动，尤以泌乳盛期高产牛多发；激素制剂应用不当、剂量过多，可诱发囊肿；子宫内膜炎、胎衣不下及其卵巢疾病引起卵巢炎，使排卵受到影响；卵泡发育过程中气候等环境因素突变，牛发生应激反应引起排卵障碍。此外，该病的发生也与遗传有关。

（二）症状

牛卵巢囊肿常发生于产后 60d 以内，以 15 ～ 40d 为多见，也有在产后 120d 发生的情况。卵泡囊肿多在牛的 4 ～ 6 胎发生，患牛表现无规律的频繁发情或持续发情，发情周期变短，发情期延长，发展到严重阶段，持续表现强烈的发情行为而成为慕雄狂，性欲亢进，喜爬跨或被爬跨；严重时，性情粗野好斗，经常发出犹如公牛般的吼叫，对外界刺激敏感；外阴部充血、肿胀；触诊呈面团感；阴道经常流出大量透明黏稠分泌物，但无牵缕状。

直肠检查时，发现单侧或双侧卵巢体积增大，有 1 个或数个囊壁紧张而有波动的囊泡，直径通常在 2 ～ 5cm，表面光滑，无排卵突起或痕迹，囊泡壁薄厚不均，触压无痛感，有弹性，坚韧，不易破裂。子宫肥厚，松弛下垂，收缩迟缓。如伴发子宫积液，触之则有波动感。

黄体囊肿时主要表现为母牛不发情。牛黄体囊肿多为 1 个，大小与卵泡囊肿相似，但壁厚而软，存在时间长，多超过一个发情周期，母牛仍不发情，可确诊。

（三）诊断

通过了解母畜繁殖史，配合临床检查，如果发现有慕雄狂的病史、发情周期短或不规则及乏情，即可怀疑此病。

直肠检查发现卵巢体积增大，有 1 个或数个从表面突起、囊壁紧张而有波动；表面光滑，触压有弹性、坚韧、不易破裂的囊泡时即可确诊。

（四）防治

1. 预防

改善饲养管理条件，喂给全价并富含维生素 A 及维生素 E 的饲料，防止精料过多。适当运动，减少或避免应激反应发生，合理使役，防止过劳和运动不足。对正常发情的母畜，要适时配种或授精，对其他生殖器官疾病，应及早合理地治疗。

2. 治疗

病畜越早治疗预后效果越好。单侧囊肿一般都能治愈，两侧囊肿，尤其是发病时间长、囊肿数目多时，治疗效果不佳。

（1）激素疗法 肌内注射绒毛膜促性腺激素（HCG）1万～2万IU。一般在用药后1～3d，外表症状逐渐消失，9d后进行直肠检查，可见卵巢上的囊肿卵泡破裂或被吸收，且无黄体生长。只要有效即应观察一个时期，不可急于用药，以防产生持久黄体。若用药无效，可二次用药，剂量酌情加大，同时配合应用地塞米松10～20mg，肌内或静脉注射，效果比较理想。对于黄体囊肿，除应用上述激素外，用前列腺素或其类似物（氯前列烯醇等）治疗也可取得较好疗效。

（2）碘化钾疗法 碘化钾粉末3～9g或1%水溶液，内服或拌入饲料中饲喂，每日一次，7d为一疗程，间隔5d，连用2～3个疗程。

（3）挤破囊肿 直肠检查时，依据情况可捏破囊肿，也可达到治愈目的。具体方法是中指及食指夹住卵巢系膜并固定卵巢，拇指逐渐向食指方向挤压，挤破后持续压迫5min以达到止血的目的。

（4）中药疗法 以行气活血、破血去瘀为主。可用肉桂20g、桂枝25g、莪术30g、三棱30g、藿香30g、香附子40g、益智仁25g、甘草15g、二皮各30g，研末服用。

四、持久黄体

持久黄体也称永久黄体或黄体滞留，是指家畜在分娩后或性周期排卵后，妊娠黄体或发情周期黄体超过正常时限而仍继续保持功能。

从组织构造和对机体的生理作用而言，性周期黄体、妊娠黄体无区别，均可以分泌黄体酮，抑制卵泡发育，使发情周期停止循环，引起不育。此病多数继发于某些子宫疾病，原发性的持久黄体比较少见。

（一）病因

饲养管理不当，日粮配合不平衡，特别是矿物质、维生素A、维生素E缺乏，运动不足、冬季厩舍寒冷且饲料不足以及矿物质代谢障碍等，都会引起卵巢功能减退；高产奶牛由于消耗过大，以致卵巢营养不足；子宫疾病，如子宫炎、子宫积脓及积水、胎儿死亡未被排出、产后子宫复旧不全、部分胎衣滞留及子宫肿瘤等，都会使黄体不能按时消退，而成为持久黄体。

（二）症状

母牛发情周期停止，长期不发情，直肠检查时可触到一侧或两侧卵巢增大，黄体质地比卵巢实质稍硬。如果超过了应发情的时间而不发情，需间隔5～7d进行一次直肠检查。经2～3次检查，黄体的位置、大小、形状及硬度均无变化，即可确诊为持久黄体。但是，为了与妊娠黄体加以区别，必须仔细检查奶牛子宫。

（三）诊断

依据母牛性周期停滞、长期不发情等症状，结合直肠检查进行确诊。

（四）防治

1. 预防

加强产后母牛的饲养，尽快消除能量负平衡。对产后母牛要加强护理，饲料品质要好，并供应充足的优质青干草，以促进食欲，提高机体采食量。严禁为追求产奶量而过度增加精料。加强对产后母牛健康检查，发现疾病应及时治疗。

2. 治疗

应消除病因，促使黄体自行消退，根据具体情况改进饲养管理。如伴有子宫疾病，应及时治疗。常用的方法有以下几种。

（1）*药物治疗*　可用前列腺素F2α 30mg，一次肌内注射；甲基前列腺素Fz 5～6mg，一次肌内注射；也可应用氟前列烯醇或氯前列烯醇0.5～1mg，肌内注射，注射1次后，一般在一周内即可奏效，如无效，可间隔7～10d重复一次。目前，国内常用的前列腺素类似物为15-甲基前列腺素F2α，一次肌内注射2～5mg。此外，还要用垂体促性腺激素、孕马血清促性腺激素、雌二醇、催产素等。

（2）*卵巢按摩法*　用手隔直肠按摩卵巢，使其充血，每日一次，每次5min，连续2～3次。

（3）*氦氖激光照射交巢穴*　距离50～60cm，每日一次，每次照射8min，7日为1个疗程，对治疗持久黄体有较好疗效。

（4）*黄体穿刺或挤破法*　手伸入直肠内，握住卵巢，使卵巢固定于大拇指与其余四指之间，轻轻挤破黄体。

（5）子宫治疗　如伴发子宫炎，应肌内注射雌二醇 4 ～ 10mg，促使子宫颈开张，再用庆大霉素 80 万 IU 或土霉素 2g 或金霉素 1 ～ 1.5g，溶于蒸馏水 500mL，一次注入子宫，每日或隔日一次，直至阴道分泌物洁净清亮为止。

第四节　寄生虫病诊治

一、反刍兽绦虫病

反刍兽绦虫病是由莫尼茨绦虫、曲子宫绦虫及无卵黄腺绦虫寄生于绵羊、山羊和牛的小肠所引起。

（一）诊断要点

1. 临床症状

患羊症状表现的轻重通常与感染虫体的强度及体质、年龄等因素密切相关。一般可表现为食欲减退，出现贫血与水肿。羔羊腹泻时，粪中混有虫体节片，有时还可见虫体的一段吊在肛门处。被毛粗乱无光，喜躺卧，起立困难，体重迅速减轻。若虫体阻塞肠管时，则出现肠臌胀和腹痛表现，甚至因肠破裂而死亡。有时病羊亦可出现转圈、肌肉痉挛或头向后仰等神经症状。后期，患畜仰头倒地，经常作咀嚼运动、四周有泡沫，对外界反应几乎丧失，直至全身衰竭而死。患牛主要为 1 ～ 8 月龄抵抗力差的犊牛，表现为病牛精神不振，腹泻，食欲减退，粪便中混有成熟的绦虫节片，病牛出现贫血，迅速消瘦，严重者出现痉挛或回旋运动，最后死亡。

2. 剖检变化

剖检死畜可在小肠中发现数量不等的虫体；其寄生处有卡他性炎症，有时可见肠壁扩张，肠套叠乃至肠破裂；肠系膜、肠黏膜、肾脏、脾脏甚至肝脏发生增生性变性过程；肠黏膜、心内膜和心包膜有明显的出血点；脑内可见出血性浸润和出血；腹腔和颅腔有渗出液。

（二）防治措施

1. 治疗

病羊可选用下列药物。

（1）丙硫咪唑　剂量按每千克体重 5 ～ 20mg，做成 1% 的水悬液，口服。

（2）氯硝柳胺　剂量按每千克体重100mg，配成10%水悬液，口服。

（3）硫双二氯酚　剂量按每千克体重75～100mg，包在菜叶内口服，亦可灌服。

（4）砷制剂　包括砷酸亚锡、砷酸铅及砷酸钙，各药剂量均按羔羊每只0.5g，成年羊每只1g，装入胶囊口服。

（5）硫酸铜　使用时，可将其配制成1%水溶液。为了使硫酸铜充分溶解，可在配制时每1000mL溶液中加入1～4mL盐酸。配制的溶液应贮存于玻璃或木质的容器内。其治疗剂量为：1～6月龄的绵羊15～45mL；7月龄至成年羊50～100mL；成年山羊不超过60mL。可用长颈细口玻璃瓶灌服。

（6）仙鹤草根芽粉　绵羊每只用量30g，一次口服。

病牛可用硫双二氯酚（别丁），每千克体重40～60mg，一次灌服；丙硫苯咪唑，每千克体重10～20mg，制成悬液，一次灌服。氯硝柳胺，每千克体重60～70mg，制成悬液，一次灌服。吡喹酮，每千克体重50mg，一次灌服。1%硫酸铜液，犊牛每千克体重2～3mL，一次灌服。

2. 预防

在虫体成熟前，即牛羊放牧后30d内进行第一次驱虫，再经10～15d后进行第二次驱虫，此法不仅可驱除寄生的幼虫，还可防止牧场或外界环境遭受污染。有条件的地区可实行科学轮牧。尽可能避免雨后、清晨和黄昏放牧，以减少羊吃进中间宿主地螨的机会。结合牧场改良，进行深耕，种植优良牧草或农牧轮作，不仅能大量减少地螨，还可提高牧草质量。

二、肝片吸虫病

肝片吸虫病是由片形科片形属的肝片吸虫或大片形吸虫寄生于牛羊的肝脏胆管中所引起的一种较为严重的寄生虫病。多流行于夏、秋季，常呈地方流行性，对幼畜危害严重。该病可引起急性、慢性肝炎和胆管炎，同时伴发全身性中毒和营养障碍，最后因衰竭而死亡，幼畜死亡率较高，成年牛羊不易死亡，给畜牧业生产造成一定的经济损失。

（一）临床症状与病理变化

急性感染多发于夏末和秋季，系短时间内遭受严重感染所致，病势猛，可引起患牛突然死亡，但此类型较少见。临床上多呈慢性经过，患牛逐渐消瘦，被毛粗乱，易脱落，黏膜苍白，贫血，食欲减少，反刍不正常，继而出现周期性瘤胃胀气或前胃弛缓，便秘与下痢交替发生，到后期下颌、胸下出现水肿，触诊水肿部呈波动状或捏面团样感觉，无热痛。患畜即使在良好的饲养条件下也日渐消瘦，母牛发生流产，如不治疗常引起死亡。

该病是由肝片吸虫或大片形吸虫寄生在牛肝脏胆管内产出虫卵，虫卵随胆汁进入消化道与粪便混合，最后随粪便一起排出牛体外，入水后经10～25d孵化出毛蚴，毛蚴在水中游动，钻入中间宿主椎实螺体内，在椎实螺体内发育最后成尾蚴。尾蚴在水中游动一个短时期后，即附着于草上或就在水面上脱去尾部形成囊蚴。牛采食了带有囊蚴的草或饮水后，囊蚴的被膜在消化道中被溶解，此后幼虫沿胆管或穿过肠壁和肝实质到肝脏胆管内寄生。然后刺激胆管、肝细胞或微血管，引起急性肝炎和肝出血、肝肿大、肝硬变，胆管扩张，管壁增厚并纤维化或钙化，同时虫体分泌一种有毒物质引起肝炎，毒素进入血液中引起红细胞溶解，发生全身中毒、贫血、浮肿、消瘦等症状。

（二）诊断

根据临床症状、剖检结果及虫卵检查诊断为肝片吸虫病。

患畜消瘦，被毛粗乱，易脱落，黏膜苍白，贫血，食欲减少，反刍不正常，出现周期性瘤胃胀气或前胃弛缓，便秘与下痢交替发生，下颌、胸下出现水肿。触诊水肿部呈波动状感，无热痛。

剖检，肝脏出血、肿大，被膜上有纤维素性沉着物，切开胆管，管壁增厚并纤维化可钙化。胆管内有形似木耳状成虫钻出，伸展开后形似柳叶状呈红棕色，长20～75mm，宽10～13mm。采取新鲜粪便，用沉淀法检查，检出粪便中有椭圆形、金黄色肝片吸虫虫卵。

（三）防治

治疗该病主要是驱出体内寄生的肝片形吸虫，选用以下药品。

1. 丙硫苯唑

又名抗蠕敏，内服每千克体重10mg，对成虫的驱虫率可达99%。

2. 硝氯酚（国产耳9051）

内服童虫每千克体重8mg，成虫每千克体重6mg，患羊每千克体重4～5mg。

3. 克洛杀

每千克体重0.1mg作皮下注射，效果极佳。

通过驱虫，半个月后病畜采食可增加，反刍正常，下痢停止，粪便趋于正常，被毛开始光亮。再重复用药一次，病畜可完全康复。

要预防好牛肝片形吸虫病，应采取相应的措施。一是要春秋两季定期进行驱虫，杀死幼虫及成虫；二是搞好圈舍环境卫生，排出的粪便不能乱丢乱放，要集中堆积做发酵处理，防止污染牛舍和草场及再感染发病；三是不到沼泽、低洼潮湿地带放牧及饮水；四是消灭中间宿主椎实螺，可用 1∶5000 倍的硫酸铜溶液喷洒草场；五是患牛内脏不能乱丢，应作深埋或焚烧等销毁处理。

三、肺线虫病

肺线虫病是几种网尾线虫寄生在牛的支气管、气管内引起的疾病。病原主要是丝状网尾线虫和胎生网尾线虫。雌虫排卵，随支气管、气管分泌物到达咽或口腔，经吞咽进入胃肠内，随粪便排出体外。在外界适宜的条件下，可发育为有感染性的幼虫。在湿润的环境中，如清晨有露水时，这种幼虫喜欢在草上爬，当牛吃进感染性幼虫后，幼虫边发育边侵入肠壁的血管、淋巴管，随着血液循环到肺部，从血管钻进肺泡，从肺泡逐渐游向支气管、气管，在那里成熟、产卵。虫卵在外界的发育条件是温暖潮湿，因此春夏季是该病的主要感染季节。

（一）诊断要点

1. 在流行地区的流行季节，注意该病的临床症状

主要是咳嗽，但一般体温不高，在夜间休息时或清晨，能听到牛群的咳嗽声，以及拉风箱似的呼吸声，在驱赶牛时咳嗽加剧。病牛鼻孔常流出黏性鼻液，并常打喷嚏。被毛粗乱，逐渐消瘦，贫血，头、胸下、四肢可有水肿，呼吸加快，呼吸困难。犊牛症状严重，严寒的冬季可发生大批死亡。成年牛如感染较轻，症状不明显，呈慢性经过。

2. 用粪便或鼻液做虫卵检查

如发现虫卵或幼虫，即可确诊。剖检病死牛时，若支气管、气管黏膜肿胀、充血，并有小出血点，内有较多黏液，混有血丝，黏液团中有较多虫体、卵或幼虫，也可确诊。

（二）防治

预防，一是要到干燥清洁的草场放牧，要注意牛饮水的卫生；二是要经常清扫牛舍，对粪尿污物要发酵，杀死虫卵；三是要每年春秋两季，或牛由放牧转为舍饲时，集中进行驱虫。但驱虫后的粪便要严加管理，一定要发酵杀死虫卵。

治疗，应用丙硫苯咪唑，每千克体重 5 ～ 10mg，配成悬液，一次灌服。四咪唑，可气雾给药，在密闭的牛羊舍内进行，喷雾后应使牛在舍内待 20min。1% 伊维菌素注射剂，每千克体重 0.02mL，一次皮下注射。氰乙酰肼，每千克体重 17.5mg，口服，总量不要超过 5g。发病初期只需一次给药，严重病例可连续给药 2 ～ 3 次。

四、螨病

该病又称疥癣，俗称癞病，是由几种螨虫寄生在牛的皮肤上引起的一种慢性皮肤病。螨虫包括疥螨、痒螨和足螨。

（一）发病特点

螨病主要是通过病牛和健康牛直接接触传播的，也可通过被螨或卵污染的圈舍、用具，造成间接接触感染。饲养员、牧工、兽医等人的衣服和手，也可能引起螨病的传播。该病主要发生于秋末、冬季和初春，因为这段时间日照不足，尤其是阴雨天气，圈舍潮湿，体表湿度较大，加上这个时期牛毛比较密，很适合螨的发育和繁殖。夏季牛毛大量脱落，皮肤受日光照射，比较干燥，螨大部分死亡，只有少数潜伏下来，到了秋季，随气候的变化，螨又重新活跃，不但引起症状的复发，而且成为最危险的传染来源。

（二）疥螨病与湿疹、秃毛癣、虱和毛虱的区别

湿疹痒觉不剧烈，且不受环境、温度影响，无传染性，皮屑内无虫体。秃毛癣患部呈圆形或椭圆形，界限明显，其上覆盖的浅黄色干痂易于剥落，痒觉不明显，镜检经 10% 氢氧化钾溶液处理的毛根或皮屑，可发现癣菌的孢子或菌丝。虱和毛虱所致的症状有时与螨病相似，但皮肤炎症、落屑及形成痂皮程度较轻，容易发现虱与虱卵，病料中找不到螨虫。

（三）诊断要点

根据流行病学调查、临床症状、实验室检查等可确诊。

1. 症状

疥螨病可引起牛体剧痒，病畜不停地啃咬患部或在其他物体上摩擦，使局部皮肤脱毛，破伤出血，甚至感染产生炎症，同时还向周围散布病原。皮肤肥厚、结痂、失去弹性，甚至形成许多皱纹、龟裂，严重时流出恶臭分泌物。病牛长期不安，影响休息，消瘦，产奶量下降，甚至影响正常繁殖。

2. 实验室检查

症状不明显时，可采取健康与患部交界处的表皮部位的痂皮，检查有无虫体，给予确诊。

（1）直接检查法　将刮下的干燥皮屑，放于培养皿或黑纸上在日光下暴晒，或加温至 40 ～ 50℃，经 30 ～ 50min 后，移去皮屑，用肉眼观察，可见白色虫体的移动，此法适用于体形较大的螨（如痒螨）。

（2）显微镜直接检查法　将刮下的皮屑放在载玻片上，滴加煤油，另一张载玻片，搓压玻璃，使病料散开，然后分开载玻片，置显微镜下检查。也可用 10% 氢氧化钠溶液、液体石蜡或 50% 甘油溶液滴于病料上，直接观察其活动。

（3）虫体浓集法　将病料置于试管内加入 10% 氢氧化钠溶液，浸泡使皮屑溶解，虫体分离出来，然后用自然沉淀，或以 2000r/min 的速度离心沉淀 5min，虫体即沉入管底，弃去上层液，取沉淀检查。或向沉淀中加入 60% 硫代磷酸钠溶液，直立，待虫体上浮，取表面溶液检查。

（四）防治

预防，一是牛圈要宽敞、干燥、透光，通风良好，不要使牛群过于密集。圈舍要经常清扫，定期消毒。饲养管理用具亦要定期消毒。二是要经常注意观察，发现有发痒，掉毛现象的牛，应及时挑出进行检查和治疗。治愈的牛应隔离观察 20d，如未复发，用药涂擦后，方可合群。三是购入牛时，应事先了解有无螨病存在；引入后应详细作螨病检查；最好先隔离观察一段时间（15 ～ 20d），确无螨病症状后，经杀螨药喷洒后并入牛群中。

治疗时，对患病部位要剪毛去痂，彻底洗净，再涂擦药物。可选用伊维菌素或阿维菌素，此类药物不仅对螨病，而且对其他的节肢动物疾病和大部分线虫病均有良好的疗效，剂量按每千克体重 0.2mg，口服或皮下注射。也可用敌百虫配成 0.5% ～ 1% 的水溶液来涂擦患部，一周后再涂 1 次。或用蝇毒磷（浓度为 0.025% ～ 0.05%）、螨净（浓度 0.025%）、双甲脒（浓度 0.05%）、溴氰菊酯（浓度 0.05%）进行药液喷洒和涂擦。此外，还可用 2% 碘硝酚注射液，每千克体重 10mg，皮下注射。均为每千克体重 0.02mg，皮下注射。

五、皮蝇蛆病

该病是慢性寄生虫病，在我国被列为三类疫病。

病原体为牛羊皮蝇及蚊皮蝇两种蝇的幼虫（蛆），两种蝇很相似，长13～15mm，体表密生绒毛，呈黄绿色至深棕色，近似蜜蜂。雄蝇交配后死亡，雌蝇侵袭牛体，将卵产于牛的皮薄处（如四肢、股内侧、腹两侧）的被毛上，产卵后雌蝇死亡，虫卵经4～7d孵出第一期幼虫，并沿着毛孔钻入皮内。第二期幼虫，牛皮蝇幼虫直接向背部移行；蚊皮蝇幼虫移行到体内深部组织，然后顺着膈肌向背部移行。此时，两种蝇的第三期幼虫（蛆）寄生于背部皮下，形成瘤状凸起。然后经凸起的小孔钻出，落地变成蛹，蛹再羽化为蝇。

（一）流行病学

正常年份，蚊皮蝇出现于4—6月，皮蝇出现于6—8月，在晴朗无风的白天侵袭牛体，并在毛上产卵。我国主要流行于西北、东北和内蒙古牧区，尤其是少数民族聚集的西部地区，其感染率甚高，感染强度最高达到200条/头。

（二）临床症状

雌蝇飞翔产卵时，引起牛只惊恐、喷鼻、踢蹴，甚至狂奔（俗称跑蜂），常引起流产和外伤，影响采食。幼虫钻入皮肤时引起痒痛；在深部组织移行时，造成组织损伤；当移行到背部皮下时，引起结缔组织增生，皮肤穿孔、疼痛、肿胀、流出血液或脓汁、病牛消瘦、贫血。当幼虫移行至中枢神经系统时，引起神经紊乱。由于幼虫能分泌毒素，可致血管壁损伤，出现呼吸急促，产奶量下降。

剖检时，病初在病畜的背部皮肤上，可以摸到圆形的硬节，继后可出现肿瘤样隆起，在隆起的皮肤上有小孔，小孔周围堆积着干涸的脓痂，孔内通结缔组织囊，其中有一条幼虫。

（三）实验室检查

根据剖检及发现幼虫，可以做出诊断。

（四）防治

1. 治疗

①发现牛背上刚刚出现尚未穿孔的硬结时，涂擦2%敌百虫溶液，20d涂1次。

②对皮肤已经穿孔的幼虫，可用针刺死，或用手挤出后踩死，伤口涂

碘酊。

③用皮蝇磷，一次内服量 100mg/kg 体重或每日内服 15 ～ 25mg/kg 体重，连用 6 ～ 7d，能有效杀死各期牛皮蝇蚴。奶牛应禁止使用，肉牛屠宰上市前 10d 应停药。

④伊维菌素，0.2mg/kg 体重 1 次，皮下注射，7d 1 次，连用 2 次。

2. 预防

① 5—7 月，在皮蝇活跃的地方，每隔半个月向牛体喷洒 1 次 0.5% 敌百虫溶液，防止皮蝇产卵，对牛舍、运动场定期用除虫菊酯喷雾灭蝇。

② 11—12 月，臀部肌内注射倍硫磷 50 乳油，剂量为 0.4 ～ 0.6mL/ 头 1 次，相当于 5 ～ 7mL/kg 体重，间隔 3 个月后，再用药 1 次，对一、二期幼虫杀虫率达 100%，可防止幼虫第三期成熟，达到预防的目的。

第五节　其他常发疾病防治

一、乳房炎

乳房炎是乳腺发生的各种不同性质的炎症，是奶牛泌乳期多发的一种乳房疾病。其特点主要是乳汁发生理化性质（颜色改变、乳汁中有凝块）及细菌学变化。

（一）病因

病原微生物感染是引起该病的主要原因。主要的病原菌有链球菌、葡萄球菌、化脓棒状杆菌、大肠杆菌等。其中，以链球菌最常见，是引起乳房炎最普遍的病原菌之一，占乳房炎的绝大多数。此外，其他细菌、病毒、真菌、物理性刺激和化学因素，都可引起乳房炎。而遭受感染的重要因素，主要是管理不当，如挤奶方法不当、褥草污染、挤奶不卫生、病健牛不分别挤奶等，均可成为感染条件。另外，患子宫内膜炎、生殖器官疾病、产后败血症、布鲁氏菌病、结核、胃肠道急性炎症的病牛，也可伴发乳房炎。

（二）症状

1. 临床型乳房炎

有明显临床症状，主要表现为乳房患区红肿、热痛，泌乳减少或停止；

乳汁发生显著变化，表现乳汁稀薄，含絮状物、乳凝块、纤维凝块、脓汁或血液；严重者伴有精神沉郁、食欲不振、反刍停止及体温升高等全身变化。按炎症性质可分为浆液性、卡他性、纤维素性、化脓性及出血性乳房炎5种。

（1）浆液性乳房炎　呈急性经过，患区坚实较硬，乳汁初期无变化，但侵害实质时，乳汁稀薄水样，含絮状物。

（2）卡他性乳房炎　如果是乳头管及乳池卡他，先挤出的奶含有絮片，后挤出的奶不见异常；如果是腺泡卡他，则表现为患区红、肿、热、痛，乳汁水样，含絮片，可能出现全身症状。

（3）纤维素性乳房炎　由于乳房内发生纤维素性渗出，挤不出乳汁或只能挤出少量乳清或带有纤维素的脓性渗出物，为重剧炎症，有明显的全身症状。触诊热痛有硬块。

（4）化脓性乳房炎　乳房中有脓性渗出物流入乳池和输乳管腔中，乳汁呈黏脓样，混有脓液和絮状物。

（5）出血性乳房炎　通常为急性经过，挤奶时剧痛，乳汁呈水样、淡红或红色，并混有絮状物及血凝块，全身症状明显。

2. 亚临床型乳房炎

不出现临床症状，仔细检查时，可在乳腺中触摸到硬结节，乳汁中含有絮状凝乳。

3. 隐性型乳房炎

无临床症状，乳汁也无肉眼可见异常。但是，通过实验室对乳汁检验，可发现被检乳中的病原菌及白细胞数增加（每毫升乳中细胞数超过50万个即为阳性乳）。

（三）诊断

临床型乳房炎临床症状明显，容易发现和诊断。隐性乳房炎则需用化学方法和细菌学方法进行实验室诊断。

（四）防治

1. 预防

乳房炎的危害很大，一方面给乳牛饲养业造成巨大的损失，另一方面也会危害人的健康。因此，预防乳房炎的发生和蔓延是一件非常重要的工作。

①加强饲养管理，保持畜舍及用具卫生，定期消毒，刷拭牛体。

②严格执行操作规程，使用正确挤奶方法，注意挤奶卫生。

③母牛产前及时合理停乳，产后加强护理，防止产道分泌物污染乳头。

④加强干奶期治疗。干奶期治疗是防治隐性型及临床型乳房炎的有效措施。具体方法是用青霉素 100 万 IU、链霉素 1g、2% ～ 3% 硬脂酸铝 2g 和医用花生油 4 ～ 8mL，制成油剂混悬液，分别从乳头管口注入 4 个乳区。一般注入 1 ～ 2 次，有良好的预防和治疗效果。

⑤防止乳房发生外伤，及时处理伤口。

2. 治疗

对乳房炎的治疗，应根据炎症类型、性质及病情等，分别采取相应的治疗措施。

（1）*改善饲养管理，加强护理* 为了减少对发病乳房的刺激，提高机体的抵抗力，牛舍要保持清洁、干燥，注意乳房卫生。为减轻乳腺的内压，应限制泌乳过程，及时排出乳房内容物。停喂或少喂多汁饲料与精料，限量饮水，增加挤奶次数，每隔 2 ～ 3h 挤奶 1 次，夜间 5 ～ 6h 挤 1 次。每次挤奶前按摩乳房 15 ～ 20min。根据炎症类型不同，分别采取不同的按摩手法：浆液性炎症宜自下而上按摩，卡他性炎症和化脓性炎症宜自上而下按摩，纤维素性炎、乳房脓肿、乳房蜂窝织炎及出血性炎应禁止按摩（包括其他急性炎症的进行期）。

（2）*局部治疗*

①急性乳房炎的初期可进行冷敷，2d 后可改为温热疗法，每次 30min，每日 2 ～ 3 次；也可将仙人掌去刺，捣碎成泥，将病乳区洗净擦干，按摩并挤净腐败乳汁，再将药泥涂敷于患处，每日 2 次。

②乳房冲洗。挤净乳汁后，对每个患病乳区，经乳头管注入青霉素 50 万 IU 和链霉素 200mg 的混合液 150 ～ 200mL，每天 1 ～ 2 次。注入后用手捏住乳头基部，向上轻轻按摩，使药液向上扩散。如果注入青霉素无效时，可用 0.1% 雷夫诺尔溶液或 0.1% 呋喃西林溶液和 1% 硝胺溶液 100 ～ 300mL 注入乳房内，2 ～ 3h 后，再慢慢挤出，每日注射 1 ～ 2 次，对于纤维素性乳房炎效果较好。

③乳房内封闭。青霉素 200 万 IU，用 0.5% 盐酸普鲁卡因生理盐水 200mL 稀释，然后挤净乳汁，用乳导管注入乳叶内，每个乳叶内注入 30 ～ 50mL，每日注射 1 ～ 2 次。也可采用乳房部封闭，即在乳房前叶或后叶基部之上，紧贴腹壁刺入 8 ～ 10cm，每个乳叶注入普鲁卡因青霉素溶液 100 ～ 200mL。

（3）*全身治疗* 根据病情，在局部治疗的同时，积极配合全身治疗。可肌内注射青霉素 200 万～ 240 万 IU，每天 2 ～ 3 次。必要时加链霉素，或应用庆大霉素和红霉素、磺胺类药物及其他抗生素类药物静脉注射。此外，也可用 10% 水杨酸钠注射液 50 ～ 200mL、40% 乌洛托品注射液 40 ～ 60mL、

10%氯化钙注射液50～150mL，混合一次静脉注射，每日1次。

病羊初期可用青霉素40万IU、0.5%普鲁卡因5mL，溶解后用乳房导管注入乳孔内，然后轻揉乳房腺体部，使药液分布于乳房腺中。也可应用青霉素、普鲁卡因溶液在乳房基部封闭，或应用磺胺类药物抗菌消炎。为了促进炎性渗出物吸收和消散，除在炎症初期冷敷外，2～3d后可施热敷，用10%硫酸镁水溶液1000mL，加热至45℃，每日外洗热敷1～2次，连用4次。

对脓性乳房炎及开口于乳池深部的脓肿，直向乳房脓腔内注入0.1%～0.25%雷佛奴尔液，或用3%过氧化氢溶液，或用0.1%高锰酸钾溶液冲洗消毒脓腔，引流排脓。必要时应用四环素族药物静脉注射，以消炎和增强机体抗病能力。

二、腐蹄病

腐蹄病是牛、羊、猪均能发生的一种传染病，其特征是局部组织发炎、坏死并具有腐败恶臭及剧烈疼痛，又称蹄糜烂或慢性坏死性蹄皮炎。

（一）病因

圈舍和运动场潮湿、不洁是该病的主要原因。此外，蹄过长、芜蹄、蹄叶炎、管理不当、未定期进行修蹄、无完善的护蹄措施、蹄间外伤等均可诱发该病。指（趾）间皮炎的发生也会使趾间抵抗力下降，继而被各种腐败菌感染而致病。

（二）症状

病初表现为轻度跛行，随病情发展，跛行严重。进行蹄部检查时，初期见蹄间隙、蹄匣和蹄冠红肿、发热，有疼痛反应，以后溃烂，挤压时有恶臭的脓性液体流出，更为严重的可见蹄部深层组织坏死，蹄匣脱落。

（三）诊断

根据临床症状，如病畜跛行、蹄间皮肤红肿、热痛，严重时组织坏死，有恶臭液体流出或蹄匣脱落等，结合病因调查，一般可确诊。

鉴别诊断如下。

①蹄底溃疡（局限性蹄皮炎）跛行严重、持续时间长。典型症状是底球结合部的角质呈红色、黄色，角质软，疼痛，角质因溃疡而缺损，真皮暴露，或长出菜花样的肉芽组织。

②蹄底刺伤由锐利物体直接刺伤蹄真皮组织所致。突然发生疼痛，跛行明显，检查蹄底可能发现异物存在。蹄部肿胀，蹄抖动，减负体重。

③蹄底挫伤由运动场地面不平，砖头、石块等钝性物体对蹄底挤压，致使真皮损伤所致。修蹄时，蹄角质有黄色、红色、褐色的血斑，经 1 ～ 3 次修蹄，血斑痕迹即可消除。

④白线病主要是因白线处软角质裂开或糜烂，蹄壁角质与蹄底角质分离，泥沙、粪土、石子嵌入，致使真皮发生化脓过程。病牛患蹄减负体重，蹄壁温度增高，疼痛明显，白线色变深，宽度增大，内嵌异物，当伴发继发感染时，体温升高，食欲减退。

（四）治疗

1. 预防

首先，应加强管理，经常保持圈舍、运动场干燥及清洁卫生，粪便及时处理，运动场内的石块、异物及时清除，保护牛蹄卫生，减少蹄部外伤的发生；其次，应坚持蹄浴，用 4% 硫酸铜溶液浴蹄，5 ～ 7d 进行 1 ～ 2 次蹄部喷洒。

2. 治疗

（1）*局部处理* 先将患蹄修理平整，找出角质部糜烂的黑斑，由糜烂的角质部向内逐渐轻轻搔刮，直到见有黑色腐臭的脓汁流出为止。用 4% 硫酸铜溶液彻底洗净创口，创内涂 10% 磷酊，填入松馏油棉球，或放入高锰酸钾粉、硫酸铜粉，装蹄绷带。

（2）*全身疗法* 如体温升高，食欲减退，或伴有关节炎症时，可用磺胺、抗生素治疗。青霉素 500 万 IU，一次肌内注射；碳酸氢钠 500mL，一次静脉注射，连续注射 3 ～ 5d。金霉素或四环素，剂量为每千克体重 0.01g，静脉注射，也有效果。关节发炎者，可应用酒精鱼石脂绷带包裹。

（3）*加强护理* 对病牛应加强护理，单独饲喂，促使其尽早痊愈。

三、皱胃变位

皱胃变位是指皱胃的正常位置发生改变。按其变位的方向可分为左方变位和右方变位两种类型。左方变位是指皱胃通过瘤胃下方移到左侧腹腔，置于瘤胃和左腹壁之间。右方变位指皱胃从正常的位置以顺时针方向扭转到瓣胃的后上方，而置于肝脏与腹壁之间。一般把左方变位称为皱胃变位，而把右方变位称为皱胃扭转。在兽医临床上，绝大多数病例是左方变位，且成年高产奶牛的发病率高，发病高峰在分娩后6周内。犊牛与公牛较少发病。

（一）病因

皱胃变位的基本原因是皱胃弛缓和机械因素。

1. 皱胃弛缓

由于皱胃功能障碍，导致皱胃扩张和充气，容易因受压而游走变位。造成皱胃弛缓的原因可包括一些营养代谢性疾病或感染性疾病，如酮病、低钙血症、生产瘫痪、牛妊娠毒血症、子宫炎、乳房炎、胎衣不下、消化不良，以及喂饲劣质饲料或运动不足等。此外，上述疾病可使病畜食欲减退，导致瘤胃体积减小，也会促进皱胃变位的发生。

2. 皱胃机械性转移

多发于妊娠后期，由于子宫逐渐增大而沉重，将瘤胃从腹腔底抬高，而致皱胃向左方移位。分娩时，由于胎儿被产出，瘤胃恢复下沉，致使皱胃被压到瘤胃与左腹壁之间。此外，爬跨、翻滚、跳跃、剧烈运动等情况，也可能诱发该病。

（二）症状

1. 左方变位

皱胃左方变位病牛初期呈现前胃弛缓症状，久治不愈。病情时好时坏，食欲减退，厌食精料，多数病牛只对粗饲料仍保留一些食欲，泌乳量下降1/3～1/2。病牛多无明显的全身症状，通常排粪较正常，或轻度的腹泻与便秘交替出现，排粪量减少，呈糊状，深绿色。随病程发展，左腹膨大，左侧肋弓突起，瘤胃蠕动音减弱或消失。在左腹听诊，能听到与瘤胃蠕动时间不一致的皱胃蠕动音。在左腹部后3个肋骨与肩关节水平线上下呈椭圆形区域内叩诊，同时结合听诊，可听到高亢的鼓音或典型的钢管音。在左侧肋弓下进行冲击式触诊可听到振水音（液体振荡音）。于钢管音、振水音最明显处穿刺，可穿出酸臭气体及淡黄色混有草屑的液体，用广泛pH试纸测试，pH值在1～4即可确诊；在最后肋骨后缘可明显地触到一个向后隆起有弹性的大囊，此为典型症状，于此囊后方肷部向深部触诊可触到坚实的瘤胃。直肠检查时，可发现瘤胃背囊明显右移。但皱胃左方变位这种典型症状时有时无有部分病例症状表现时间较短，间隔时间较长。有的病牛可出现继发性酮病，呼气和乳汁带有酮气味。

2. 右方变位

病牛皱胃右方变位与左方变位症状很相似，且可相互变化，只是局部症状出现在右侧。病情急剧，食欲减退或废绝，腹痛，背腰下沉，磨牙、呻吟，后肢踢腹；泌乳量急剧下降，体温一般正常或偏低，心率加快，出现碱中毒症状。瘤胃蠕动音消失，粪便呈黑色、糊状，有恶臭味。可见右腹膨大或肋弓突起，冲击式触诊可听到液体振荡音。在听诊右腹同时叩打最后两个肋骨，可听到典型的钢管音。直肠检查时，在右腹部可触摸到臌胀而紧张的皱胃。从臌胀部位穿刺皱胃，穿刺液早期为淡黄色，pH 值为 1 ～ 4，后期为褐色，pH 值低于 6。

（三）诊断

1. 皱胃左方变位

①常见于高产母牛羊，多数发生在分娩之后，少数发生在产前。

②个别病牛羊有腹痛和拒食，多数病牛仍保留一些食欲，粪便稀薄或腹泻。也有个别病牛呼气和乳汁带有酮气味。

③左侧最后 3 个肋骨弓间突起膨大。

④左侧第 11 肋间中部听诊，能听到与瘤胃蠕动不一致的皱胃音，叩诊含气皱胃呈钢管音。

⑤皱胃穿刺检查，胃液呈酸性反应，pH 值为 1 ～ 4。而直肠检查可发现瘤胃背囊明显右移，有时能摸到皱胃。但体温、呼吸、脉搏基本正常。

2. 皱胃右方变位

①急性病例，突发腹痛，腰背下沉，后肢踢腹，粪便黑色，有恶臭味。

②由于幽门阻塞，引起皱胃臌气和积液，右腹肋弓后方明显膨胀。做冲击性触诊和振摇，可听到一种液体振荡音，局部听诊，并用手指叩打听诊器周围，可听到高调的“乒乓”音。穿刺液多为淡红色至咖啡色，pH 值为 3 ～ 6.5。

③直检时在右侧腹部能触摸到臌胀而紧张的皱胃。

④体温多在 39 ～ 39.5℃、呼吸 20 ～ 50 次 /min、心跳 90 ～ 120 次 /min，病牛失水，眼球下陷。

⑤轻度扭转时，病程达 1 ～ 14d，病程较短者，可在 24 ～ 48h 死亡。

（四）防治

1. 皱胃左方变位

（1）预防　合理配制日粮，日粮中的谷物饲料、青贮饲料和优质干草的比例应适当，对发生乳房炎、子宫炎、酮病等疾病的病畜应及时治疗；在奶牛的育种方面，应注意选育既后躯宽大，又腹部较紧凑的奶牛。

（2）治疗　治疗方法主要有滚转复位法和手术疗法两种。滚转复位法仅限于病程短，病情轻的病例，且成功率不高；手术疗法适用于病后的任何时期，疗效确实，是根治疗法。

①手术疗法：在左腹部腰椎横突下方 25 ～ 35cm，距第 13 肋骨 6 ～ 8cm 处，作一长 15 ～ 20cm 垂直切口；打开腹腔，暴露皱胃，导出皱胃内的气体和液体；牵拉皱胃寻找大网膜，将大网膜引至切口处。然后，通过以下两种方法将皱胃推移复位并固定于其正常位置。

整复固定方法一：用 10 号双股缝合线，在皱壁大弯的大网膜附着部作 2 ～ 3 个纽扣缝合，术者掌心握缝线一端，紧贴左腹壁内侧伸向右腹底部皱胃正常位置处，同时指示助手根据相应的体表位置，做好局部常规处理后，在皮肤上切一小口，然后用止血钳刺入腹腔，钳夹术者掌心的缝线，将其引出腹壁外。同法引出另外的纽扣缝合线。然后，术者用拳头抵住皱胃，沿左腹壁推送到瘤胃下方右侧腹底，进行整复。皱胃被复位后，由助手拉紧纽扣缝合线，取灭菌小纱布卷，放于皮肤小切口内，将缝线打结于纱布卷上，或用小弯针将其中一根线在皮下结缔组织及肌肉上缝合一针，将两根缝线打结，再缝合皮肤小切口。

整复固定方法二：用长约 2 m 的肠线，在皱壁大弯的大网膜附着部作一褥式缝合并打结，剪去余端，带有缝针的另一端留在切口外备用，将皱胃沿左腹壁推进到瘤胃下方右侧腹底。皱胃被复位后，术者掌心捏着备用的带肠线的缝针，紧贴左腹壁内侧伸向右腹底部，并按助手在腹壁外指示正常的皱胃体表位置处，将缝针由内向外穿透腹壁，由助手将缝针拔出，慢慢拉紧缝线；将缝针从原针孔刺入皮下，距针孔处 1.5 ～ 2.0cm 处穿出皮肤，引出缝线，将其与入针处的线端在皮肤外打结固定。

常规闭合腹壁切口，装结系绷带。

②滚转复位法：先将病牛饥饿 1 ～ 2d 并限制饮水，使瘤胃容积缩小。使牛右侧横卧 1min，将四蹄缚住，然后转成仰卧 1min，随后以背部为轴心，先向左滚转 45°，回到正中，再向右滚转 45°，再回到正中（左右摆幅 90°）。如此来回向左右两侧摆动若干次，每次回到正中位置时静止 2 ～ 3min。也可以采取左右来回摆动 3 ～ 5min 后，突然停止，保持在右侧横卧状态下。用叩诊和听诊相结合的方法判断皱胃是否已经复位。若已经复位，则停止滚转，若仍未复位，应再继续滚转，直至复位为止。然后让病牛缓慢转成正常卧地姿势，静卧 20min 后，再使其站立。

在治疗过程中，最好配合口服缓泻剂与制酵剂，应用促反刍药物和拟胆碱药物，静脉注射钙剂和口服氯化钾，以促进胃肠蠕动，加速胃肠排空，消除皱胃弛缓。若存在并发症，如酮病、乳房炎、子宫炎等，应同时进行治疗。

滚转法治疗后，使牛尽可能采食优质干草，以促进胃肠蠕动，增加瘤胃容积，从而防止左方变位的复发。

2. 皱胃右方变位

（1）预防　皱胃右方变位的预防与皱胃左方变位的预防措施相似。

（2）治疗　皱胃右方变位一般采用手术疗法，而滚转复位法无效。在右腹部第 3 腰椎横突下方 10 ～ 15cm 处，作垂直切口，导出皱胃内的气体和液体；纠正皱胃位置，并使十二指肠和幽门通畅，然后将皱胃在正常位置加以缝合固定，防止复发。治疗中应根据病牛脱水程度，进行补液和强心。同时治疗低钙血症、酮病等并发症。

四、瘤胃积食

瘤胃积食又称急性瘤胃扩张，是由于胃内积滞过多的粗纤维饲料或容易膨胀的饲料，引起瘤胃容积增大、胃壁扩张、胃运动机能障碍，形成脱水和毒血症的一种严重疾病。临床上以瘤胃体积增大且触诊较坚硬，呻吟、拒食为特征。

（一）病因

1. 原发性瘤胃积食

①饲养管理不当，牛过度饥饿，一次采食过多粗纤维饲料，同时饮水不足。

②过食精料，如小麦、玉米、黄豆、麸皮、棉籽饼、酒糟、豆渣等。

③长期饲喂过量劣质粗硬饲料，在瘤胃内浸泡磨碎缓慢，瘤胃运动机能紊乱，内容物积聚而发病。

④因误食大量塑料薄膜而造成积食，或饱食后立即使役及使役后立即饲喂等，易引起该病的发生。

⑤各种应激因素的影响，如过度紧张、运动不足、过于肥胖或妊娠后期等引起该病的发生。

2. 继发性瘤胃积食

主要继发于前胃弛缓、创伤性网胃腹膜炎、瓣胃阻塞、皱胃阻塞、胎衣不下、药呛肺等疾病过程中。

（二）发病机制

过量饲料积聚于瘤胃，压迫瘤胃黏膜感受器，反射性地使植物性神经机能发生紊乱，瘤胃蠕动减弱或消失，胃壁扩张，内容物发酵、腐败，产生大量气体和有毒物质，刺激瘤胃壁神经感受器，引起腹痛不安。随着病情发展，瘤胃内微生物区系失调，纤毛虫活性降低，腐败产物增多，一方面引起瘤胃炎，另一方面有毒物质被吸收，引起自体中毒。

（三）症状

患牛羊常在饱食后数小时或1～2d内发病。食欲废绝，鼻镜干燥，反刍迟缓或停止，先是不断嗳气，而后停止，通常有轻微腹痛，背腰弓起，顾腹踢腹，摇尾呻吟。左下腹部轻度膨大，眼结膜充血、发绀；触诊瘤胃敏感，内容物坚硬，留有压痕；叩诊呈浊音，呼吸迫促，排粪迟滞，干燥色暗，有时排少量恶臭的粪便，偶尔可见继发肠臌胀。严重的病牛脱水明显，红细胞压积增高，步样不稳，四肢颤抖，心律不齐，全身衰竭，卧地不起，陷于昏迷状态。内容物检查，pH值一般由中性逐渐趋向弱酸性。后期纤毛虫数量显著减少。瘤胃内容物呈粥状、恶臭时，表明已继发中毒性瘤胃炎。

（四）诊断

从临床症状的典型变化，结合问诊调查，经分析基本可确诊。

①过食饲料，特别是不易消化的粗纤维饲料、易臌胀的食物或精料。

②食欲废绝，反刍停止，瘤胃蠕动音减弱或消失，触诊时瘤胃内容物坚实或有波动感。

③体温正常，呼吸、心跳加快，有酸中毒导致的蹄叶炎、病畜卧地不起的现象。

（五）防治

1. 预防

加强饲养管理，防止饥饿过食，避免骤然更换饲料，粗饲料应加工软化后再喂，注意饮水和适当运动。不要劳役过度，避免外界各种不良因素的影响和刺激。

2. 治疗

原则为加强护理，增强瘤胃蠕动机能，排出瘤胃内容物，制止发酵，对抗组织胺和酸中毒，对症治疗。

（1）采食大量易膨胀饲料的病例，需要适当限制饮水 其他病例均需给予充足的清洁饮水。

（2）增强瘤胃蠕动机能，促进反刍，加速瘤胃内容物排出

①洗胃疗法：用清水反复洗胃，如瘤胃内容物腐败发酵，可先插入胃管，用0.1%高锰酸钾或1%碳酸氢钠进行洗胃。

②瘤胃按摩：为排出瘤胃内容物，可用拳、手掌、木棒与木板（二人抬）、布带（二人拉）按摩瘤胃，每次20～30min，每日3～4次，对非过食精料的病例可结合灌服酵母粉250～500g，滑石粉200g（加适量温水），并进行适当牵遛运动（过食精料的病例禁用）。

③缓泻制酵法：即硫酸镁500g，鱼石脂20g，温水4000～5000mL，一次内服。再用瘤胃兴奋药，即苦味酊60mL、稀盐酸30mL、酒精100mL、常水500mL，牛一次内服，每日1次，连用数日；病牛食欲废绝时，可静注25%葡萄糖500～1000mL，每日1次。为改善瘤胃的内环境，提高纤毛虫的活力，可内服碳酸氢钠30g/次。但需注意的是对过食精料的病例不宜用盐类泻剂，尽量用油类泻剂。

④手术治疗：经上述措施无效时，可实行瘤胃切开术，取出瘤胃积滞的内容物，填满优质的草、用1%温食盐水冲洗，并接种健康牛瘤胃液。

（3）对症治疗 对病程长伴有脱水和酸中毒的病例，需强心补液，补碳酸氢钠以解除酸中毒。如高度脱水时，静脉注射5%葡萄糖生理盐水4000mL，5%碳酸氢钠1000mL。

患羊轻者绝食1～2d，勤给水喝，按摩瘤胃，每次10～15min，可自愈。用盐类和油类泻剂混合后灌服。如硫酸镁50g，石蜡油80mL加水溶解内服。止酵药可用来苏尔或福尔马林1～3mL或鱼石脂1～3g，加水适量内服。5%氯化钠注射液50～100mL静脉注射，对兴奋瘤胃活动有良好作用。复方胆汁A注射液：5～10mL，肌内注射或静脉注射，每日2次。强心药：20%樟脑水3～5mL，皮下或肌内注射。中药神曲9g、山楂6g、麦芽6g、大黄9g，研末，开水冲待温内服。若瘤胃内容物多而坚硬，一般泻药不易显效时，应及早施行瘤胃切开术，取出胃内食物。

五、瓣胃阻塞

瓣胃阻塞，中兽医学中又称为百叶干，是由于前胃功能障碍，瓣胃收缩力降低，其内容物滞留，水分被吸收而干涸，以至形成阻塞的一种疾病。

（一）病因

1. 原发性瓣胃阻塞

主要是疲劳过度，饮水不足；长期大量饲喂难以消化、富含粗纤维、混杂沙和加工过于细碎的饲料；放牧转为舍饲或突然变换饲料，饲料中缺乏蛋白质、维生素以及微量元素。

2. 继发性瓣胃阻塞

常继发于前胃弛缓、皱胃疾病、某些寄生虫病和急性热性病。

（二）症状

患病牛羊精神沉郁，鼻镜干燥、皲裂，食欲、饮欲、反刍减少，最后废绝，前胃蠕动音减弱或消失，触诊和叩诊瓣胃区疼痛，嗳气减少，并出现慢性臌气。排粪减少，粪干、硬、色暗，呈算盘珠或栗子状，表现附有黏液，后期排粪停止。当瓣胃小叶发生坏死或发生败血症时，出现体温升高，脉搏、呼吸加快，全身症状加重。病至后期，出现脱水和自体中毒现象，结膜发绀，眼球凹陷，皮肤弹力降低，常卧地，头颈伸直或弯向肩胛部，昏睡。

（三）诊断

1. 症状诊断

鼻镜干燥、皲裂，瓣胃蠕动音微弱或消失，粪便干硬、呈算盘珠状，落地有弹性，色暗，后期不排粪；瓣胃区触诊硬且敏感。

2. 瓣胃穿刺诊断

用长 15 ～ 18cm 穿刺针头，于右侧第 9 肋间与肩关节水平线相交点进行穿刺如为该病，进针时可感到阻力较大，内容物坚硬，并伴有“沙沙”音。

（四）防治

1. 预防

加强饲养管理，适当减少坚硬的粗纤维饲料，增加青绿饲料和多汁饲料；避免长期饲喂混有泥沙的糠麸、糟粕饲料；保证足够饮水，给予适当运动。对前胃弛缓等病应及早治疗，以防止发生该病。

2. 治疗

该病的治疗非常困难，对有价值的病畜应及早采用手术治疗，但是，瓣胃不宜直接手术，可经瘤胃或皱胃切开术完成。

此外，可参考前胃弛缓治疗。原则为软化瓣胃内容物，增强瓣胃收缩力和恢复前胃运动机能为主。病牛轻症和初期可给予泻剂，如硫酸镁 300 ～ 500g，加水配成 10% 溶液；或给予液体石蜡 1000 ～ 2000mL，一次灌服，同时静脉注射 10% 氯化钠液 500mL，有脱水时应予以补液。病情较重者，可采用瓣胃内直接注入药液的方法，效果较好。注射部位为右侧 9 ～ 11 肋间与肩端水平线交点，可选择 9 ～ 10 肋间和 10 ～ 11 肋间两处。局部剪毛、消毒，以 16 ～ 18 号针头与皮肤成直角刺入，深度可达 10cm 以上。先向瓣胃内注射少量生理盐水，并立即回抽，如有含草渣的黄色液体，证明针头已进入瓣胃内，然后将 10% ～ 20% 硫酸镁液 1000 ～ 2000mL 分点注入。

病羊可试用 25% 硫酸镁溶液 50mL、甘油 30mL、生理盐水 100mL，混合作皱胃注射。操作方法应按如下步骤进行：首先在右腹下肋骨弓处触摸皱胃胃体，在胃体突起的腹壁部局部剪毛，碘酊消毒，用 12 号针头刺入腹壁及皱胃胃壁，再用注射器吸取胃内容物，当见有胃内容物残渣时，可以将要注射的药液注入。待 10h 后，再用胃肠通注射液 1mL（体格小的羊用 0.5mL），1 次皮下注射，每日 2 次。或用比赛可灵注射液 2mL，皮下注射，亦可重复使用。对于发病的种羊，当药物治疗无效时，可考虑进行皱胃切开术，以排除阻塞物。羔羊哺乳期，常因过食羊奶使凝乳块聚结，充盈皱胃腔内，或因毛球移至幽门部不能下行，形成阻塞物，继发皱胃阻塞。病羔临床表现食欲废绝，腹胀疼痛，口流清涎，眼结膜发绀，严重脱水，腹泻，触诊瘤胃、皱胃松软。治疗可用石蜡油 20mL、水合氯酸 1g、复方陈皮酊 3mL、三酶合剂（胖得生）5g，加温水 20mL，1 次内服。此外，病羔可诱发胃肠炎和机体抵抗力降低，应进行全身保护性治疗。

参考文献

李文海，张兴红，2019. 肉牛规模化生态养殖技术［M］. 北京：化学工业出版社.

农业农村部畜牧兽医局，全国畜牧总站，2021. 肉牛养殖实用技术问答［M］. 北京：中国农业科学技术出版社.

孙鹏，张松山，2023. 肉牛健康养殖关键技术［M］. 北京：中国农业科学技术出版社.

王建平，刘宁，2016. 肉牛快速育肥新技术［M］. 北京：化学工业出版社.

王文义，王韵斐，陈秋菊，2022. 肉羊健康养殖与疾病防治［M］. 北京：中国农业科学技术出版社.

王元元，魏刚才，2016. 羊饲料配方手册［M］. 北京：化学工业出版社.

徐彦召，王青，2016. 零起点学办肉牛养殖厂［M］. 北京：化学工业出版社.

杨雪峰，魏刚才，2014. 肉牛高效养殖关键技术及常见误区纠错［M］. 北京：化学工业出版社.

杨雪峰，魏刚才，2014. 羊高效养殖关键技术及常见误区纠错［M］. 北京：化学工业出版社.

翟琇，贾伟星，2020. 肉牛全程福利生产新技术［M］. 北京：中国农业科学技术出版社.

张健，周鹏，黄德均,2016. 牛羊健康养殖技术［M］. 北京：中国农业出版社.

赵万余,2021. 肉牛健康生产与常见病防治实用技术［M］. 宁夏：阳光出版社.

朱炳华，2020. 牛羊生产［M］. 北京：中国农业大学出版社.

朱奇，陈峙峰，2022. 高效健康养羊关键技术［M］. 北京：化学工业出版社.

参考文献